Die
Mechanik der Zugförderung

und ihre wissenschaftlich-experimentellen Grundlagen

von

Professor Dr.-Ing. E. h. **Hans Nordmann**
Reichsbahn-Abteilungspräsident i. R.

Mit 50 Abbildungen

Springer-Verlag
Berlin / Göttingen / Heidelberg
1952

Softcover reprint of the hardcover 1st edition 1952

ISBN 978-3-642-49415-4 ISBN 978-3-642-49694-3 (eBook)
DOI 10.1007/978-3-642-49694-3

Vorwort.

Die vorliegende Arbeit ist eine wohl zum ersten Male erscheinende *kurzgefaßte* Mechanik der Zugförderung und ihrer wissenschaftlich-experimentellen Grundlagen, sowohl in der positiven Richtung der *wirksamen Zugkraft für alle Betriebsarten*, wie in der negativen der *Bremsung*. Über diesen Gegenstand könnte man unter Heranziehung des gesamten in- und ausländischen Schrifttums an sich einen stattlichen Band schreiben. Aber für die Einsicht in die inneren Zusammenhänge und eine verläßliche Urteilsbildung ist eine solche lexikalische Ausführlichkeit nicht vonnöten. Und der Leserkreis, an den sich das Buch wendet, wird sie, z. T. auch schon rein zeitlich, gar nicht wünschen. Ich denke dabei an die Eisenbahnbeamten des oberen, namentlich maschinentechnischen Dienstes, denen eine zusammenfassende Darlegung der ihnen notwendigen Theorie willkommen sein dürfte, und an die Ingenieure der Lokomotivfabriken und Fahrzeugbauanstalten, die gern wissen möchten, was man von den Lokomotiven im Betrieb erwartet und welche Rolle Wagen und Bremsen dort spielen. Selbst befähigte Beamte und Angestellte des gehobenen mittleren Dienstes könnten sich wohl an den Stoff wagen. Vor allem denke ich auch an die Technischen Hochschulen und ihre dem Eisenbahnmaschinenwesen zuneigenden Studierenden, die meist gar keine Vorlesung des vorliegenden Inhalts zu hören bekommen und daher zu sehr nur an das Konstruktive denken, während das Leben der Eisenbahn wesentlich im *Betrieb* besteht, der sich auf systematischer wissenschaftlicher Grundlage aufbauen muß.

Die Legitimation, ein solches Buch zu schreiben, darf ich aus meiner mehr als zwanzigjährigen Tätigkeit als Versuchsdezernent der früheren Deutschen Reichsbahn herleiten, der naturgemäß immer mit der Zugförderung in enger Fühlung gestanden und ihr einen Teil der Grundlagen geliefert hat. Der Inhalt des Buches ist zu einem großen Teil im Dienste Selbsterlebtes, in vielen Veröffentlichungen Gebrachtes in nochmaliger systematischer Durcharbeitung; und es hatte etwas sehr Befriedigendes für mich, dieses Gebiet gleichzeitig in seinem Wachstum als Teil meiner Vorlesungen an der Technischen Hochschule, jetzt Technischen Universität Berlin zu bringen. So glaube ich nach Inhalt und Darstellung das Zweckmäßige getroffen zu haben und gerade als alter Eisenbahner in der Lage gewesen zu sein, manches verlebendigende Streiflicht in die systematische Entwicklung der Grundlagen einzuflechten.

Mit einer eigenartigen Schwierigkeit muß man sich vertraut machen: Auf der einen Seite muß der gedankliche Aufbau vollständig und streng logisch sein; die Versuche müssen Fehlerquellen vermeiden oder die

Genauigkeitsgrenzen aufsuchen. Auf der anderen Seite sind manche komplizierteren Zusammenhänge, z. B. der Verlauf der Lokomotivleistung über der Geschwindigkeit oder die Abhängigkeit der Bremsklotzreibung von Geschwindigkeit und Flächendruck, mindestens so, wie sie eigentlich analytisch gebraucht würden, nicht in Formeln zu bringen und müssen zu graphischen Methoden verwandt, auf Meßwerte oder auf nur qualitative Aussagen beschränkt werden. Weiterhin sind manche Formeln mit ihrem Koeffizienten Näherungsformeln nicht nur wegen der verwickelten Zusammenhänge, sondern weil gar keine wirkliche Eindeutigkeit vorliegt, z. B. durch Windeinfluß beim Zugwiderstand oder verschiedenes Verhältnis zwischen translatorischen und rotierenden Massen. Auch fehlt der bleibende Charakter physikalischer Konstanten; wesentlich veränderte Wagenbauformen bedingen z. B. andere Widerstandsformeln, insofern die Wagen*gestalt* den Luftwiderstand beeinflußt. Bisweilen würde wieder eine an sich denkbare, größtmögliche Genauigkeit zu einem unerträglichen Rechnungsumfang führen, wenn man z. B. bei der Fahrzeitermittlung für jeden Steigungswechsel eine nicht einfache Integration ausführen wollte, weil der Zug ja tatsächlich nur *allmählich* und nicht plötzlich als Massenpunkt in die andere Steigung übergeht.

So könnte man also die Zugförderungsmechanik als eine Wissenschaft der Annäherungen bezeichnen; aber das berechtigt nicht zur Nachlässigkeit. Die Gewissenhaftigkeit, die Rücksicht auf den Wettbewerb anderer Verkehrsmittel und der Wiederaufbauwille unserer schwer geprüften Eisenbahnen erfordern sorgfältiges Vorgehen in diesen wichtigen Betriebsfragen, um zu zuverlässigen Urteilen und günstigsten Verhältnissen zu gelangen. Deshalb ist aber auch die Einsicht in die inneren Zusammenhänge das Wesentliche, und die Kenntnis brauchbarer, versuchserhärteter Beziehungen braucht sich nicht zur Kenntnis *aller* einmal aufgestellten Beziehungen, Methoden und Formeln auszudehnen; die Betonung der inneren Zusammenhänge und der Hinweis auf die versuchsmäßige Herkunft sollten dem Leser dazu ein Gefühl der Sicherheit vermitteln.

Daß ich neben meinen eigenen Arbeiten das mir zugängliche Schrifttum herangezogen habe, ist wohl selbstverständlich. Wo ich zum vollen Anschluß an das „Heute" mich noch durch Rückfragen bei Eisenbahnverwaltung und Industrie zu informieren suchte, habe ich stets in dankenswerter Weise den gewünschten Bescheid erhalten. So bleibt mir nur noch die angenehme Pflicht, dem Springer-Verlag für die gute Ausstattung des Buches und Herrn Dipl. Ing. Hartig (T. U. Berlin) für seine Mithilfe bei der Korrektur meinen besten Dank zu sagen.

Berlin, April 1952

H. Nordmann.

Inhaltsverzeichnis.

Erster Abschnitt

Einleitung. Verkehr und Betrieb.

Zweiter Abschnitt

Die Zugbewegung unter dem Einfluß der Zugkraft.

Dritter Abschnitt

Die Bremsung der Züge.

Vierter Abschnitt

Zur Energetik der Zugförderung.

Erster Abschnitt.

Einleitung. Verkehr und Betrieb.

I. Verkehr und Betrieb.

Die Eisenbahn ist ein Verkehrsmittel und zwar das leistungsfähigste zu Lande. Sie dient der Ortsveränderung von Personen und Gütern, und in diesem Sinne des *Verkehrs* befindet sich die wissenschaftliche und amtliche Definition mit dem allgemeinen Sprachgebrauch durchaus in Deckung. Aber ist also auch diese Ortsveränderung die Aufgabe der Eisenbahnen und schon der Anlaß ihrer Erbauung gewesen, so kommt man bei der Behandlung einer wichtigen Reihe von Eisenbahnvorgängen mit dem logischen Oberbegriff *Verkehr* nicht aus, sondern hat ein besonderes Gebiet für seine technische Abwicklung aus Zweckmäßigkeit und Notwendigkeit abgezweigt. Für diese technische Abwicklung des Verkehrs, den wir hier ohne Berücksichtigung z. B. der tarifarischen und rechtlichen Komponenten betrachten wollen, hat sich der Begriff *Betrieb* eingebürgert. Dabei ist natürlich das *technisch* nicht im Sinne der eigentlichen Konstruktion gebraucht; den *Bau* einer Lokomotive oder einer Gleisanlage bezeichnet niemand als *Betrieb*. Aber die Bereitstellung der Züge oder Wagen am Bahnsteig, Güterschuppen oder an der Ladestraße als *Ermöglichung* des auf den Verkehr gerichteten Willensaktes ist doch nicht rein ideeller Art, sondern nur durch bestimmte Rangierbewegungen möglich, und solche sind auch zur *Um*bildung der Züge auf den Rangierbahnhöfen notwendig. Jeder Zug muß rechtzeitig seine Lokomotive erhalten, vor allem aber müssen die Züge *gefahren* werden. Dafür sind Fahrpläne aufzustellen, und zwar derart, daß dabei die Lokomotiven gut ausgenutzt werden. Selbstverständlich haben die Fahrpläne anderseits die Aufgabe, möglichst gute Anschlüsse an den Kreuzungspunkten zu vermitteln. Die Abstimmung der Höchstgeschwindigkeit mit den im Zuge vorhandenen Bremsen dient der Sicherheit der Zugförderung ebensogut wie die Funktion der Signale in Bahnhöfen und an Blockstellen, und damit ihrer Abhängigkeit von den zu befahrenden Weichen. Dabei verhüten besondere Dienstdauervorschriften eine übermäßige Anstrengung des Personals. All solche Dinge, die also der planmäßigen und sicheren Zugförderung und der möglichst zweckmäßigen Zugbildung dienen, pflegt man unter dem Begriff des *Betriebes* zusammenzufassen[1].

Seine Berechtigung als besonderer Unterbegriff mit sehr umfänglichem Stoff beruht einmal darauf, daß die Eisenbahn mit der starren Bindung der Züge an das Gleis eine erhöhte Gefahrenquelle darbietet — oder darbot, wenn man das geschichtliche Wachsen des Betriebsbegriffs unterstreichen will —, während, wenn es sich nicht um ganz schmale Straßen oder Flußläufe handelt, Straßenfahrzeuge und Schiffe sich jederzeit ausweichen können. Die Eisenbahn brachte weiterhin in ihrer Entstehungszeit einen erheblichen Geschwindigkeitssprung; Geschwindigkeiten und Zuggewichte sind immer weiter gewachsen, und so repräsentieren namentlich schnellfahrende schwere Züge Beträge der kinetischen Energie von so außerordentlicher Größe, daß man ihr Sichauswirken als Zerstörungsarbeit unbedingt zu verhüten suchen muß. Und endlich ist der organisatorische Zusammenhang zwischen den Eisenbahnzügen und der Strecke mit ihren Bahnhöfen und Signalen ein viel engerer, als zwischen den Land- oder Wasserstraßen und ihren Fahrzeugen, weil die Züge und Signale *derselben* Verwaltung zugehören. Der Straßeneigentümer ist nicht Herr der Verkehrsdichte; auf der Eisenbahn aber verfügt die Verwaltung nicht nur über den Weg, sondern auch die gesamten Züge, die in einem bestimmten Plan verkehren; und selbst eingelegte Sonderzüge müssen vorher gemeldet werden. Dieser weit straffere Zusammenhang zwischen den Betriebshandlungen der Bahnlinie und Züge bedingt natürlich umfangreichere Gedankengänge, als *einfachere* Verhältnisse es tun, die deshalb zur ausdrücklichen Abzweigung eines besonderen Betriebsbegriffs noch nicht oder höchstens teilweise geführt haben.

II. Betrieb, Zugförderung und Fahrplan.

Unsere Betrachtung eben ließ erkennen, daß der *Betrieb* verschiedene Zweige umfaßt, wie Bahnhofs- und Rangierdienst, Signalwesen und Zugförderung, insbesondere Lokomotivdienst. Sie überschneiden sich zum Teil. Organisatorisch waren sie nicht immer und überall gleichartig eingeordnet, und in Süddeutschland war sogar in der Lokalinstanz der Ämter lange Zeit der Bahnhofsbetrieb mit Aufgaben vereinigt, die dem Verkehrsdienst im engeren Sinne angehören, wie die Abfertigung der Reisenden und Güter; Vorgänge, auf die sich bei der preußischen,

[1] So definiert auch das große Sammelwerk, Rölls „*Enzyklopädie des Eisenbahnwesens*“, den Betrieb im engeren Sinne als die sichere und planmäßige Durchführung der Züge. Seine Regeln hinsichtlich der Sicherheit entnimmt er in Deutschland der Eisenbahn-Bau- und *Betriebs*ordnung, während Personen und Güter tarifarisch und rechtlich z. B. auf Grund der Eisenbahn-*Verkehrs*ordnung befördert werden.

schließlich obsiegenden Organisation die sog. *Verkehrsämter* beschränkten. Wir wollen hier nicht der Versuchung unterliegen, auf die nicht uninteressante Organisationsgeschichte einzugehen und die Aufteilung der verschiedenen Betriebszweige unter die Bau- und Maschineningenieure — bisher doch wohl unter etwas weitgehender Bevorzugung der ersteren — zu behandeln, sondern uns auf das im Buchtitel angekündigte Gebiet der Zugförderung beschränken.

Die Zugförderung, das eigentliche Ziel des Eisenbahnbetriebes, kann man unter drei Gesichtspunkten, die freilich ihre Querverbindungen haben, betrachten: dem organisatorischen, dem wirtschaftlichen und dem der Fahrzeitermittlung mit ihrer wissenschaftlich-experimentellen Begründung. Zur *Organisation* gehören, soweit das Ressort des Betriebsmaschinendienstes in Frage kommt, die *Stellung der Lokomotiven* und ihrer Personale unter Beachtung *betriebstechnischer Gesichtspunkte* (wie z. B. genügender Pausen zum Bekohlen, Auswaschen und zu kleinen Ausbesserungen oder Austausch der Lokomotiven und Wagen mit den Ausbesserungswerken für Erhaltungsarbeiten größeren Stils) und *personelle Gesichtspunkte* in Gestalt der Dienstdauervorschriften. *Wirtschaftlicher Art* ist die gute Ausnutzung der Lokomotiven durch entsprechende Zusammenstellung der Züge und Dienstpläne, die eine möglichst große Zahl monatlich zurückgelegter Kilometer sichern. Die Querverbindung mit der organisatorischen Seite ist hier übrigens sofort zu erkennen. Dabei sind noch die Lokomotivtypen so anzusetzen, daß ihre Leistungsfähigkeit von den Zügen ihrer Dienstpläne im Durchschnitt in ausreichendem Maße und von den schwersten oder schnellsten Zügen möglichst voll in Anspruch genommen wird. Und dieser Gedanke bildet dann wieder eine Querverbindung zu den Fahrplänen und zur Fahrzeitermittlung selbst.

Bei der *Fahrplanbildung* sind in der Regel zwei Gedankenkreise zu unterscheiden. Einmal ist festzustellen, in welcher kleinsten Zeit die verfügbaren Lokomotiven bei voller Ausnutzung ihrer normalen Leistungsfähigkeit Züge vorgeschriebenen Gewichts über gegebene Strecken planmäßig zu befördern vermögen. Ich betone das „*planmäßig*"; das soll heißen, daß diese Zeit und keine kürzere zur Anwendung kommen sollte, solange der Zug pünktlich ist. Sie gelegentlich durch erhöhte Lokomotivanstrengung noch zu unterschreiten, bleibt möglich; davon wird auch von tüchtigen Lokomotivführern im *Verspätungsfall* Gebrauch gemacht. Aber auf solche Fälle soll auch die über das normale Maß erhöhte Lokomotivanstrengung beschränkt bleiben, sonst bringt man die Lokomotive zu früh zur Werkstättenreife. Auch hier zieht man übrigens noch eine untere Grenze: das ist die *kürzeste Fahrzeit im betriebstechnischen Sinne,* während die oben als *kleinste* Fahrzeit bezeichnete diejenige ist, die noch mit der *normalen* Lokomotivanstrengung vereinbar ist. Fällt diese kleinste Fahrzeit bei ihrer Ermittlung noch größer aus, als fahrplanpolitisch beabsichtigt, so muß entweder das zunächst geplante Zuggewicht herabgesetzt, oder es müssen stärkere Lokomotiven beigestellt werden.

Anderseits ist der Umstand zu berücksichtigen, daß mindestens die der Personenbeförderung dienenden Züge in der Regel auf ihren Abfahrts- oder Ankunftsbahnhöfen und den Kreuzungs- oder Abzweigungsstationen Anschlüsse wahrzunehmen haben, öfters auch, daß die Verkehrszeiten möglichst günstig liegen müssen. Als Beispiel mag man an einen Nachtschnellzug mit verhältnismäßig langer Fahrzeit denken, wenn er weder für die Lebens- und Geschäftsgewohnheiten zu spät abfahren, noch zu früh ankommen soll. Weiter gehört hierher eine gewisse Rangordnung der Züge nach ihrer Fahrgeschwindigkeit. So wird man die D-Züge schneller fahren als die Eilzüge, diese schneller als die Personenzüge. Alle diese Gesichtspunkte kann man als *fahrplanpolitische* bezeichnen. Die *betriebstechnisch mögliche* Rangordnung der Züge nach der *Geschwindigkeit* braucht sich mit der fahrplanpolitisch erwünschten dabei keineswegs immer zu decken. So wäre es bei gleicher Lokomotive an sich möglich, die in der Regel leichteren Eilzüge schneller zu fahren, als die schon durch den Speisewagen, meist auch noch durch den Postwagen schwereren D-Züge. Gegenüber der beliebigen Wählbarkeit der *wirklichen* Fahrzeit — solange sie nur größer bleibt als die *kleinste* Fahrzeit (oder diese wenigstens nicht unterschreitet), liegt die *kleinste* Fahrzeit sozusagen naturgesetzlich fest, wie die nachfolgenden Erörterungen ausführlich lehren. Sie allein ist der exakten Ermittlung zugänglich, und von dieser Ermittlung soll auch hier allein oder ganz überwiegend die Rede sein.

Zweiter Abschnitt.

Die Zugbewegung unter dem Einfluß der Zugkraft.

III. Die Grundgedanken der Zugförderungs-Mechanik und der Fahrzeitermittlung.

Der Bewegungsverlauf eines Zuges, gegebenenfalls auch eines einzelnen Triebfahrzeuges, ist durch das *Zusammenspiel von Zugkraft und Zugwiderstand* bestimmt; die Zugkraft in der Regel positiv, in der Bewegungsrichtung, der Zugwiderstand negativ anzusetzen. Beim gleichmäßigen Hinabfahren stärkerer Gefälle ist eine, man könnte sagen unfreiwillige, große Zugkraft durch die Schwerkraftkomponente gegeben, die durch Erhöhung des Zugwiderstandes durch die Bremsen aufgehoben werden muß; die Haltbremsung läßt sich nicht mehr durch Gegenüberstellung von Kräften rechnerisch behandeln, sondern muß von einer Arbeitsgleichung ausgehen, wobei die Anfangsenergie in der lebendigen Kraft des Zuges besteht.

Das bei der ersten Überlegung vielleicht aufkommende Bild, daß eine Beschleunigung nur für die Anfahrt, eine Verzögerung nur für das Anhalten aufträte oder vonnöten wäre und sonst überwiegend ein Beharrungszustand mit gleichförmiger Geschwindigkeit vorhanden sei, bei dem die Lokomotivzugkraft gerade den Zugwiderstand ausbalanciere, wäre nur richtig, wenn die Eisenbahnen durchweg waagerecht verliefen. Sie müssen sich jedoch, wenigstens im großen und ganzen, der Erdoberfläche anpassen und bestehen deshalb außer aus waagerechten Streckenteilen auch aus verschiedenen Steigungen und Gefällen und weisen auch Krümmungen verschiedener Halbmesser auf, die auf den Zugwiderstand erhöhend, wie Steigungen, wirken. Deshalb besteht keineswegs in jedem Zeitpunkt ein Gleichgewicht zwischen der Zugkraft Z und dem Widerstand W, sondern die häufigere Form der Bewegung ist die beschleunigte oder verzögerte (u. U. auch bei arbeitender Lokomotive), und die gleichförmig schnelle Fahrt ist nur ein angenehmer und gewiß nicht seltener Sonderfall. Die Grundgleichung für die Fahrzeitermittlung ist daher das dynamische Grundgesetz der Mechanik, Beschleunigung $b =$ Kraft durch Masse, wobei die bewegende Kraft gleich der Lokomotivzugkraft Z minus dem Zugwiderstand W ist, und die Zugmasse M einen Zuschlag ζ für die rotierenden Massen der Räder (im Durchschnitt etwa 6 %) erhalten muß. Es ist also

$$b = \frac{Z - W}{M(1 + \zeta)} = \frac{dv}{dt}.$$

Für die Mechanik der Zugförderung muß daher der Zugwiderstand und der Zugkraftverlauf der Lokomotive in Abhängigkeit von der Geschwindigkeit bekannt sein. Die Ermittlung des Zugwiderstandes ist nun im wesentlichen schon immer *experimentell* erfolgt; und wir werden gleich die Untersuchungsmethoden und den Zugwiderstand näher behandeln. Das Verhalten der Lokomotive ist etwas verwickelter, weil man eigentlich *zwei* Zugkräfte zu unterscheiden hat. Der eigentliche Zug empfängt von der Lokomotive die sog. *effektive* Zugkraft oder Zugkraft am Zughaken (Z_e). Aber die Lokomotive jeder Art hat ja auch ihren eigenen Bewegungswiderstand, und es muß sozusagen an einer *primären* Stelle eine größere Zugkraft dargeboten werden, sei es an den Kolben der Dampflokomotive oder der Kupplung des Dieselmotors, sei es an den Motorwellen der elektrischen Lokomotive.

Dabei gilt als schon erwähnte Grundforderung der Fahrzeitermittlung, daß die Lokomotivleistung dabei gut, aber nicht in übersteigertem

Maße ausgenutzt wird. Diesen Ausgangspunkt wählte schon das alte deutsche Fahrplanverfahren der Frankfurt-Bebraer Bahn mit der verlassenen Methode der *virtuellen Streckenlängen* und der falschen Aneinanderreihung von Gleichgewichtsgeschwindigkeiten der einzelnen Streckenstücke. Das Maß der betrieblich längere Zeit zulässigen Lokomotivanstrengung wird der beobachtenden, u. U. dazu noch versuchenden Erfahrung entnommen; für diese Anstrengung wird die Lokomotivleistung heute meist ebenfalls experimentell festgestellt, wie wir noch sehen werden, und zwar bei Dampflokomotiven immer mit der Lokomotive vor dem Meßwagen, während bei elektrischen Lokomotiven die Untersuchung des einzelnen Fahrmotors auch auf dem ortsfesten Prüfstand vorgenommen werden kann und dann allerdings der Reibungsverlust der Zahnradübersetzung und der Widerstand des Lokomotivfahrzeuges rechnerisch in Abzug gebracht werden müssen, um an den Zughaken zu gelangen. Übrigens verfügt natürlich auch der elektrische Betrieb großer Eisenbahnverwaltungen über Lokomotivmeßwagen, die die Lokomotive als Ganzes zu prüfen gestatten. Die Diesellokomotive ähnelt in der möglichen Methodik der elektrischen mit dem Unterschied, daß die notwendigen Zwischengetriebe zwischen dem Dieselmotor und den Treibrädern sich nicht auf eine einfache Zahnradübersetzung beschränken und mit ihrer größeren Komplikation auch größere Zwischenverluste mit sich bringen, wenn man nicht anderseits diese Verluste in den Widerstand des Lokomotivfahrzeuges mit einrechnen will.

Die Bedeutung der Meßwagen für die Gewinnung möglichst zuverlässiger Betriebsgrundlagen ist beim Dampfbetrieb besonders hervorgetreten, insofern die an sich *logisch* richtig aufgebaute Leistungstheorie von Strahl sich wegen gewisser notwendiger Annahmen und des vermeintlichen Universalismus der Leistungsänderung mit der Geschwindigkeit *zahlenmäßig* mehr und mehr als zu unsicher zeigte. Die Voraussetzung einer sog. *günstigsten Geschwindigkeit*, die Annahme des dabei vorhandenen spezifischen Dampfverbrauchs zur Festlegung der maximalen Betriebsleistung in den Zylindern, die Veränderlichkeit der Zylinderleistung mit der Geschwindigkeit, also sozusagen das *Krümmungsmaß* der Leistungskurve N_i (PS) $= \Phi(V)$ führten zu einer immerhin mit drei Unsicherheiten behafteten Kurve der (indizierten) Zugkraft, an den Kolben gemessen, $Z_i = F(V)$. Diese ergab endlich nach Abzug des Lokomotivwiderstandes, für den Strahl gleichfalls eine Formel schwankender Toleranz aufstellte, die Zugkraft Z_e am hinteren Zughaken, die sich also auf den Zug übertrug und dessen Geschwindigkeitsverlauf dynamisch beherrschte. Diese insgesamt 4 Fehlerquellen *brauchen* sich nun nicht zu addieren, aber sie *konnten* es, und so gingen wir bei der Reichsbahn dazu über, die maßgebende Zugkraftkurve $Z_e = f(V)$ für jede Lokomotivgattung unter Vermeidung jeder Spekulation mit dem

Meßwagen versuchsmäßig festzustellen. Wir erwarben damit das gute Gewissen, weder eine Anstrengung der Lokomotive über das gewollte Maß hinaus, noch auch seine Nichterreichung dem Betriebe zugrunde zu legen, und also in letzterem Falle schlechtere Fahrpläne zu bieten, als sie der Lokomotive ohne Überanstrengung möglich waren.

Die Aufgabe der Zugförderungs-Mechanik besteht nun nicht in der Festlegung der Uhrzeiten des endgültigen Fahrplans, sondern in der *Ermittlung der Zeitdauer*, die ein Zug gegebener Art und gegebenen Gewichts, mit einer Lokomotivtype bekannter Leistungseigenschaften bespannt, zur Zurücklegung einer Strecke gegebenen Verlaufs benötigt. Dabei gelten noch gewisse wesentliche Nebenbedingungen hinsichtlich der verschiedenen Gründen entspringenden, zulässigen Geschwindigkeiten. Wir behandeln diese unten bei der systematischen Darlegung der Konstruktion der Geschwindigkeitslinie und wenden uns zunächst den Lokomotivmeßwagen als der unentbehrlichen Grundlage der wissenschaftlichen Zugdynamik zu.

IV. Lokomotiv-Meßwagen.

Die Lokomotiv-Meßwagen, und vor ihnen schon die noch etwas primitiveren, behelfsmäßigen Widerstands-Meßwagen, haben als Hauptgerät einen *Zugkraftmesser*. Seine fremdwortliche Bezeichnung als *Dynamometer* hat der natürlich wenig zahlreichen Wagenkategorie auch den namentlich im Ausland häufig zu findenden Namen „Dynamometerwagen“ eingebracht. Mit diesem Hauptapparat ist — und selbst war — natürlich die Ausstattung der Meßwagen in keiner Weise erschöpft. Dazu gehören weiterhin nicht nur ein möglichst genauer Geschwindigkeitsmesser, sondern auch die Instrumente zur energetischen Feinanalyse der Lokomotive, so die thermometrischen und verbrennungschemischen Geräte für Wärmekraft-Lokomotiven (Dampf- und Diesellokomotiven) oder die elektrischen Meßgeräte für elektrische Lokomotiven. Bei diesen zusätzlichen Geräten handelt es sich also keineswegs nur um zierende Arabesken um den Stamm des Zugkraftmessers, sondern mit solchen Feinanalysen sind z. B. gerade die wärmewirtschaftlichen Eigenschaften der Lokomotiven allmählich *hochgezüchtet*. Indes kommen die damit gewonnenen Erkenntnisse immer erst nicht den bestehenden, sondern den künftig zu bauenden Lokomotiven zugute. Die Bauart der gerade mit dem Meßwagen geprüften Lokomotive gestattet meist keine wesentlichen Änderungen mehr, und in den *Betrieb* muß sie deshalb mit den vorgefundenen Eigenschaften eingestellt werden, auch wenn diese etwa nicht recht befriedigen sollten. Bei einer Verbesserung der *Prüfmethoden* in Richtung der Genauigkeit, z. B. der besseren Herausarbeitung des Beharrungszustandes, wurden weiterhin die Eigenschaften der noch wichtigen *älteren* Gattungen nochmals geprüft, und es fällt schließlich bei einer großen Eisenbahnverwaltung ein sehr umfangreicher Stoff an Leistungs-, Zugkraft- und Verbrauchserkenntnissen an, die für die Mechanik der Zugförderung und die Konstruktion von grundlegender Bedeutung sind. So viel Interessantes aber auch insgesamt die Meßwagen darbieten, so wollen wir uns doch hier mit der Angabe begnügen, wie die verhältnismäßig wenigen *betrieblichen* Werte gemessen werden.

Hier könnte es nun so scheinen, als wäre mit der Benennung von Zugkraft- und Geschwindigkeitsmesser (z. B. DEUTA-Wirbelstrom-Tachometer) eigentlich schon alles gesagt. Aber selbst bei beabsichtigten Beharrungsfahrten auf möglichst durchweg waagerechter Strecke als Regel für die Lokomotivprüfung fällt die Ablesung eines Zugkraftmessers niemals so gleichmäßig aus, daß man sie als entscheidendes Charakteristikum eines ganzen Fahrtabschnittes gelten lassen könnte. Mit den Zugkraftpendelungen schon während einer Einzelumdrehung der Treibräder durch den Kurbelantrieb, die kleinen Unregelmäßigkeiten des Wagenlaufs, Krümmungen und kleinen Abweichungen von der Waagerechten führt der Zeiger selbst bei einer gewissen Dämpfung Pendelungen aus, die die Ablesung eines sicheren Mittelwertes erschweren oder unmöglich machen. Deshalb hat sich die dynamometrische Messung früher keiner Beliebtheit erfreut, und die älteren Widerstandsversuche sind öfter als Auslaufversuche oder Ablaufversuche auf geeigneten Gefällen durchgeführt. Mit unseren heutigen Meßwagen führen wir deshalb eigentlich auch nur *mittelbare* Zugkraftmessungen aus, unmittelbar aber *Arbeitsmessungen* über einen bestimmten, selbstverständlich möglichst gleichmäßigen Streckenabschnitt. Die mühsame Planimetrierung von Hand des auf einem proportional dem Weg transportierten Registrierpapier vom Zugkraftmesser aufgezeichneten, tatsächlichen Zugkraftverlaufs zur Gewinnung des *wirklichen* Mittelwertes der Zugkraft hat man seit Jahrzehnten den Meßwagenforschern abgenommen und selbsttätig integrierenden Planimetern übertragen; man benutzt dann die Methode von Hand nur noch zum Nachprüfen der Planimeterkonstante des automatischen Apparats.

Der Transport des Registrierpapiers proportional dem Wege, der ja doch für die Arbeitsmessung notwendig ist, soll natürlich möglichst genau sein. Er geschieht von einer Achse des Meßwagens aus, deren Raddurchmesser eigentlich unveränderlich zu sein hätte. Um wenigstens eine baldige Durchmesseränderung zu verhüten, bezieht man meist diese Achse nicht in die Bremsung ein und bewahrt sie also vor schnellem Verschleiß der Radreifenstärke. Zylindrische Gestaltung der Lauffläche statt der normal schwach kegelförmigen bewirkt dazu, daß die Meßachse immer auf demselben Durchmesser läuft, und benutzt man endlich als Meßdrehgestell noch ein solches mit 3 Achsen (Deutschland), so braucht die Mittelachse als eigentliche Meßachse auch keine Spurkränze zu haben und ist damit vor gelegentlichen unfreiwilligen Variationen des wirksamen Durchmessers infolge Anstreifens der Spurkränze geschützt. Gleichwohl wird selbst dann noch ein sehr feinstufiges einstellbares Getriebe zwischen Meßachse und Papiervorschub eingeschaltet,

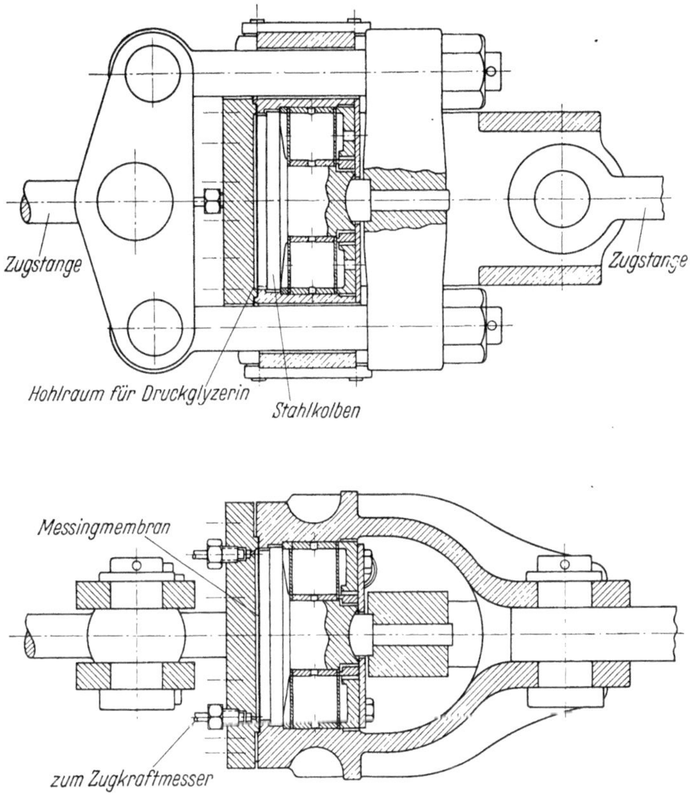

Abb. 1. Zugkraftmeßdose für Flüssigkeitsdruck (Deutsche Lokomotivmeßwagen).

um die in größeren Zeiträumen auch für eine lediglich rollende Achse nicht ausbleibende Durchmesserminderung ausgleichen zu können.

Die in die Zugstange eingeschalteten *Zugkraftmesser* sind entweder Ölkolben oder Wasserdruckmeßdosen (Abb. 1), mit kolbenbelasteter Membran (Wasser mit erheblichem Glyzerinzusatz gegen Einfrieren), die einen geeigneten meßbaren Ausschlag herbeiführen, z. B. durch Einleiten des Flüssigkeitsdrucks in eine Bourdon-Röhre oder gegen einen kleinen, mit geeichten Meßfedern belasteten Kolben (Amsler). Für die nähere Beschreibung der sinnreichen Apparatur muß auf das Schrifttum verwiesen werden; hier sei nur als einfaches Beispiel die Integration der

Zugkraft über dem Weg mit dem OTTschen Scheibenplanimeter gebracht. Auf der von der Wagenachse aus mit senkrechter Welle angetriebenen Planimeterscheibe läuft die mit Feinteilung des Umfangs versehene Zählrolle (Abb. 2). Ist die Zählrolle mit ihrem Laufkreis um ϱ von der Drehachse entfernt, so beschreibt ihr für die Ablesung maßgebender Umfang bei einer Elementardrehung um $d\alpha$ den Weg $du = \varrho\, d\alpha$. Das Planimeter ist nun so eingerichtet, daß der Ausschlag ϱ derart von dem Ausschlag der BOURDON-Röhre abhängig ist, daß möglichst fehlerlos — das Ende der BOURDON-Röhre beschreibt bei Druck- und also letzten Endes Zugkraftänderung an sich keine Gerade — $\varrho = c_1 \cdot Z$ gesetzt werden kann, mit c_1 als einer Apparatekonstanten. Die Elementardrehung der Scheibe ist anderseits wegproportional, also $d\alpha = c_2 \cdot dl$ mit c_2 als *Übersetzungsverhältnis* und dl als Wegelement. Durch Einführung in den Ausdruck für du wird dann

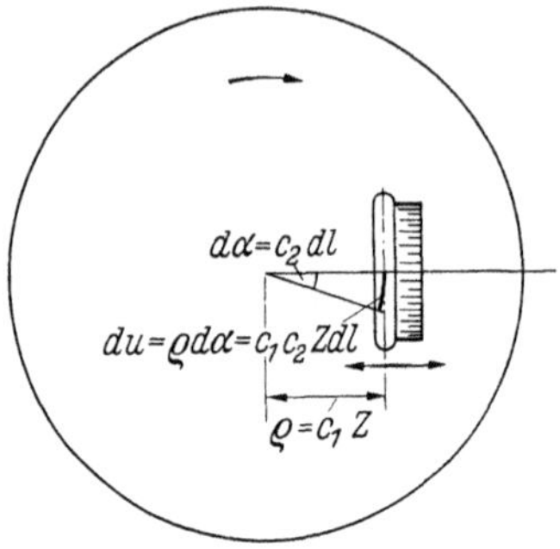

Abb. 2. Scheibenplanimeter mit Zählrolle (OTT).

$$du = c_1 \cdot c_2\, Z \cdot dl,$$

oder unter Zusammenfassung von $c_1\, c_2$ zu einer Gesamtkonstanten C ist die Ablesung des Planimeters für einen Streckenabschnitt $l_2 - l_1$:

$$u = u_2 - u_1 = C \int_1^2 Z\, dl.$$

Das Integral ist nun die mechanische Arbeit am Zughaken, die also bis auf eine Konstante *am Planimeter abgelesen* wird. Zugkraftschwankungen als Ausschlagschwankungen der Zählrolle „*verdaut*" das Planimeter automatisch, und die mittlere Zugkraft des Meßabschnitts $l = l_2 - l_1$ ist dann

$$Z_m = \frac{1}{C} \cdot \frac{u_2 - u_1}{l},$$

wenn u_1 und u_2 die Ablesungen zu Beginn und Ende der Strecke sind, und so sind wir also, wie oben als Ziel bezeichnet, der Kalamität der Zeigerpendelungen überhoben.

Bei beiden Apparaten, Zugkraftmesser und Scheibenplanimeter, überschreitet nach Feststellungen des damaligen Lokomotiv-Versuchsamtes Berlin-Grunewald die mittlere Fehlergrenze nicht 1 %[1].

[1] NORDMANN: Die Mechanik der Zugförderung. Glasers Ann. 1932 II, S. 95.

Auf der Waagerechten ist nun für den praktischen Beharrungszustand einfach die Zugkraft am Haken (Z_e), die wir sicher, also experimentell kennen lernen wollen, einfach $Z_e = Z_m$. Ist der Beharrungszustand dadurch gegeben, daß wir einen bestimmten Zug mit konstanter Geschwindigkeit schleppen, so ist $Z_m = Z_e = W$, worin W den gesamten Zugwiderstand bezeichnet; diese W-Werte sind dann das *Rohmaterial* für die formelmäßige Erfassung des auf S. 16 behandelten Zugwiderstandes. Messen wir neben dem Z_e noch die, größere motorische Zugkraft der Lokomotive an ihrem Ursprung, z. B. den Kolben der Dampflokomotive oder den Ritzelenden der Motorwellen der elektrischen Lokomotiven, und nennen wir, wegen Messung dieser Zugkraft bei der Dampflokomotive mit Indikatoren, sie einmal Z_i, so ist $Z_i - Z_e = W_L$ der Widerstand der Lokomotive, der also meßtechnisch zugänglich ist. Bei Diesellokomotiven, die bei großen Abmessungen bisher meist elektrische Arbeitsübertragung vom Dieselmotor auf die Treibachsen haben, muß man, um auf die aufzuwendende Motorenergie zu kommen, den Übertragungswirkungsgrad einbeziehen, und mindestens auf die Dieselleistung an der Generatorkupplung (bei häufiger Angabe des spezifischen Ölverbrauchs dort), wenn nicht womöglich auf die Kolbenleistung des Dieselmotors zurückgehen, denn auch dessen mechanischer Wirkungsgrad im engeren Sinne muß ja aufgebracht werden.

Sahen wir eben, daß die *Zugkraftmessung sowohl der Bestimmung des Zugwiderstandes, wie der Lokomotivenergetik dient*, so ist doch hervorzuheben, daß man diese beiden Versuchstypen am besten trennt, wobei zeitlich meist die Lokomotivenergetik den Löwenanteil ausmacht. Denn beim Zugwiderstand wird man sich für einen gegebenen, verhältnismäßig konservativen Wagenpark mit der einmaligen Erprobung ziemlich weniger Zugtypen über dem notwendigen Geschwindigkeitsbereich begnügen können. Lebhaftere Variationen kommen meist nur bei Schnellzugwagen, namentlich zur Verminderung des Luftwiderstandes vor, während jede einzelne Lokomotivtype eingehend zu untersuchen ist. Völlig neue Wagentypen, etwa *Doppelstockwagen*, erfordern natürlich auch neue Widerstandsversuche.

An dieser Stelle sei noch vermerkt, daß die Meßwagen Grunewalder Bauart durch Überschieben einer Hülse über entsprechende Anschläge der Zugstange die Zugkraft statt zwischen Lokomotive und Meßwagen auch zwischen Meßwagen und Zug zu messen gestatten[1]. Letzteres ist von Bedeutung für die Fälle, in denen der Widerstand von Wagenzügen, deren Wagengattungen wesentlich von dem normalen D-Zugwagen abweichen, festgestellt werden soll. Der Luftwiderstandsfehler, der sich

---

[1] NORDMANN-WEBER: Meßwagen zur Untersuchung der Dampflokomotiven. Glasers Ann. 1937 II, S. 176.

damit systematisch vermeiden läßt, ist freilich für den wirklichen Zugdienst nicht erheblich, weil der Packwagen hinter der Lokomotive sich strömungstechnisch ähnlich auswirkt, wie der Meßwagen beim Versuchszug. Indes gibt es doch auch Fälle, wo man die im Meßwagen etwa liegenden Widerstandsabweichungen ausschalten möchte (z. B. Lagerfragen).

Das versuchsmäßig nötige Durchhalten konstanter Geschwindigkeit ist bei den Versuchen zur Ermittlung des *Zugwiderstandes* Aufgabe des Lokomotivführers (erfahrenes Versuchspersonal). Natürlich gehört noch eine waagerechte, möglichst krümmungsfreie Meßstrecke (große Halbmesser) dazu. Wie man kleine Geschwindigkeitsänderungen zwischen Anfang und Ende, sowie kleine positive oder negative Hubarbeiten durch geringfügige Steigungen noch rechnerisch als Korrekturglieder berücksichtigt, ist im Schrifttum mehrfach behandelt. Auf die Lokomotivenergetik wird dabei keine Rücksicht genommen, diese also der anderen Versuchstype übertragen, bei der man die Abhängigkeit der Leistung von der Geschwindigkeit feststellt und insbesondere diejenigen Leistungswerte bestimmt, die für die gewollte Anstrengung, also z. B. eine gewisse betriebsmäßig zulässige Höchstverdampfung des Kessels oder die höchstzulässige Erwärmung der Motoren verfügbar sind. Diese für die Fahrzeitenermittlung entscheidenden Werte wird man versuchsmäßig nicht unmittelbar scharf treffen; sie ergeben sich aber in der wenig weiter unten behandelten Weise praktisch völlig sicher.

Die *Aufrechterhaltung konstanter Geschwindigkeit* geschieht bei diesen energetischen Versuchen, mindestens der Wärmekraftlokomotiven, in Deutschland seit etwa 20 Jahren mit der sog. *Bremslokomotive*; auch andere Länder haben diese Methodik übernommen. Sie stammt — als eine andere Anwendungsart der von Riggenbach zuerst auf steilen Zahnradbahnen angewandten Gegendruckbremse — vom Lokomotivversuchsamt Berlin-Grunewald (Günther und Koch). Dabei wird also von der Versuchslokomotive unter Zwischenschaltung des Meßwagens nicht ein Zug befördert, sondern eine sonst normale Dampflokomotive (auch unter Dampf), die bei rückwärts gelegter Steuerung als Verdichter arbeitet. Ein Umschaltventil sorgt dafür, daß nicht heißes Rauchkammergas, sondern Frischluft angesaugt wird; die verdichtete Luft wird durch ein druckregelndes, vom Führer der Bremslokomotive betätigtes Drosselventil wieder in die Außenluft entlassen; und durch Wassereinspritzung werden die Lokomotivzylinder vor zu hohen Kompressionstemperaturen geschützt. Der Führer regelt mit dem Drosselventil an Hand eines Geschwindigkeitsmessers mit großem, genügend fein geteilten Zifferblatt die Geschwindigkeit derart, daß, sobald sich eine kleine Geschwindigkeitszunahme zeigt, der Gegendruck und damit der Lokomotivwiderstand durch stärkeres Zudrehen des Drosselventils gesteigert, bei kleinem Nachlassen die Drosselung verringert wird[1]. Die geringe Zeitdauer dieser Regelungsvorgänge ist praktisch unschädlich, weil wegen der großen Masse — der Komplex selbst nur einer mittelgroßen Dampflokomotive, des Meßwagens und einer mittelgroßen Bremslokomotive wiegt etwa 300 t — kleine Zugkraftschwankungen nur zu an sich schon kleinen Beschleunigungen führen, die dann durch den regelnden Eingriff nach einigen Sekunden unterdrückt werden. Da die Bremslokomotive unter Dampf steht, benutzt man sie *vor* der Umstellung auf die Verdichterwirkung zum kräftigen Anschieben, um den Beschleunigungsfehler durch die Anfahrt klein zu halten; ja man kann, wenn die Versuchsgeschwindigkeit nicht zu hoch liegt, den ganzen Beschleunigungsvorgang auf die Bremslokomotive abwälzen und den Anfahrtfehler auf das geringe Maß beschränken, das dadurch verbleibt, daß sich die Beharrungstemperatur im Überhitzer nicht sofort — wenn auch ziemlich bald — einstellt. Für sehr große Versuchslokomotiven benutzt man auch mehrere Bremslokomotiven bei gleicher Handhabung.

Auch die *Lokomotivleistung* ergibt sich einfach aus der Planimeterablesung. Wir sahen schon, daß diese über die Apparatekonstante die geleistete Arbeit in mkg angibt, aus der durch Teilung mit 270000 die PSh folgen. Die Zeitdauer, während derer mit arbeitender Lokomotive gefahren wird (z. B. leuchtet in den Dampflokomotiv-Meßwagen eine kleine Glühlampe nur, solange der Regler geöffnet ist), wird an einer am Meßtisch angeordneten Uhr abgelesen, und die PSh ergeben dann durch Division mit dieser Zeit in h die auf dem Streckenabschnitt dauernd oder im Durchschnitt geleisteten PS_e. Natürlich könnte man auch in kWh und kW messen. Damit diese auch wirklich die Beharrungsleistung darstellen, muß der Beschleunigungsfehler relativ klein bleiben; einmal darf also die Meßstrecke zeitlich nicht zu kurz sein — möglichst nicht unter 1 h Fahrzeit, wie bei den Dampflokomotiven auch die Franzosen rechnen — anderseits schiebt man, wie schon erwähnt, die Beschleunigungsarbeit, so weit es geht, auf die Bremslokomotive ab. Die Elektriker stellen der Stundenleistung sogar noch eine auf beliebige Zeit ausdehnbare Dauerleistung gegenüber, doch ist die Differenz zwischen diesen beiden schon nicht mehr groß. Wesentlich höher als die Stundenleistung liegt die allerdings zeitlich stark beschränkte Anfahrleistung elektrischer Lokomotiven. Der Beschleunigungsvorgang eines Zuges kann natürlich auch an sich mit dem Meßwagen verfolgt werden.

Die Zughakenleistung in PS_e ist für manche graphischen Darstellungen die Abszisse; der Sonderwert für die gewollte Lokomotivanstren-

[1] An sich wäre das theoretisch, wenn die Versuchslokomotive absichtsgemäß auf konstante Zugkraft eingestellt ist, z. B. durch gleichen Dampfdruck und gleiche Füllung, und die Strecke völlig gleichmäßig verläuft, gar nicht nötig; aber die Fehler durch Abweichungen vom Ideal müssen doch kompensiert werden.

gung folgt dann bei der Dampflokomotive aus der Versuchskurve; Abb. 3 zeigt diese Feststellung. Als Ordinate dient dabei die auf die Stunde bezogene Dampfmenge, als Wasser an einer in die Speiseleitung eingebauten Wasseruhr[1] oder aus der Wasserstandssenkung im ausgeliterten Tender abgelesen. Die einzelnen Meßpunkte dieses Gesamtdampfverbrauchs liegen bei konstanter Geschwindigkeit nahezu auf einer Geraden. Die zulässige Anstrengung des Kessels ist durch eine gewisse spezifische Dampferzeugung b kg je m² Heizfläche und h ausgedrückt, die für diese Ordinate $D_{\text{ges}} = b \cdot H$ zur Abszissenachse gezogene Parallele schneidet auf der flachen Kurve diesen Wert N_e ab, der für die

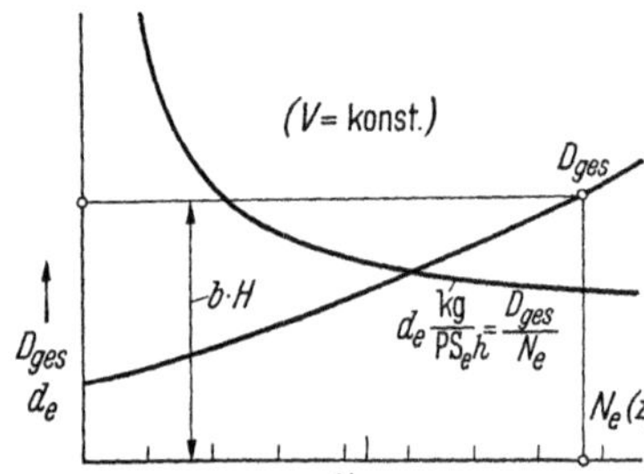

Abb. 3. Gesamtdampfverbrauch und spezifischer Dampfverbrauch als Funktion der Zughakenleistung.

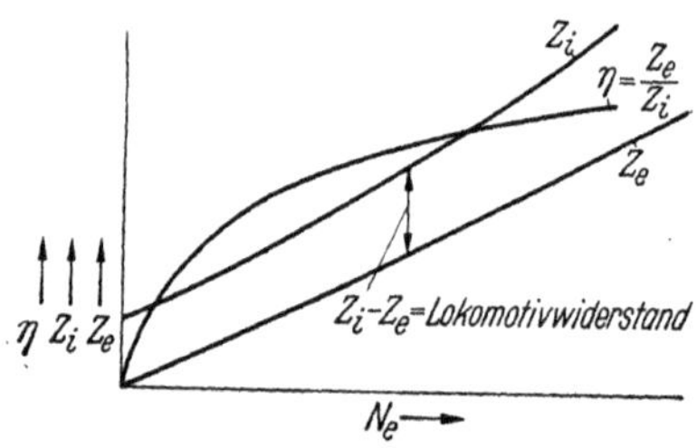

Abb. 4. Zugkraft am Haken und an den Kolben, sowie mechanischer Wirkungsgrad.

Bildung der Zugkraftkurve $Z_e = f(V)$ maßgebend ist. Für dieses bestimmte N_e ist nach der bekannten Leistungsgleichung $N_e = Z \cdot v/75$ für v in m/s oder, weit gebräuchlicher, $N_e = Z \cdot V/270$ für V in km/h

$$Z_e = \frac{270\, N_e}{V}.$$

Übrigens vermittelt uns die von einer Geraden nicht sehr abweichende D-Kurve auch die Kenntnis des *spezifischen Dampfverbrauchs* d_e, nämlich durch Division der D-Werte mit N_e. Er bildet graphisch eine an eine Hyperbel gemahnende Kurve, mit Asymptoteneigenschaft allerdings nur zur Ordinatenachse, wo für die allein fahrende Lokomotive ($N_e = 0$) gleichwohl ein gewisser Dampfverbrauch D_0 vorliegt, womit $d_e = D_0/0 = \infty$ wird.

Endlich sei noch gezeigt, wie man für jede Lokomotivart den *Eigenwiderstand* bestimmen kann. Trägt man für jeweils konstantes V die Zugkraft Z_e über der Abszisse N_e auf, so erhält man eine Gerade durch den Koordinatenanfang. Indem man gleichzeitig mit den einzelnen festgestellten N_e- und also Z_e-Werten auch die Zugkräfte Z_i am Energieursprung (z. B. aus Indikatordiagrammen) ermittelt und nach Abb. 4

[1] Die Siemens-Taumelscheibenwassermesser haben an sich einen Anzeigefehler bis 2%, der sich aber durch Gebrauch einer Eichkurve noch vermindern läßt.

aufträgt, erhält man in Gestalt der Differenz $Z_i - Z_e$ den Lokomotivwiderstand W_L. Für den *mechanischen Gesamtwirkungsgrad* findet man für $\eta = Z_e/Z_i$ die etwas an eine Magnetisierungskurve erinnernde η-Kurve. Die $(Z_i - Z_e)$-Werte, jeweils für die gewollte Anstrengung, kann man versuchen zu empirischen Widerstandsformeln zu verarbeiten, oder kontrolliert mit ihnen bereits bestehende Formeln. Wir sahen zwar, daß man in der Zugförderungsmechanik am besten unter Überspringung des Lokomotivwiderstandes W_L gleich mit den *am Zughaken gemessenen Z_e-Werten* arbeitet; für *Entwürfe*, also noch nicht existierende Lokomotiven, bleibt indes eine leidlich zutreffende Näherungsformel für W_L von großem Wert, da man einem besseren Angebot stets auch die voraussichtliche Belastungstafel beifügen wird.

Die Erörterung der Lokomotivmeßwagen war wesentlich auf die deutschen zugeschnitten. Daneben ist aber die weit verbreitete, von AMSLER (Schaffhausen) stammende, von der Fabrik genormte Bauform der Apparatur[1] kurz zu erwähnen: Eine Reihe von Größen wird dabei mit sinnreichen Kugelrollplanimetern gemessen, deren nähere Beschreibung hier zu weit führen würde, während das OTTsche Scheibenplanimeter sich einfach darlegen ließ. Einige Bremsprüfgeräte sind geschickt in den Meßtisch mit eingebaut. Die AMSLER-Meßwagen (mit Ölkolben statt Flüssigkeitsmeßdose) gestatten, auch die Pufferdrücke zu messen, und besitzen in Gestalt des Pendel-*Ergometers* eine Einrichtung, um die Zugkraft in den engeren Zugwiderstand und ihre Beschleunigungs- bzw. Schwerkraftkomponente zu zerlegen. Das stärker spezialisierte Meßwesen (z. B. besondere Bremsmeßwagen) der bisherigen Reichsbahn hat uns diese, bei nur *einem* Meßwagen einer Eisenbahnverwaltung vielleicht ausschlaggebenden Zutaten nicht vermissen lassen, zumal wir für die systematische Untersuchung des Zugwiderstandes die Messung auf der Horizontalen bei konstanter Geschwindigkeit für das genaueste halten, wobei kleine Restkorrekturen in einfacher Art möglich bleiben.

Das Verfahren der Bremslokomotive hat auch im Ausland Anwendung gefunden. Da das Ausschlaggebende dabei der Ersatz des Zugwiderstandes durch eine regelbare Kompressorwirkung ist, hat man sich in einem Fall (Niederlande) auf einen Kompressorwagen (aus einer alten Lokomotive) beschränkt, geht dann freilch der Vorteile verlustig, die die normale Bremslokomotive durch mögliche Beteiligung an der Beschleunigungskraft und als Zugkraftreserve bei etwas anfälligen neuartigen Versuchslokomotiven darbietet. In England wird neuerdings von einer „*mobile testing plant*“ Gebrauch gemacht; einem hinter dem Meßwagen laufenden Aggregat von 3 *electric motor coaches*, bei denen

[1] GAUDY: Vierachsiger Dynamometerwagen der Schweizerischen Bundesbahnen. Schweizerische Bauzeitung, Bd. XLIV, Nr. 4, 5, 6; auch Sonderdruck 1914.

aber die Motoren als Generatoren geschaltet sind, deren elektrische Energie in Widerständen vernichtet wird. Eine sehr empfindliche elektrische Regeleinrichtung bewirkt bei kleinen Geschwindigkeitsänderungen (durch Änderung des Magnetfeldes) eine erhebliche Änderung des widerstehenden Drehmoments. Vielleicht ist die schnelle Angleichung an konstante Leistungsbedingungen bei nicht besonders großer Ausdehnung der waagerechten Meßstrecke größer als bei der Gegendruck-Bremslokomotive, wenigstens bei größeren Geschwindigkeiten; jedenfalls habe ich das Bedauern über das Fehlen langer Horizontalstrecken in diesem Zusammenhang vor dem Kriege einmal aus englischem Munde gehört. Eine aktive Teilnahme an der Beschleunigung ist aber auch hier nicht möglich.

Die Meßwagen für elektrische Lokomotiven bedürfen für den mechanischen Teil grundsätzlich keiner anderen Einrichtungen. Der Schweizer Dynamometerwagen (Amsler) war von Anfang an sowohl zu Versuchen mit Dampf- als auch elektrischen Lokomotiven vorgesehen, deren elektrische Prüfgeräte sich im Meßwagen auf einer zusätzlichen Schalttafel finden; und der erste und längere Zeit einzige Reichsbahn-Meßwagen für elektrische Lokomotiven stimmte hinsichtlich des mechanischen Teils — einschl. der beteiligten Lieferfirmen — mit dem für Dampflokomotiven überein.

Der Leser, der vielleicht eine kurze Erörterung der ortsfesten Lokomotiv-Prüfstände vermißt, sei daran erinnert, daß diese wohl für die thermodynamische Untersuchung (bis auf den bescheidenen Fehler etwas anderer Abkühlungsverluste) gute Dienste leisten können, daß sie aber vor allem wegen des fehlenden Luft- und Laufachswiderstandes (auch des Tenders) nicht die *betriebliche* Zugkraft am Haken anzeigen, sondern die am Radumfang. Für den Betrieb müßten davon die fehlenden Widerstandsteile abgezogen werden; zur genaueren Kenntnis des Lokomotivwiderstandes bedarf es doch des Streckenversuchs mit der Bremslokomotive. Der wird dann aber zweckmäßig statt bloß auf die Widerstandsermittlung gleich auf die betriebsmäßige Hakenzugkraft als Hauptaufgabe abgestellt.

V. Der Zugwiderstand.

1. Der Bewegungswiderstand der Wagenzüge.

Der Zugwiderstand im häufigeren Sinne ist — wie auch hier als Regel gehandhabt — der des eigentlichen Zuges hinter der Lokomotive, im weiteren, unter Hinzufügen des Lokomotivwiderstandes, der für den gesamten Zug. Er besteht selbst auf gerader, waagerechter Strecke und bei idealem Lauf aus den Anteilen für die rollende Reibung der Räder, für die Reibung der Achsen in ihren Lagern und dem Luftwiderstand

Schon hierin zeigt sich sein inhomogener Charakter, indem die *Reibungswiderstände gewichts-* und nicht oder wenig geschwindigkeitsabhängig sind, der *Luftwiderstand* aber einmal durch die *Gestalt* der Fahrzeuge, sodann genau oder annähernd durch das Quadrat der *Geschwindigkeit* gegeben ist. Dabei spielt auch noch der Wind hinein; nur bei Windstille bezieht sich das Quadrat der Geschwindigkeit auf die Fahrgeschwindigkeit — Geschwindigkeit relativ zum Erdboden —; bei herrschendem Wind in formelmäßig nicht streng bekannter Weise auf die Relativgeschwindigkeit gegen Luft, und nur im Sonderfalle reinen — in der Gleisrichtung wehenden — Gegenwindes oder Schiebewindes ist die einzusetzende Relativgeschwindigkeit einfach die Summe oder Differenz von Fahr- und Windgeschwindigkeit.

Bei nicht idealem Lauf, wie er in der Regel vorauszusetzen ist, kommen noch einige *mittelbare kleine Bewegungswiderstände* hinzu. Die Fahrzeuge schwingen infolge der kleinen vertikalen Gleisunebenheiten auf ihren Federn; die Schwingungsenergie wird dabei immer wieder durch die Reibung der Federblätter aufeinander vernichtet, und diese kleinen Arbeitsanteile müssen natürlich von der Lokomotivarbeit mit bestritten werden und erfordern daher eine kleine zusätzliche Zugkraft. Ebenso spielen bei nicht völligem und stetigem Gleichgewicht zwischen Lokomotivzugkraft und Zugwiderstand die Federn der Zug- und Stoßvorrichtungen (Puffer) in der Längsrichtung, wobei noch die Zugstangen in ihren Führungen reiben. Die Wagen halten aus verschiedenen Gründen nicht immer genau die Gleismitte; dann laufen bei der Kegelgestalt der Radreifen die beiden Räder einer Achse vorübergehend (seitlich hin- und herpendelnd) auf etwas verschiedenen Halbmessern, wobei dann das eine einen zusätzlichen kleinen Gleitwiderstand erfährt. Dieser Widerstand wird noch größer, wenn bei stärkerem Schlingern die Spurkränze zum Anstreifen kommen. All' diese kleinen Unregelmäßigkeiten entziehen sich aber der Messung und Berechnung, und sie stecken deshalb als an sich vorhanden mittelbar in den auf Versuchsgrundlage entwickelten Widerstandsformeln. Redtenbacher glaubte sie einst nach englischem Vorbild durch ein mit der Geschwindigkeit lineares Glied berücksichtigen zu können; Frank und Strahl hielten sie wesentlich für Stoßwiderstände und ordneten sie deshalb, teils unter *ausdrücklicher* Ablehnung eines linearen Geschwindigkeitseinflusses, dem Quadrat der Geschwindigkeit in ihren Formeln zu.

Da der größere Anteil der Streckenlänge nicht waagerecht verläuft, tritt häufig der *Steigungswiderstand* (Gefälle als negative Steigung aufzufassen) hinzu. Er ist im Gegensatz zu den bisher erörterten Widerstandsanteilen über jeden Zweifel erhaben, sobald nur die *Vermessung* der Strecke und ihre *Beschilderung* mit Neigungsanzeigern richtig durchgeführt wurde. Denn der Steigungswiderstand ist ja nichts anderes als die Schwerkraftkomponente der schiefen Ebene; streng genommen $G \cdot \sin\alpha$, doch kann man ohne fühlbaren Fehler $\sin\alpha$ mit $\operatorname{tg}\alpha$ und dem Bogen α vertauschen, es sei denn bei steilen Zahnradbahnen, wo $\sin\alpha$ in Kraft bleiben muß. Dafür wird theoretisch der Reibungswiderstand etwas kleiner, nämlich proportional $G \cdot \cos\alpha$, doch ist selbst schon an der Grenze der Zahnradbahnen mit einer maximalen *Reibungssteigung* von rd. $1:15 = \sin\alpha$ der $\cos\alpha = \sqrt{1-(1/15)^2} = 0{,}9978$, also so wenig von 1 verschieden, daß es zwecklos wäre, zur Vermeidung eines größten Fehlers von 0,22 % gegenüber der wesentlich größeren Streuung der anderen Komponenten für Nicht-Zahnradbahnen eine verwickeltere Rechnung durchzuführen.

Der *Krümmungswiderstand* ist eigentlich der am wenigsten durchforschte Widerstandsanteil. Wir werden noch sehen, inwiefern, aber auch weshalb hier eine gewisse Ungenauigkeit am verzeihlichsten ist.

Gehen wir nun, nahezu voraussetzungslos, lediglich von der Tatsache eines Geschwindigkeitseinflusses aus, so würde der Grundwiderstand eines Zuges, also auf der horizontalen Geraden bei Windstille, offenbar durch eine Potenzreihe wiedergegeben werden können, also:

$$W = W_0 + \alpha\, V + \beta\, V^2 + \gamma\, V^3 + \cdots.$$

Nun würde aber, ganz abgesehen davon, daß die dritte Potenz selbst in der Geschichte des Zugwiderstandes nur einmal sporadisch aufgetaucht ist, heute, nachdem viele durchgemessene Fahrten mit hohen Geschwindigkeiten vorliegen, der stark überwiegende Einfluß einer so hohen Potenz sich zweifellos sehr bemerkbar gemacht haben. Das ist aber nicht der Fall, und so kann man sich auf die dreigliedrige Form beschränken

$$W = W_0 + \alpha\, V + \beta\, V^2.$$

Für viele Rechnungen benötigt man statt des absoluten Widerstandes den sog. spezifischen, auf das Zuggewicht bezogenen, und zwar in der Dimension kg/t, da das Zuggewicht durchweg in t angegeben wird. Dann ist also

$$w = \frac{W}{G} = w_0 + \frac{\alpha}{G} \cdot V + \frac{\beta}{G} \cdot V^2$$

oder, wie wir künftig schreiben wollen,

$$w\ \text{kg/t} = a + b\, V + c\, V^2.$$

Bei der Kleinheit des linearen Gliedes, das z. T. sogar abgelehnt wird, kommt es zu der bisweilen auch im ersten Ansatz nicht zu vermeidenden zweigliedrigen Form

$$w = a + b\, V^2.$$

Es sei betont, daß über die physikalische Bedeutung der 3 Glieder keinerlei Voraussetzung gemacht wurde, und wenn man die Koeffizienten aus Messungsergebnissen ableitet, man diese Formel also eine empirische oder statistische nennen kann. Das erste Glied als konstante Reibung, das zweite als Ausdruck der kleinen störenden Bewegungen zu bezeichnen, in dem dritten allein den Luftwiderstand zu erblicken, ist eine anschauliche, wohl mögliche, aber nicht zwingende Deutung.

Was hier als eine gewisse Tragik der Zugwiderstandsformeln hervorgehoben zu werden verdient, ist der Umstand, daß man als unmittelbare meßtechnische Grundlage immer nur den *Gesamtwiderstand*, nicht die einzelnen Komponenten feststellen kann. Das gilt für den Meßwagenversuch so gut, wie für den Auslaufversuch, für den man das Schema der Widerstandsformel zunächst voraussetzen muß. Ich habe über diesen unbefriedigenden Tatbestand in *Glasers Annalen* 1940 unter der Überschrift *Der heutige Stand der Zugwiderstandsformeln* berichtet, der m. W. für strengere Ansprüche auch heute noch weiterbesteht. Die Komponenten im einzelnen können z. T. (außer dem linearen Glied) wohl auf Prüfständen gemessen werden, aber nicht unter den Umständen der Streckenfahrt. Eine additive Methode für die Zusammensetzung des Zugwiderstandes aus einzeln gemessenen Komponenten versagt also. Im übrigen empfiehlt sich auch für ganze Züge der Auslaufversuch keineswegs; Lokomotive und Wagen haben spezifisch zu verschiedene Widerstände, und wollte man eine Wagen*gruppe* bis auf die gewünschte Höchstgeschwindigkeit anschieben, so würde der erste Wagen mit einem zu hohen Luftwiderstand belastet sein, weil seine sonst von der Lokomotive gedeckte Stirnfläche hier der Luftströmung voll ausgesetzt wäre. *Der Zugwiderstand ist also durch den Schleppversuch des zu untersuchenden Zuges mit dem Meßwagen zu bestimmen.*

Für den *einzeln fahrenden Triebwagen*, der ja selber den großen Stirnwiderstand der Luft hat, ist allerdings der Auslaufversuch das Gegebene; hier nun freilich u. U. nicht nur als Wagen, sondern einschließlich des Getriebewiderstandes bis zur Motorkupplung. Dabei muß man aber das Formelschema voraussetzen; dies sei für die einfache Form w kg/t $= a + b\,V^2$ gezeigt. Ist das Wagengewicht G t und ζ der Zuschlag für die rotierenden Massen, sind weiter V_1 und V_2 die nicht zu weit auseinander liegenden Geschwindigkeiten zu Anfang und Ende derjenigen Laufstrecke Δl, auf der die Geschwindigkeitsabnahme $\Delta V = V_1 - V_2$ stattfindet, und ist endlich W_m der Widerstand für die mittlere Geschwindigkeit $V_m = 1/2\,(V_1 + V_2)$ auf dem Wege Δl, so lautet die Arbeitsgleichung (Abnahme der kinetischen Energie gleich mittlerer Widerstandskraft mal Weg):

$$M\,(1+\zeta)\,\frac{v_1^2 - v_2^2}{2} = \frac{1000\,G\,(1+\zeta)}{9{,}81}\cdot\frac{(V_1^2 - V_2^2)}{2\cdot 3{,}6^2} = G\,(a + b\,V_m^2)\,\Delta l\,.$$

Sie läßt sich umschreiben in

$$\frac{1000\,(1+\zeta)}{9{,}81\cdot 12{,}96}\cdot\frac{V_1 + V_2}{2}\cdot\Delta V = (a + b\,V_m^2)\cdot\Delta l$$

und schließlich in

$$w = a + b\,V_m^2 = 7{,}87\,(1 + \zeta)\,V_m \frac{\Delta V}{\Delta l}\ \mathrm{kg/t}\,.$$

Mit zuverlässiger Geschwindigkeits- und Wegmessung (Achsumdrehungszähler) sind V_1, V_2, V_m und Δl bekannt; für $\Delta V = 10$ km/h wird man z. B. für $V_m = 100$ km/h bei $V_1 = 105$ km/h die Messung beginnen und die erste Ablesung des Δl bei $V_2 = 95$ km/h beenden. Die zweite Etappe wäre von 95 km/h bis 85 km/h mit $V_m = 90$ km/h usw. Da die zwei Unbekannten a und b zu bestimmen sind, so ist zweimaliger Ansatz nötig:

$$\left\{\begin{aligned} w_1 &= a + b\,V_{m_1}^2 = 7{,}87\,(1 + \zeta)\,V_{m_1} \cdot \frac{\Delta V}{\Delta l_1} \\ w_2 &= a + b\,V_{m_2}^2 = 7{,}87\,(1 + \zeta)\,V_{m_2} \cdot \frac{\Delta V}{\Delta l_2}\,. \end{aligned}\right.$$

Die Differenz $w_1 - w_2$ läßt a zunächst herausfallen; damit ergibt sich

$$b = \frac{w_1 - w_2}{V_{m_1}^2 - V_{m_2}^2}$$

und weiter $a = w_1 - b\,V_{m_1}^2 = w_2 - b\,V_{m_2}^2$.

Man könnte zugunsten einer guten Stoppuhr selbst auf den Wegmesser verzichten, wenn man in der Ausgangsgleichung rechts statt V_m setzt: $\Delta l/\Delta t$; dann kommt

$$w = a + b\,V_m^2 = 7{,}87\,(1 + \zeta)\frac{\Delta V}{\Delta t}\,,$$

worin nunmehr Δt durch Ablesung bekannt ist.

Auch die dreigliedrige Form $w = a + b\,V + c\,V^2$ würde, da die Unbekannten, a b, c nur in der ersten Potenz vorkommen, keine arithmetischen Schwierigkeiten bieten; freilich müßten nun 3 Widerstandswerte, also 3 Geschwindigkeitssprünge um ΔV zugrunde gelegt werden. Man wird aber nicht erwarten können, daß jedesmal bei gleichem ΔV gleiche a- und b-, evtl. noch c-Werte herauskommen, und so ist ein gewisses *Zurechtbiegen* der Formel doch häufig notwendig. Man kann natürlich zur besseren Veranschaulichung die einzelnen w-Werte zeichnerisch über V als Abszisse auftragen; es ist das sogar eine häufige Form der Wiedergabe.

Beim *Schleppversuch* hat man keine Geschwindigkeitsdifferenzen ΔV nötig, die doch u. U. gewisse Schwierigkeiten hereinbringen, sondern bestimmt *bei konstanter Geschwindigkeit* V den Zugwiderstand, wie vorhin erörtert, als Lokomotivzugkraft Z_e in der Horizontalen. Man kann dann bei gleichem Vorgehen, z. B. für die zweigliedrige Formel

$$w = \frac{Z_e}{G} = a + b\,V^2$$

zweimal ansetzen, und wieder aus w_1 und w_2 a und b bestimmen.

Physikalische Voraussetzungen sind also hierbei nicht gemacht, wenngleich jeder in dem quadratischen Glied den Luftwiderstand vermutet; und die Auffassung als empirische Formel besteht also zu Recht. Bei der unvermeidlichen Streuung oder einem gewissen Spielraum an Willkür ist es nicht verwunderlich, wenn eine ganze Reihe solcher Formeln, die also an sich voraussetzungslos die Ablesungen wiedergeben sollen, existiert. Eine gute Übersicht darüber bieten z. B. NOCON[1] und LOMONOSSOFF[2]; bei letzterem erscheint auch eine amerikanische Formel für Güterzüge nicht zu großer Geschwindigkeiten, die sogar auf ein mit V quadratisches Glied verzichtet.

Der relativ weite Spielraum des Zahlenwertes a, der von 1,3 bis 2,0 kg/t schwankt — von FRANKS 2,5 kg/t ganz zu schweigen — beruht übrigens keineswegs nur auf Meßtoleranzen und etwaigen Subjektivismen. Ihm wohnt, worauf ich mehrfach hingewiesen habe, auch nicht einmal ideell der Charakter einer Konstanten inne. Das folgt unschwer aus der Arbeitsgleichung für eine Radumdrehung; ist in Abb. 5 D der Raddurchmesser, d der Achsdurchmesser im Lager, weiterhin G die gesamte Achslast, g das Gewicht des Radsatzes (Räder und Achswelle), e der Hebelarm der rollenden Reibung und μ der Reibungskoeffizient des Achslagers, so erfordert der Reibungswiderstand W_r auf dem Wege $D\pi$ die Arbeit $W_r \cdot D \pi$. Diese setzt sich anderseits aus der Reibungsarbeit in den Achslagern $(G - g)\, d \cdot \pi \cdot \mu$ und der Rollreibungsarbeit $G \cdot e \cdot 2\pi$ zusammen; schon hier tritt hervor, daß zwei verschiedene Gewichte für die Reibungsarbeit entscheidend sind, nämlich im Achslager nur das translatorische Gewicht $G - g$, im Aufstandspunkt auf der Schiene die gesamte Achslast G. Die Arbeitsgleichung selbst schreibt sich für kg

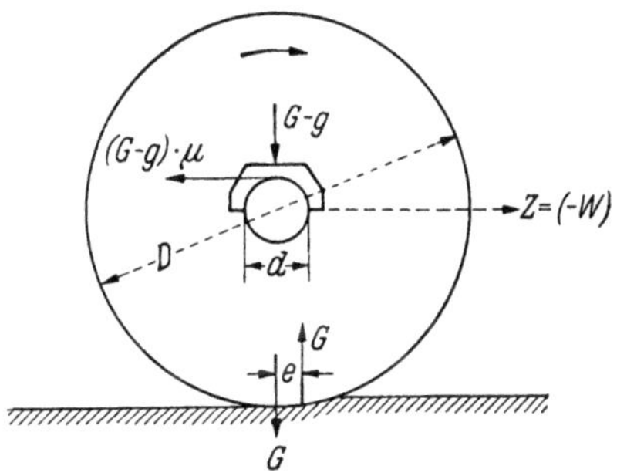

Abb. 5. Kräfte und Reibungsmomente am gezogenen Rade.

$$W_r \cdot D\pi = (G - g)\, d\pi\, \mu + G \cdot e \cdot 2\pi$$

und nach dem erwünschten w_r kg/t aufgelöst:

$$w_r = \frac{W_r}{G} = 1000 \left[\left(1 - \frac{g}{G}\right)\frac{d}{D} \cdot \mu + \frac{e}{D/2}\right] \text{kg/t}.$$

Das ist bei Auffassung des Formelgliedes a als des auf die *Gesamt*last bezogenen Reibungswertes bei kleiner Geschwindigkeit, ohne fühlbaren

---

[1] NOCON: Neue Versuche über den Fahrwiderstand von Personen- und D-Zug-Wagen. Glasers Ann. 1931, I, S. 99.

[2] LOMONOSSOFF: Lokomotivversuche in Rußland. VDI-Verlag 1926, S. 263f.

Luftwiderstand und ohne nennenswerte zusätzliche Stoß- und Reibungsverluste durch unruhigen Lauf, zugleich eben das a, und wir erkennen also dessen komplizierte Natur: g/G ist kein konstanter Wert, sondern hängt von der Beladung des Wagens ab; bei beladenem Wagen ist g/G klein, bei leerem groß, weiter ist bei neuen Wagen und noch nicht abgenutzten Reifen — natürlich auch bei älteren Wagen mit neuen Reifen nach deren Erneuerung in der Werkstatt — g/G größer, als bei einem Wagen mit abgenutzten Reifen. Das Verhältnis d/D ist nicht zwangsläufig einheitlich; über den Hebelarm e der Rollreibung herrscht noch keine vollendete Kenntnis, wie weit er von G oder V abhängig ist, und endlich spielt mit der Reibungsziffer μ die Schmiergüte hinein, auch die Ausführung als Gleit- oder Wälzlager. Entschließt man sich also, zumal es unmöglich oder unerträglich zeitraubend wäre, das wahrscheinliche Reibungsglied in der Widerstandsformel noch näher zu analysieren, zu dem einfachen a, so darf man mehr als einen Mittelwert selbst für einen Wagenpark mit Regelachsen nicht erwarten, und bestimmt nicht eine physikalische Konstante für die Eisenbahnen der ganzen Erde. Im übrigen darf man gerade von der experimentellen Seite her nicht vergessen, daß bei den Versuchsanalysen zunächst das a selbst anfällt, und nicht μ und e; bei nicht genügend kritischem Denken konnte leicht ein Streit um den vermeintlich einheitlichen Zahlenwert des a entstehen, der insofern aber sinnlos war, als selbst ohne Meßtoleranzen gemäß obiger Gleichung das a eben nicht einheitlich ist.

Bei dieser Sachlage wird es genügen, einige neuere, aus Messungen der Reichsbahn hervorgegangene a-Werte zu benennen. So wurde bei einer größeren Versuchsreihe mit beladenen Güterzügen $a = 1{,}4$ kg/t gefunden. Aus den Widerstandswerten von D-Zugwagen leitete SAUTHOFF[1] in der noch zu schildernden Weise $a = 1{,}61$ kg/t im Mittel und 1,56 kg/t als Bestwert ab; bei Verstärkung des Versuchszuges von 6 auf 12 Wagen, wohl mit neuen, noch nicht genügend eingelaufenen Wagen stieg das a bis zu 1,88 kg/t. Vorsichtshalber, aber wohl kaum zu Recht, hat er diesen größten Wert, auf 1,9 kg/t abgerundet, in seine Widerstandsformel übernommen. Auffällig ist das größere a SAUTHOFFS gegenüber den allerdings zeitlich späteren Güterwagenversuchen; ein Grund ist dafür um so weniger einzusehen, als das mit negativem Vorzeichen in der Formel erscheinende g/G bei Schnellzugwagen größer ist als bei beladenen O-Wagen. Wo man sich zu einer *en bloc*-Benutzung der SAUTHOFF-Formel entschließt (s. u.), wird man indes die 1,9 kg/t beibehalten müssen.

---

[1] SAUTHOFF: Die Bewegungswiderstände der Eisenbahnwagen unter besonderer Berücksichtigung der neueren Versuche der Deutschen Reichsbahn. Diss. T.H. Berlin, VDI-Verlag 1933.

Die eingehende Auswertung der Widerstandsversuche mit den Doppelstockwagen der vormaligen Lübeck-Büchener-Bahn, bei denen der *a*-Wert gegenüber den normalen Schnellzugwagen wegen der kleineren Räder (niedrige Fußbodenlage) und stärkeren Achsschenkel gegenüber der Norm etwas höher liegen wird, hat mich bei dreigliedriger Widerstandsformel auf 1,5 kg/t als Mittel der Fahrten mit 60, 100 und 140 km/h geführt[1]. Dieser Wert würde gut zu den 1,4 kg/t der Güterwagenversuche mit Regelachsen passen; vorsichtshalber könnte man 1,5 kg/t als Richtwert für neue Widerstandsformeln betrachten. Die z. T. niedrigeren Werte älterer französischer und russischer Formeln dürften schwächeren Achsabmessungen zuzuschreiben sein. STRAHL, der umgekehrt sogar mit 2,0 kg/t rechnet, wurde wegen dieses großen *a*-Wertes mehrfach getadelt. Mit dem zwar niedrigeren, aber doch nicht auf 1,5 kg/t herabgehenden Wert von 4 lb/t = 1,79 kg/t rechnet die englische L. M. S.-Bahn[2]. Im übrigen beziehen sich alle Zahlen auf *Gleitlager*; die etwas niedrigeren, aber m. W. noch nicht auf genügend breite Versuchsgrundlage zurückgehenden Werte der namentlich bei Schnellzugwagen vordringenden Wälzlager würden bei vorläufiger Beibehaltung der obigen Zahlenwerte eine zusätzliche Rechnungssicherheit bedeuten.

Über die zwei- oder dreigliedrige Gestalt der Widerstandsformel noch eine Bemerkung: Eine der ältesten englischen Formeln zeigte schon die letztere, zweifellos nur in einfacher Wiedergabe der Beobachtungen. Nachdem aber später nicht nur die zweigliedrige Form, ohne ein mit der Geschwindigkeit lineares Glied, Bedeutung in der Praxis gewonnen hatte und dann von FRANK, dem sich später STRAHL anschloß, sogar ausdrücklich die Behauptung aufgestellt wurde, die Auswirkungen unruhigen Wagenlaufs seien als Stoßverluste durch einen quadratischen Ausdruck gegeben, wie der Luftwiderstand auch, wurde die Leugnung des linearen Gliedes sogar dogmatischer Art. *Wie* FRANK den Wert dieses Stoßanteils von 0,0142 $(V/10)^2$ ermittelte, hat er leider verschwiegen; STRAHL hielt ihn für zu groß und reduzierte ihn auf die Hälfte. Daneben bestanden aber dreigliedrige empirische Formeln in Frankreich, dann auch in Deutschland weiter. Bei ihren Versuchen auf der Strecke Berlin—Zossen (1901 bis 1904) fand die damalige *Studiengesellschaft für elektrische Schnellbahnen* ein wenn auch kleines lineares Glied als notwendig, und zu demselben Zwang wurde SAUTHOFF geführt, um die *gemessenen* Gesamtwiderstände *formelmäßig* aufzubauen. Bei der Auswertung der Widerstandsmessungen der Lübecker Doppelstockwagen

[1] NORDMANN: Neue Beiträge zur Kenntnis des Zugwiderstandes. Glasers Ann. 1949, S. 63.

[2] JOHANSEN: The air resistance of passenger-trains, Inst. of Mech. Eng. 1936, S. 57.

bin ich gleichfalls dahin gelangt, daß die Einfügung des kleinen SAUTHOFFschen linearen Gliedes (0,0025 V kg/t für Schnellzugwagen) zu gleichmäßigerer und wahrscheinlicherer Lage des Reibungswertes a führt. Man darf also keineswegs die Berechtigung eines dreigliedrigen Ausdrucks für den Zugwiderstand leugnen wollen.

Eine physikalische Bedeutung unterlegt nun SAUTHOFF dem quadratischen Gliede, indem er es als reinen *Luftwiderstand* auffaßt und also nach der Strömungslehre durch das Ansatzschema — aber nun für den Anteil am Gesamtwiderstand in kg, nicht in kg/t — $\frac{\varrho v^2}{2} \sum c_w \cdot F$ ausdrückt. Das würde sowohl mit der etwas später von VOGELPOHL ausgedrückten Möglichkeit, daß der Luftwiderstand langgestreckter und verhältnismäßig glatter Körper einen etwas unter 2 liegenden Exponenten habe[1], als auch der Möglichkeit, daß die Laufunruhe auch eine quadratische Komponente habe, nicht voll in Einklang stehen. Aber da die Laufunruhe von Zügen bei den hohen, von uns untersuchten Geschwindigkeiten sich bei quadratischer Natur sehr unangenehm bemerkbar gemacht haben müßte, es aber nicht getan hat, wird man doch dahin geführt, das lineare Glied als stark durch die Laufunruhe beeinflußt zu halten — etwa in Parallele zu dem linearen Störungsglied in der Differentialgleichung gedämpfter Schwingungen. Dann wird aber das quadratische Glied reiner oder fast reiner Luftwiderstand, und damit wird ein *großer Vorteil* insofern gewonnen, als man dieses Glied nun *dem Modellversuch im Windkanal zugänglich* macht. So also bei den auf Reichsbahnveranlassung von VOGELPOHL durchgeführten Versuchen im vormaligen Windkanal der TH. Berlin mit D-Zugwagen-Modellen 1934, und auf dem Lokomotivgebiet bei den zunächst mit kleineren Lokomotivmodellen an gleicher Stelle für BORSIG veranstalteten Messungen, dann bei den mit größeren Modellen nach der Spiegelbildmethode von der Reichsbahn gemeinsam mit dem aerodynamischen Institut in *Göttingen* — „Organ" 1935 — ausgeführten Versuchen, aus denen die Reichsbahn-Stromlinienlokomotiven hervorgegangen sind. Von diesen letzteren ist die 03-Schnellzuglokomotive, die vorher in der Regelform eingehend geprüft worden war, vergleichsweise auf der Berlin-Hamburger Strecke mit dem Meßwagen mit 100, 120 und 140 km/h gefahren. Die jeweiligen Unterschiede der beiden Lokomotivwiderstände $(Z_i - Z_e)_u$ und $(Z_i - Z_e)_v$ — u unverkleidet, v stromlinienförmig verkleidet — stellen dann den Gewinn durch die Verschalung dar. Ich habe darüber 1938 in der Z. VDI. berichtet[2] und ausgeführt, daß der Großversuch mit dem wirklichen Objekt sich mit den Blasversuchen mit dem Modell nicht

[1] VOGELPOHL: Die physikalische Natur der Bewegungswiderstände von Eisenbahnfahrzeugen. Z. VDI 1935, S. 856. — [2] NORDMANN: Der Leistungsgewinn von Stromlinienlokomotiven. Z. VDI 1938, S. 515.

voll befriedigend deckt; es verbleibt also die Notwendigkeit, *wenigstens besonders wichtige* Modellversuche durch den Großversuch zu kontrollieren. Der letztere ist an sich der mühsamere, aber — soweit nicht größere Fehler durch den Wind vorliegen — eigentlich der entscheidende; man wird also dem schnell variierbaren Windkanalversuch die Rolle der Vorerhebungen zuweisen. Hier, aber auch zur Interpolation für ganze Wagenkombinationen, nämlich Güterzüge aller möglichen Zusammensetzungen ist er unentbehrlich, und so planten wir, durch den Krieg dann leider mattgesetzt, die möglicherweise veralteten Formelbeiwerte der Güterzüge einmal aufzufrischen, wobei man die Großversuche — zur Kontrolle des Modellversuchs — natürlich auf wenige Zugtypen (G-Wagen, beladene O-Wagen, leere O-Wagen) hätte beschränken müssen.

Die Hervorkehrung der SAUTHOFFschen Formel[1] ist auch noch aus einem anderen Grunde erfolgt: Wir sahen, daß man unmittelbar immer nur den *Gesamt*widerstand messen kann; mit seinem Kunstgriff des Gegenwind-Schiebewind-Verfahrens hat SAUTHOFF den Luftwiderstand für sich herausgearbeitet. Ist nämlich schematisch der Widerstand eines bestimmten Zuges bei der Fahrgeschwindigkeit V und einer Windgeschwindigkeit V_w[2]:

$$W_{\text{ges}} = a\,G + b\,G\,V + c\,\frac{\varrho}{2}\,F_{\text{äq}}\left(\frac{V \mp V_w}{10}\right)^2,$$

worin noch ϱ die Luftdichte und $F_{\text{äq}}$ die gesamte widerstehende Äquivalentfläche bezeichnet und c einen Zahlenfaktor darstellt, der der Überführung der ursprünglichen Dimensionen in die gebräuchlichen dient, z. B. von v m/s in $(V/10)$ km/h, so kann man F aus zwei Fahrtenreihen für jeweils konstantes V ermitteln, wenn man sich bei V_w auf praktisch reinen Gegenwind und Schiebewind, z. B. unter Benutzung lediglich der Fahrten mit einem resultierenden Anblasewinkel $\alpha \leq 4^\circ$ beschränkt[3]. Dann ist nämlich

$$W_1 = a\,G + b\,G \cdot V + c\,\frac{\varrho}{2}\,F_{\text{äq}}\left(\frac{V + V_{w1}}{10}\right)^2$$

$$W_2 = a\,G + b\,G \cdot V + c \cdot \frac{\varrho}{2}\,F_{\text{äq}}\left(\frac{V - V_{w2}}{10}\right)^2.$$

Bei der Differenzbildung bleibt dann nur

$$W_1 - W_2 = c\,\frac{\varrho}{2}\,F_{\text{äq}}\left[\left(\frac{V + V_{w1}}{10}\right)^2 - \left(\frac{V - V_{w2}}{10}\right)^2\right],$$

---

[1] Die NOCONsche (Glasers Ann. 1931, I, S. 110) mit der *um*strömten Fläche ist nicht nur die ungewöhnliche, sondern auch unhandlichere Form und nicht in Gebrauch gekommen.

[2] SAUTHOFF schreibt allerdings statt $(V \mp V_w)^2$ nur V_r^2 mit V_r als Relativgeschwindigkeit der Luft gegen den Zug. Bei kleinen Anblasewinkeln (kein Seitenwindcharakter!) ist dann aber $V_r = V \mp V_w$.

[3] Diss. Abb. 28 und Glasers Ann., Dezember 1932, S. 115, Abb. 13.

worin W_1 und W_2 die Zugkraftablesungen im Meßwagen, V die ebendort mit dem Geschwindigkeitsmesser festgestellte Fahrgeschwindigkeit sind; ϱ ist als Luftdichte ebenfalls bekannt, und Wind und Windrichtung wurden bei unseren Versuchen mit einem Askaniagerät festgestellt; man kann auch bei nicht allzu ausgedehnten Meßstrecken Schalenkreuzanemometer und Angaben der Wetterwarte heranziehen. Übrigens setzt SAUTHOFF, ohne schon das handlichere $V/10$ anzuwenden, für 15° Lufttemperatur und entsprechendes ϱ $c \cdot \varrho/2 = 0{,}0048$; wir hätten für $(V/10)^2$ den hundertfachen Wert anzuwenden. An sich sollte man die Abrundung auf 0,5 wählen, auch weil 15° die mittlere Jahrestemperatur (rd. 9 °) etwas überschreiten und im Winter mit ϱ der Luftwiderstand weiterhin noch zunimmt. Da indes SAUTHOFF von dem gemessenen Gesamtwiderstand ausging, gehören die von ihm genannten Äquivalentflächen mit dem benutzten $c \cdot \varrho/2 = 0{,}48$ zusammen[1]. $F_{äq}$ ist gleich die wirksame Äquivalentfläche, häufig in $\Sigma c_w \cdot F$ zerlegt, worin F die Querprofilfläche eines Fahrzeuges bedeutet und c_w der sog. Formfaktor ist.

Was so, gleichsam unter Überlistung des Gesamtwiderstandes, sich ergibt, ist also die Äquivalentfläche des ganzen Zuges hinter dem Meßwagen. Da nun der Schlußwagen einen zusätzlichen Sogwiderstand aufweist (erste Erwähnung bei PAMBOUR schon 1835), während bei unseren heutigen hohen Lokomotiven und Tendern ein zusätzlicher Stirnwiderstand des ersten Wagens im Zuge fehlt, wenn man nicht die Packwagenüberhöhung über dem Zugführerabteil besonders anrechnen will, so bedarf es noch weiterer Fahrten bei gleichem V mit Zügen gleicher Wagentype, aber anderer Wagenzahl. Man rechnet dann so, wenn $f = c_w \cdot F$ die — gleichmäßig unterstellte — Äquivalentfläche eines Einzelwagens *im* Zuge, f_S die des Schlußwagens mit Sog bezeichnet, daß bei n' bzw. n'' Wagen im Zuge einmal etwa

$$F'_{äq} = (n' - 1) \cdot f + f_S$$

und dann

$$F''_{äq} = (n'' - 1) \cdot f + f_S$$

ist. Aus der Differenz ergibt sich dann f und bei dessen Einsetzen in eine der beiden Gleichungen f_S. SAUTHOFF, der gerade den Luftwiderstand hatte studieren sollen, fand durch dreimalige Anwendung dieser Methode für einen 6-, 10- und 12-Wagen-Zug $f = 1{,}45$ m² für D-Zugwagen mit glattem Tonnendach (Bauart 1928), und $f = 1{,}55$ m² für ältere D-Zugwagen, sowie $f_S = 3{,}7\ f$, also einen prozentualen *Sogzuschlag* von 270 %. Dieser erschien, auch nach den älteren Kanalversuchen von

[1] Die nicht genannten Lufttemperaturen haben Ende Oktober/Anfang November sicher unter 15° gelegen; für 0,5 statt 0,48 wären dann aber SAUTHOFFS Äquivalentflächen um 4 % zu verkleinern.

Goss, unbehaglich groß, und dieses Gefühl bestätigten die etwas späteren Windkanalversuche von VOGELPOHL, der aus Modellen der neueren Wagentype $f = 1{,}73\ m^2$ und $f_S = 2{,}44\ m^2$, also nur einen Sogzuschlag von $\sim 40\ \%$ fand[1]. Im übrigen ist der Sogzuschlag zweifellos von der Wagentype abhängig; so habe ich für die Lübecker *Doppelstockwagen* mit besonders hohem Profil einen Zuschlag von 108 % gefunden. Der auch „längsgedoppelte" Zweistockwagen hatte im Zugverband ein $f = 2{,}92\ m^2$, als Schlußwagen ein $f_S = 6{,}08\ m^2$. Für die *vier*achsigen Doppelstockwagen der Bundesbahn fehlen die Versuche noch. Eine aus VOGELPOHLS Zahlen aufgebaute Widerstandsformel mit $a = 1{,}5$ kg/t gibt aber die Widerstandsversuche von Schnellfahrten mit rd. 130 km/h weniger gut wieder. Vielleicht sind der Blasmethode Zugmodell auf Erdbodenbrett — bei wohl richtigem f_S/f — doch größere Absolutfehler eigen, als SAUTHOFFS. Formel mit zweifellos falsch aufgeteiltem Luftwiderstand, aber doch eben gemessenem Gesamtwiderstand. Freilich zeigte die Anwendung auf spätere Fahrten auch noch Streuungen, selbst nach unten, also eigentlich der unsicheren Seite[2].

Die noch unbefriedigende erkenntnistheoretische Lage des Zugwiderstandes — zweifellos auch mit tatsächlichen Differenzen bei zunächst unbeanstandeten Vergleichen z. B. durch verschiedene Oberflächen-Rauhigkeit — hatten wir beabsichtigt, gelegentlich der Versuche mit den neuesten strömungsgünstigen D-Zugwagen zu beheben — bündige Fenster, Abschirmung der rauhen Wagenunterseite (Bremse, Akkumulatoren), durch seitlich heruntergezogene Blechschürzen, verlängerte Seitenbleche bis fast zum Schließen der Wagenlücken — und die Vorfahrten hatten bereits eine wesentliche Widerstandsminderung nachgewiesen. Zu den systematischen Versuchen, auch zur Feststellung des Sogzuschlags, ist es dann durch den Krieg nicht mehr gekommen. Im Augenblick sehe ich, da die gleich zu erwähnende STRAHLsche Formel die Wirklichkeit noch schlechter wiedergibt, nämlich unnötig groß, keine andere Möglichkeit, den Gordischen Knoten zu durchhauen, als trotz ihrer zahlenmäßig fehlerhaften Aufteilung die SAUTHOFFsche Formel dann anzuwenden, wenn man die Widerstände für Schnellzüge einigermaßen genau wiedergeben will, denn sie ist ja aus umfangreichen Einzel*messungen* des Gesamtwiderstandes abgeleitet, die also als solche richtig waren. Dabei haben wir dann ein $V_w = 15$ km/h einbezogen, etwa die durchschnittliche Windstärke in Deutschland, damit die Normalleistung der Lokomotive nicht gleich bei mäßigem Gegen- oder Seitenwind, der gleichfalls widerstandserhöhend wirkt, überschritten zu werden braucht.

---

[1] VOGELPOHL: Windkanalversuche über den Luftwiderstand von Eisenbahnfahrzeugen. Z. VDI 1934, S. 159, insbes. S. 165.

[2] NORDMANN: Neue Beiträge zur Kenntnis des Zugwiderstandes. Glasers Ann. 1949, S. 66.

Die unter VII behandelten s-V-Diagramme wird man also für bevorzugte Schnellzüge mit dieser Formel berechnen; auch den s-V-Diagrammen der elektrischen Schnellzuglokomotiven liegt sie zugrunde.

Auch ein Hinweis darauf ist nicht überflüssig, daß auch die Luftdichte ϱ an sich keine Konstante ist. Im Winter ist sie, und mit ihr der Luftwiderstand nicht unerheblich größer; auch deshalb lieber die erwähnte Aufhöhung von 0,48 auf 0,5. Jede Richtungsänderung der Bahn bei konstanter Windrichtung ändert den Luftwiderstand. Erwägt man das alles, so kommt man zu der Erkenntnis, daß es eine einigermaßen unfehlbare Formel nicht gibt und kaum geben wird.

Die SAUTHOFF-Formel lautet also für D-Züge aus Wagen mit glattem Tonnendach

$$w\,\mathrm{kg/t} = 1{,}9 + 0{,}0025\,V + 0{,}48\,\frac{(n+2{,}7)\cdot 1{,}45}{G}\left(\frac{V+15}{10}\right)^2.$$

mit G als gesamtem Zuggewicht. Züge aus älteren D-Zugwagen mit Oberlichtaufbau zeigten statt 1,45 die größere Äquivalentfläche 1,55 m². Für Personenzüge aus 2- und 3-achsigen Wagen, mit denen Versuche gleichen Umfangs nicht unternommen wurden, fand SAUTHOFF unter Übernahme des Ausdrucks $(n + 2{,}7)$ die Äquivalentfläche des einzelnen — kürzeren — Wagens zu 1,15 m² im Mittel, während das lineare, doch im Zusammenhang mit den Störbewegungen des Wagenlaufs stehende Glied für den weniger guten Lauf dieser Personenwagen im engeren, früheren Sinne statt $0{,}0025\,V$ nunmehr $0{,}004\,V$ für dreiachsige und $0{,}007\,V$ für zweiachsige Wagen betragen soll.

STRAHL hat 1913 eine noch viel angewandte Formel synthetisch aufgebaut[1], die man aber insofern auch als physikalischer Natur bezeichnen kann, als er ganz bestimmte Ausdrücke für die Wiedergabe des Luftwiderstandes und der von ihm als quadratisch angenommenen Stoßverluste wählt. Für diese letzteren setzt er $0{,}007\left(\frac{V}{10}\right)^2$ kg/t, für den ersteren $\frac{1}{m}\left(\frac{V}{10}\right)^2$, worin m der sog. Wagenbeiwert ist, also je nach Type eine Art Ersatz für die Äquivalentfläche, nämlich diese durch das Wagengewicht dividiert. Für die Reibung setzt er — zu groß — 2 kg/t an. Sein summarischer Stoßwiderstand stimmt sicher nicht, da er allen Wagentypen gleiche Laufgüte beilegt; daß das Quadrat ihn zu groß wiedergibt, wurde schon oben bemängelt. Die Formel ist aber insofern bequem, als sie keine Voraussetzungen über die Wagenzahl macht; ein Vorteil, den STRAHL ausdrücklich in Anspruch nimmt, da man ja n, wenn man das mögliche Zuggewicht aus der Lokomotivleistung errech-

[1] STRAHL: Verfahren zur Bestimmung der Belastungsgrenzen der Dampflokomotiven. Z. VDI 1913, S. 251 — Die Berechnung der Fahrzeiten und Geschwindigkeiten usw. Glasers Ann. 1913 II, S. 86.

net, noch nicht kenne. Die Formel lautet also

$$w\,\mathrm{kg}/t = 2 + \left[0{,}007 + \frac{1}{m}\right]\left(\frac{V}{10}\right)^2,$$

worin $1/m$ betragen soll:

$1/m = 1/40$ für vierachsige Schnellzugwagen und beladene O-Wagen,
1/30 für Personenzüge aus zwei- und dreiachsigen Wagen,
1/25 für Eilgüterzüge aus gedeckten Wagen,
1/20 für buntgemischte Güterzüge und
1/10 für Güterzüge aus leeren O-Wagen.

Für Schnellzüge sind die Werte zu groß. Aus ursprünglicher Anlehnung an Auslaufversuche der oben erwähnten Studiengesellschaft (mit $F_{\text{äq}} = \sim 2\ \mathrm{m}^2$) hat er aus D-Zugwagen von 44 t und vierachsigen Abteil-Eilzugwagen von 36 t Gewicht ein Gewichtsmittel von 40 t unterstellt. Für D-Zugwagen ist (da der spezifische Luftwiderstand mit $1/G$ proportional ist), damit zu ungünstig gerechnet; für Eilzugwagen mit ihren

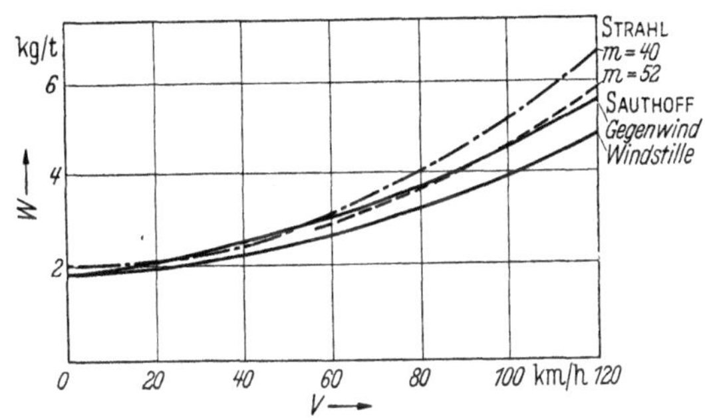

Abb. 6. Vergleich der Widerstandsformeln von SAUTHOFF und STRAHL für D-Züge. (Aus: Glasers Ann. 1932.)

vielen Trittbrettern und Handgriffen schwerlich zu ungünstig. Die Laufunruhe ist für die Vierachser sicher übertrieben. Das Ergebnis ist also, daß insbesondere für die D-Zugwagen mit glattem Tonnendach die STRAHL-Formel selbst ohne Windzuschlag noch größere Werte liefert, als die SAUTHOFF-Formel mit Gegenwind; erst für $1/m = 1/52$ würde Deckung eintreten (Abb. 6). Für die älteren D-Zug-Wagen stimmen die Widerstandswerte SAUTHOFF-Gegenwind mit STRAHL-Windstille und $1/m = 1/40$ überein, so daß man hier nach STRAHL ohne besonderen Gegenwind sicher genug rechnet. *Bei bevorzugten Schnellzügen aus neueren Wagen und mit großem V würde man nach* STRAHL *zu ungünstige Fahrzeiten bilden.* Für Züge aus zwei- und dreiachsigen Personenwagen (zweiachsigen C_i-Wagen mit Tonnendach und dreiachsigen C-Wagen mit Oberlichtaufbau und Bremserhaus) stellte SAUTHOFF aber gute Übereinstimmung fest, so daß man hier also an die Notwendigkeit des Einsatzes von Gegenwind denken könnte, wenn nicht für die leichteren, aber viel haltenden Personenzüge, welche die Lokomotivleistung mehr für die Anfahrbeschleunigung und die Steigungen, als für den Beharrungszustand in Anspruch nehmen, man nach unseren Reichsbahnerfahrungen mit der einfachen STRAHL-Formel auskäme.

Für Schnellzugwagen, die sich sowohl in Richtung des Leichtbaus, wie der strömungsgünstigen Formgebung entwickeln, erscheint der Hinweis nicht überflüssig, daß diese beiden Tendenzen sich für den spezifischen Luftwiderstand, der $F_{äq}/G$ proportional ist, gegenseitig aufheben können. Es verbleibt aber der Vorteil des geringeren Gewichts für Steigung, Beschleunigung und Reibungswiderstand.

Auch bei den *Güterzügen* hat uns der Krieg einen Strich durch die Rechnung gemacht. Hier schien mir bei dem immerhin etwas spekulativen Charakter der STRAHLschen Wagenbeiwerte der Güterzüge eine versuchsmäßige Durchprüfung der neueren Wagen allmählich unbedingt erforderlich. Wir wußten nur aus nicht wenigen Stichproben, daß die Formel recht vorsichtig war — war sie nicht vielleicht *übermäßig* vorsichtig? Freilich hätte ein Windkanal in Anspruch genommen werden müssen, um den Einfluß der Wagenmischung schnell untersuchen zu können, aber da war kaum noch anzukommen, und auch die Modellfrage war noch nicht endgültig geklärt. So ist man also in Deutschland bei der STRAHL-Formel (ohne Windzuschlag) geblieben; die Belastungstafeln der Lokomotiven sind — unter Außerachtlassung der zwar widerstandsreichen, aber auch leichten Leerzüge, deren Zuggewicht durch die zulässige Achsenzahl beschränkt ist — mit dem Wagenbeiwert 1/20 durchgerechnet.

In der zeichnerischen Darstellung ist $w = a + b\,V^2$ eine Parabel mit senkrechter Achse; und bleibt in der dreigliedrigen Form $w = a + b\,V + c\,V^2$ das b recht klein, so ist auch die Abweichung von der Parabel gering, übrigens nach oben. Auf der Ordinatenachse wird das *Reibungsglied* a abgeschnitten, doch ist bei Zügen oder Wagen nach längerer Haltezeit, wo der Ölfim allmählich aus den Achslagern gepreßt ist und die Räder sich mehr in die Schienen eindrücken, das a_0 im ersten Augenblick — gelegentlich als *Abreißwiderstand* bezeichnet — wesentlich größer, als in der Widerstandsformel. Bei Versuchen mit Kleinlokomotiven haben wir in solchen Fällen das a_0 in der Größenordnung 8 kg/t gefunden; ältere Beobachtungen in gleicher — zahlenmäßig z. T. noch weiter gehender — Richtung hatte schon v. GLINSKI gemacht[1]. Auch ohne Halt wurde bei Versuchen an ortsfesten Lagern für kleine Gleitgeschwindigkeiten ein wesentliches Wachsen der Reibungsziffer festgestellt (z. B. „Hütte" 27. Aufl. Bd. II, S. 178, Abb. 1). Das leichtere Anziehen von Güter-

[1] ZVDI 1912, S 2065, werden je nach Länge der Ruhezeit 6,2 bis 11,6 kg/t — bei Lokomotiven mit Tender 20 kg/t genannt.

zügen mit etwas durchhängenden Kupplungen, wobei also die Wagen nach und nach angezogen werden, resultiert eben daher. In der geringen Rolle des Ölfilms bei Wälzlagern liegt deren Vorteil beim Anziehen, während ihre Überlegenheit in der Beharrung oft überschätzt wird.

Um auch einen zahlenmäßigen Eindruck vom Verlauf der Widerstandskurven zu geben, sind in Abb. 7 die nach NOCONS Grunewalder Messungen (leider ohne Benennung der Wagenzahl, also gegebenenfalls mit kleinen Sogdifferenzen) für verschiedene Personenwagengattungen dargestellt. Dabei sind die *Einheitswagen* die neueren vierachsigen Stahlwagen mit Mittelgang und Tonnendach. Der *lufttechnische* Vorteil

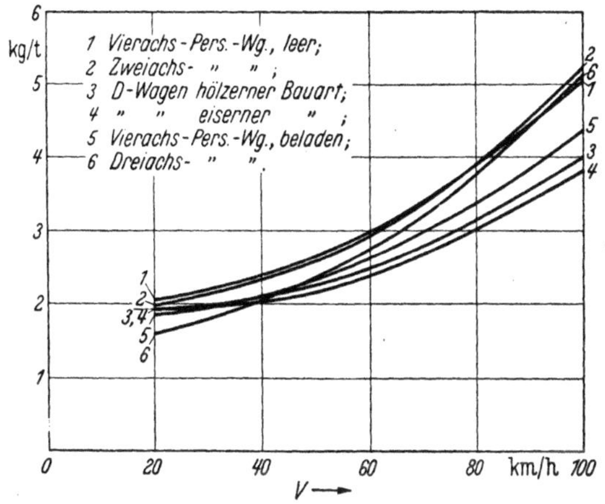

Abb. 7. Spezifische Widerstände verschiedener Wagengattungen nach NOCON. (Aus: Glasers Ann. 1932.)

der Besetzung tritt im Vergleich der Kurven 1 und 5 hervor; der absolute Luftwiderstand bleibt natürlich unverändert, pro t nimmt er aber durch die Menschenlast ab. Die Kurve 4 zeigt den Stahl-D-Zugwagen, noch ohne eigentliche *strömungsgünstige* Bauelemente, als die widerstandsschwächste Bauform. Die Tieflage (6) der alten dreiachsigen Personenwagen bei kleinem V dürfte auf den alten schwächeren Achsen beruhen.

All' diese Ausführungen zeigen, daß der Zugwiderstand an sich schwierig exakt angebbar ist, auch weil ihm ein öfters leichthin angenommener, zahlenmäßig absolut eindeutiger Charakter gar nicht innewohnt. So wird auch die Existenz verschiedener Formeln verständlich. Nach unseren Erfahrungen bei der Reichsbahn genügen jedenfalls bisher die Formeln von SAUTHOFF und STRAHL zur praktisch leidlich zutreffenden Berechnung.

Was am *Steigungswiderstand* — die Steigung s, um sie auch in der dimensionslosen Form kg/t auszudrücken, in Promille anzugeben —

hervorzuheben ist, ist sein oft weitgehendes Überwiegen über den Reibungs- und Luftwiderstand. Zeigen D-Züge aus zwar neueren, aber noch nicht einmal ausdrücklich strömungsgünstigen Stahlwagen in dei Geraden bei 100 km/h und Windstille ein $w \sim 4$ kg/t, so ist doch das erst gleich dem Widerstand der noch sehr mäßigen Steigung 4:1000 = 1:250. Die im Hügelland und am Rande von Mittelgebirgen häufige Steigung von 1:100 stellt bereits den 2,5fachen Widerstand in der Waagerechten bei 100 km/h dar, und die stärkste Steigung der deutschen Hauptbahnen 1:40 = 25 $^0/_{00}$ übertrifft ihn schon um das 6,25fache. Übrigens sind auch die großen Alpenbahnen nicht wesentlich steiler (z.B. Semmering 25 $^0/_{00}$, Gotthard 27 $^0/_{00}$, Arlberg 31 $^0/_{00}$). Aus dem außerordentlichen Anwachsen der Zugkraft auf starken Steigungen folgt der häufig große Geschwindigkeitsabfall; setzt man die Lokomotivleistung einmal in roher Annäherung konstant, so führt die Gleichung $N = Z \cdot V/270$ bei großem Z zu kleinem V. *Nicht selten ist auch auf solchen Steigungen — aber immer noch im Rahmen der Reibungsbahnen — das notwendige Reibungsgewicht zur Hergabe der großen Zugkraft mit einer Lokomotive gar nicht mehr zu verwirklichen, so daß eine Schiebelokomotive angesetzt werden muß.* Größere Fahrgeschwindigkeiten auf Steilrampen lassen sich nur noch mit sehr leistungsfähigen, schweren *elektrischen* Lokomotiven erzielen, wozu meist die großen Wasserkräfte im Gebirge Gelegenheit bieten.

Davon, daß man eine Steigungszugkraft auch als eine Beschleunigungszugkraft auffassen kann, weil beide — wenn man die Beschleunigung durch die spezifische beschleunigende Zugkraft ausdrückt — in kg/t gegeben sind, macht man in dem grundlegenden s-V-Diagramm Gebrauch für die Fahrzeitermittlung (S. 81).

Der *Krümmungswiderstand* endlich ist die letzte Komponente des Zugwiderstandes, nachdem der Einfluß der Störbewegungen, wie erwähnt, nicht rein herauszuarbeiten oder zu messen ist und vielleicht anteilig in allen drei Komopnenten, vorwiegend wohl in der linearen steckt. Er ist, auch wegen experimenteller Schwierigkeiten[1], formelmäßig schwer greifbar, weil neben dem Krümmungshalbmesser zweifellos nicht nur der Achsstand (bei Vierachsern der des Drehgestells), sondern auch die Achslagerführung (z. B. Lenkachsen), und die Laufgüte (z. B. Schlingern bei Güterwagen mit starken Überhängen) und die Beeinflussung durch die vorderen und hinteren Fahrzeuge, sowie endlich die Güte der Gleislage eine Rolle spielen. Die alte v. RÖCKLsche Formel (1880), einer Massenstatistik von Auslaufversuchen mit heute nicht mehr üblichen Wagen entstammend, wurde und wird wegen ihrer Einfachheit

$$w_{Kr} = 650/(R - 55) \text{ kg/t}$$

[1] Vgl. NORDMANN: Der Krümmungswiderstand der Eisenbahnfahrzeuge. Glasers Ann. 1935 II, S. 129.

und ihrer Voraussetzungslosigkeit gegen den Achsstand viel angewandt, ist aber eben deswegen nicht einwandfrei, und, soweit bisher noch zu wenig zahlreiche neuere Versuche erkennen lassen, in der Regel nicht unbeträchtlich zu groß. MEINEKE schlägt in seinem neuen Lehrbuch (1949) die modifizierte Formel von HILLER vor:

$$w_{\mathrm{Kr}} = \frac{153S + 100a}{R}\ \mathrm{kg/t}$$

mit S als Spurweite und a als Mittelwert aller Achsstände, soweit unter 3,3 S verbleibend. Was die leidige Unsicherheit in der Größe des Krümmungswiderstandes erträglich macht, ist der Umstand, daß die *gesamte Bogenlänge* einer Bahnstrecke immer nur einen mehr oder weniger großen Prozentsatz der *Gesamtstrecke* ausmacht. Ist l die Länge eines einzelnen Bogens vom Halbmesser R, w_{Kr} ihr Krümmungswiderstand und L die *Gesamt*länge mit einem *mittleren* Krümmungswiderstand $w_{\mathrm{Kr}\,m}$, so ist

$$w_{\mathrm{Kr}\,m} = \frac{\Sigma\, l \cdot w_{\mathrm{Kr}}}{L}\,.$$

Im Flachland mit ohnehin großen Krümmungshalbmessern wird dabei das $w_{\mathrm{Kr}\,m}$ oft so klein, daß, angesichts der Streuung der Widerstandsformeln schlechthin, auf eine Berücksichtigung der Krümmungen verzichtet werden kann. Im Gebirge, in krümmungsreichen ansteigenden Tälern ist das aber wegen der oft wesentlich kleineren Halbmesser nicht angängig. Hier wird meist das Verfahren gewählt, durch Addition des mittleren Krümmungswiderstandes zu der geodätischen Steigung der Strecke eine sog. *maßgebende Steigung* zu bilden und diese für die Lokomotivbelastung und Fahrzeitermittlung zugrunde zu legen.

Die ziemlich steifachsige Lokomotive, immer mit führendem, also reibendem Spurkranz, wird mit ihrem Krümmungswiderstand freilich über der RÖCKLschen Formel liegen. Für den ganzen Zug dürfte diese dadurch vielleicht zutreffen.

2. Der Bewegungswiderstand der Lokomotiven und Triebwagen.

Der Lokomotivwiderstand. Wir sahen oben schon, daß das Verfahren der Zugdynamik, die in der Waagerechten *gemessene* Zugkraft Z_e der Lokomotive am Haken zugrunde zu legen, neben anderen Komponenten einer nicht schätzungsfreien Zugkraftermittlung, auch eine Widerstandsformel für die Lokomotive selbst mit ihrer Unsicherheit vermeidet. Das S. 78 behandelte Steigungs-Geschwindigkeits-Diagramm, die zeichnerische Belastungstafel der jeweiligen Lokomotive, haben wir deshalb bei der Reichsbahn auf diesen *gemessenen* Zugkraftwerten aufgebaut, und jede große Eisenbahn mit Meßwagen wird zweckmäßig so vorgehen, um der angemessenen Ausnutzung der Lokomotivleistung sicher zu sein.

Dennoch darf ein Buch über die Grundlagen der Zugförderung nicht über die Widerstandsformeln der Lokomotiven hinweggehen, weil beim Angebot eines Lokomotiventwurfs, wo ja also das wirkliche Objekt noch gar nicht existiert, in der Regel gleichwohl auch eine Belastungstafel erwartet oder angeboten wird.

Wir betrachten zunächst die STRAHLsche Formel für *Dampflokomotiven der Regelbauart*, wiederum eine solche ohne lineares Glied. Bei ihr ist für die Reibung unterschieden zwischen derjenigen des Gewichts G_1 auf den Laufachsen (einschl. des Tenders) und der aus der gesamten Treibachslast G_2, die von der Kuppelachs- und Zylinderzahl abhängig gesetzt wird, und dem Luftwiderstand $6\,(V/10)^2$, sowie endlich einem mit der indizierten Zugkraft zunehmenden Reibungszuschlag $0{,}04\,Z_i$, also

$$W_L = 2{,}5\,G_1 + c\,G_2 + 6\left(\frac{V}{10}\right)^2 + 0{,}04\,Z_i\,.$$

2,5 kg/t entspricht — wegen der stärkeren Lokomotivachsen — den 2,0 kg/t bei den Wagen; c soll unter Stützung auf ein knappes Versuchsmaterial, für 3-, 4- und 5fach gekuppelte, zweizylindrige Maschinen 7,3/8,4/9,3 betragen[1]. Das Z_i muß man aus dem Z_e mit dem zu schätzenden Wirkungsgrad (Kap. IV) ableiten; für die zeichnerische Darstellung in Abb. 8 ist das $0{,}04\,Z_i$ sogar aus den vergleichbaren Meßwagenversuchen entnommen.

Zum Luftwiderstandswert sei noch bemerkt, daß STRAHL dem Staudruck $0{,}5\,(V/10)^2$ — er schrieb 0,52 nach dem von der Studiengesellschaft benutzten Wert (Messungen mit wassergefüllten Glas-U-Rohren) — eine Äquivalentfläche zuordnete, die er von FRANK mit $1{,}1\,F$ entlehnte, der diese vergrößerte Fläche mit der gewissermaßen gestaffelten Form der gesamten Stirnfläche begründete. F war für die älteren (kleineren) Lokomotiven mit 10 m² anzusetzen; das ergab zusammen einen abgerundeten Luftwiderstand $6\,(V/10)^2$. Nachdem uns die Göttinger Windkanalversuche 1934 zu einem c_w der Regelform von nur 0,98 statt 1,1 geführt hatten, konnte man es trotz des inzwischen vergrößerten Querprofils von 11 bis 12 m² bei $6\,(V/10)^2$ belassen.

Abb. 8 zeigt nun eine Reihe von Widerstandskurven von Schnellzuglokomotiven nach Messung und Formelrechnung. Ausgezogen sind 3 Kurven nach Meßwagenwerten $(Z_i - Z_e)$, nämlich einer 01-Lokomotive in fast neuem Zustand, dann derselben Lokomotive nach 400000 km Lauf und endlich einer 03-Lokomotive. Dazu dann die beiden Kurven nach der STRAHLschen Formel, die bei der 01-Lok im Gebiet von 80

[1] STRAHL: Der Einfluß der Steuerung usw. Nachlaßwerk, Hanomag 1924, S. 63.

bis 100 km/h leidlich gut mit der Messung übereinstimmen. Bei der 03-Lok liegt die STRAHLsche Formel, namentlich bei den höheren Geschwindigkeiten, zu tief; man könnte hier zunächst an Windeinfluß denken, doch sind bei den Meßwagenwerten stets solche für Hin- und Rückfahrt vorhanden, bei denen also leidlich konstanter Wind sein Vorzeichen wechseln und insgesamt etwa ausgeglichen sein würde. Wind mit fühlbarer Seitenkomponente würde sich allerdings immer in $+ V_w$ äußern, so daß — eine nachträgliche Kontrolle ist nicht mehr möglich — die STRAHLsche Formel für richtig bei Windstille gelten könnte. Allerdings bleibt auffallend, daß auch die *gemessenen* 01-Kurven bei 100 km/h steiler ansteigen, als die Formel. Endlich sind in die Abbildung noch zwei Kurven nach österreichischen Näherungsformeln, jede mit einem kleinen linearen Glied, von SANZIN und BASCH eingetragen[1], beide auf die 03-Lok angewandt, die — namentlich die letztere — offensichtlich so viel zu große Werte ergeben, daß das zahlenmäßige Zitat heute so unverläßlicher Formeln sich erübrigen dürfte. Allerdings wäre die übliche Volleistung der 03-Lokomotive — und daher über Z_i auch der Eigenwiderstand — vor einem 560 t-Zug bei 120 km/h schon überschritten.

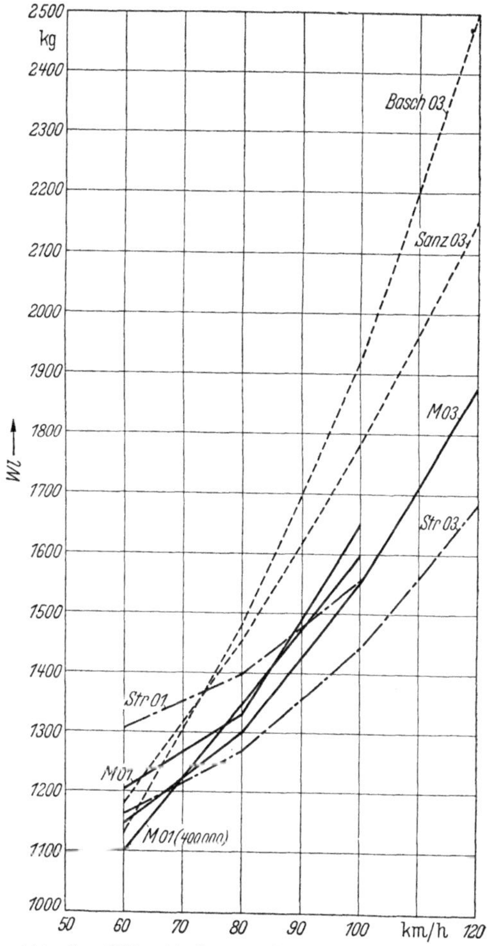

Abb. 8. Widerstände von 2 C 1-Schnellzuglokomotiven nach Messungen und Formeln. (*M* 01; *M* 03 Werte aus Meßwagenversuchen mit 01- und 03-Lok. *Str* Werte der gleichen Lok nach STRAHLS Formel, BASCH und SANZIN nach deren Formeln für 03.)

[1] MEINEKE-RÖHRS: Die Dampflokomotive. S. 10/12. Berlin, Göttingen, Heidelberg: Springer, 1949.

Die 1-E-Reichsbahn-Güterzuglokomotive der Reihe 50 zeigt bei 60 km/h wieder recht gute Übereinstimmung zwischen Messung ($W_L = 1346$ kg) und STRAHLscher Formel ($W_L = 1360$ kg).

Für *Stromlinienlokomotiven*, von denen man sich mindestens zur Zeit wegen des schlechter zugänglichen Triebwerks etwas zurückzuziehen scheint, muß das quadratische Glied des Luftwiderstandes verkleinert werden. Nachdem bei Blasversuchen im Göttinger Windkanal bei axialer Anblasung das c_w bei dem Modell einer 2 C 2-Lokomotive der Regelform zu 0,98, das des windschnittigen Modells gleicher Achsanordnung zu 0,37 gefunden wurde, welch' letzterer Wert allerdings wegen der Windleitbleche neben dem Schornstein wieder auf vielleicht 0,45 zu vergrößern war[1], wird man das Luftwiderstandsglied $6\,(V/10)^2$ auf das 0,45 : 0,98fache herabmindern und in die Widerstandsformel nur $2{,}7\,(V/10)^2$ einsetzen müssen. Die Zugkraftersparnis von $3{,}3\,(V/10)^2$ wäre damit für Windstille bei 100 und 120 km/h 330 bzw. 475 kg; diese beiden Werte liegen indessen wesentlich unter den Messungsdifferenzen der wirklichen Lokomotiven[2], wenn auch nach der *sicheren* Seite.

Bis hierher befriedigt also die STRAHLsche Formel für den Lokomotivwiderstand nicht in dem Maße, wie man es erhofft hatte oder glaubt; fragt man indes nach dem *prozentualen* Fehler, so sieht die Sachlage weniger schlimm aus. Im folgenden ist für einen D-Zug von 500 t mit 01-Lokomotive der gesamte Zugwiderstand nach STRAHL (noch ohne die $0{,}04\,Z_i$) zu $W = 1713 + 0{,}22\,V^2$ festgestellt, was für $V = 100$ km/h $W = 3913$ kg ergibt (übrigens etwas unter der Vollanstrengung der 01-Lok liegend). Ein Zugkraftfehler von 100 kg bei der Lokomotive allein bedeutet dann nur einen Gesamtfehler von 2,55 %; bei 120 km/h und 200 kg Zugkraftfehler der Lokomotive wird der Gesamtfehler 4,1 %. Das sind angesichts der mitwirkenden Zufälligkeiten noch *erträgliche Abweichungen*, denen man durch eine kleine Abrundung der Zugkraft nach oben die Spitze abbiegen könnte.

Übrigens sind auch Lokomotivwiderstände beobachtet, die zunächst ein *Fallen* von den ganz kleinen bis zu relativ mäßigen Geschwindigkeiten und erst von da ab ein Steigen aufweisen. Das wäre nur durch eine Minderung der Reibung erklärlich, die also hier von der Gleitgeschwindigkeit der Achslager, Zapfen usw. abhängig erschiene. Auch dieses anfängliche Fallen spricht gegen die unbedingte Genauigkeit der Formel.

Die große Abhandlung von CHAPELON[3] über die umgebaute 2-D-Vierzylinder-Verbundschnellzuglokomotive der Orléansbahn zeigt in Abb. 68

---

1 NORDMANN: Der Luftwiderstand der Eisenbahnfahrzeuge. Organ 1935, S. 404. — 2 NORDMANN: Der Leistungsgewinn von Stromlinienlokomotiven. Z. VDI 1938, S. 518 u. 519.

3 Revue générale des chemins de fer 1935, auch als Sonderdruck.

(Résistance à l'avancement à régulateur ouvert) bei den größeren Geschwindigkeiten noch erheblich höhere Meßwerte, so hohe, daß man selbst in Ansehung der vierfachen Kupplung und kleineren Treibräder gegenüber den deutschen 2 C 1-Schnellzuglokomotiven einen beträchtlichen Indikatorfehler annehmen muß. Dafür sprechen auch die überaus niedrigen Dampfverbrauchswerte $kg/PS_i\,h$.

Anderseits verdanke ich dem Göttinger Zentralamt eine Lokomotivwiderstandsangabe, die einer neueren Auswertung für die 03^{10}-Schnellzuglokomotive entspringt und *unter* der STRAHLschen Formel liegt. Sie lautet $W_L = Z_i - Z_e = 2G_1 + 3{,}59\,G_2 + 3{,}7\,(V/10)^2 + 0{,}0521\,Z_i$.

Hier sind bis auf das letzte, alle Glieder kleiner, als in der STRAHLschen Formel. Der geringere Luftwiderstand erklärt sich aus der Stromlinienform; aber führt man statt dessen selbst $6\,(V/10)^2$ ein, so bleibt gleichwohl das Gesamtergebnis *unter* dem STRAHLschen. Vor allem ist das Glied für den Grundbetrag der Triebwerksreibung wesentlich kleiner; offenbar eine angenehme Auswirkung der ausgewuchteten (3 Zyl.)-Maschine; abwegig ist deshalb der Ansatz von ECKHARDT, nach dem vierzylindrige, also auch ausgewuchtete, wenn auch etwas vielteiligere Maschinen um 2 kg/t höher als Zweizylindermaschinen liegen sollen, während STRAHL richtiger nur 0,2 kg/t zuschlagen wollte.

Überblickt man diese Gesamtlage, so gelangt man zu dem etwas resignierten Gefühl, daß die Koeffizienten des STRAHLschen Formelaufbaus wohl noch individueller sein möchten, als es einer generellen Einteilung nach den Triebwerkstypen entspricht. Als Annäherung erscheint die Formel aber noch immer als die leidlichste, gelegentlich etwas knapp, aber nicht so übertrieben wie die österreichischen Formeln.

Daher ist es verständlich, daß man sich auch für die *elektrischen Lokomotiven* mit einer gleich aufgebauten *empirischen* Formel — letzten Endes natürlich auch versuchsgestützt — begnügt. Die *Bundesbahn* rechnet für Ellok[1]

$$W_L = 2{,}5\,G_1 + c_2 G_2 + c_3 V^2 = 2{,}5\,G_1 + c_2 G_2 + c_3'\left(\frac{V}{10}\right)^2.$$

Darin ist c_2 wieder der Triebwerksfaktor, nämlich

$c_2 =$	5	für Einzelachsantrieb
	6,8	„ zwei gekuppelte Achsen
	8,3	„ drei „ „
	9,4	„ vier „ „
	10,35	„ fünf „ „

sowie $c_3' = 4$ für elektrische Lokomotiven mit Kastenaufbau (E 44, 04, 94, 16, 17, 52) und $c_3' = 2{,}5$ für Lokomotiven windschnittiger Form

[1] Nach freundlicher Auskunft von Herrn Ministerialrat PETERS, München. 1950.

(E 18, 19). Für eine elektrische Stromlinien-Schnellzuglokomotive mit Einzelachsantrieb ist beispielsweise

$$W_L = 2{,}5\,G_1 + 5\,G_2 + 2{,}5\,(V/10)^2.$$

Dazu wäre noch zu sagen, daß bei neuen elektrischen Lokomotiven der Einzelantrieb noch allein zur Anwendung gelangt, und daß die Angaben für 4-, mindestens aber 5fache Kupplung mehr nur der Vollständigkeit genügen, da selbst Einrahmenlokomotiven mit 4 Kuppelachsen schon lange der Bauform B + B gewichen sind. Die c_2-Werte für Stangenantrieb liegen im übrigen über denen der Dampflokomotiven, bei denen statt des starren Parallelkurbelgetriebes für das Gesamtdrehmoment in Gestalt der selbst im Totpunkt durch das Dampfpolster des schädlichen Raumes abgefangenen Treibstange ein reibungsmäßig günstigeres Maschinenelement auftritt. Dafür ist der Widerstand des Kastenaufbaus mit $4\,(V/10)^2$ günstiger als der der verwickelten Gestalt der üblichen Dampflokomotive, während die Stromlinienformen sich mit 2,5 bzw. $2{,}7\,(V/10)^2$ nur wenig unterscheiden.

Der Getriebwirkungsgrad wird für hochwertige Zahnräder mit 97,5 % unterstellt. Die notwenige Zugkraft an den Ritzeln der Motoren ist also um $\sim$ 2,5 % größer, als dem Zugwiderstand entspricht; für die dem Fahrdraht zu entnehmende elektrische Arbeit sind natürlich noch die elektrischen Verluste, z. B. durch die Wirkungsgrade der Motoren und Transformatoren zuzuschlagen.

Noch etwas pauschaler ist die gleichfalls auf ein kleines, mit V lineares Glied verzichtende *Widerstandsformel für elektrische Triebwagen.*

$$W_T = 2{,}5\,G_T + c_w \cdot 0{,}5 \left(\frac{V}{10}\right)^2 F_T$$

mit G_T als Triebwagengewicht in t, F_T der Querfläche des Triebwagens in m² und $c_w = 0{,}58$ als Mittelwert des Zweiwagenzuges. Das $c_3' = 2{,}5$ in der Lokomotivformel lautet natürlich auch — näher analysiert — $c_w\, 0{,}5 \cdot F_L$; setzt man beim (Doppel-) Triebwagen $F_T = 10$ m², so wird $c_3' = 2{,}9$, also trotz $F_L > F_T$ größer als bei der Lokomotive, aber es ist mit dem *Sog am Schluß* belastet, den ja die Lokomotive vor dem Zuge nicht aufweist. Der Zahnradwirkungsgrad zum Motorritzel ist auch hier mit 0,975 anzusetzen.

Auch die gebräuchlichen *Widerstandsformeln für Triebwagen mit Verbrennungsmotoren*[1] — bezogen auf den Fahrzeugteil bis Treibradumfang — weisen kein lineares Glied auf; erklärlich, weil sie ja durch Auslaufversuche gewonnen werden müssen und hierbei, wie vorn erörtert, vom Formelschema $w = a + b\,V^2$ ausgegangen wurde. Ist ohnehin das aus

[1] Nach freundlicher Auskunft der Bundesbahn (der Herren Körner, Gäbler, Taschinger).

den vollkommeneren Zugversuchen abgeleitete lineare Glied recht klein, so wird vor allem von der Motorleistung ein Reserveabzug (bisher 10 %) für das s-V-Diagramm vorgesehen, so daß angesichts dieser Vorsicht auf der Leistungsseite auf eine überspitzte Forderung nach Schärfe bei der Widerstandsformel verzichtet werden konnte.

Für Triebwagen der Bauarten von 1933 mit Gleitlagern entwickelte die *Reichsbahn* die noch heute benutzten Formeln I und II. Formel I lautet:

a) für den Triebwagen allein:

$$W = c_{1\,\mathrm{I}} \cdot G_T + c_{2\,\mathrm{I}} \cdot 0{,}5 \left(\frac{V}{10}\right)^2 F_T \text{ kg}$$

b) für Triebwagen mit bis 3 Anhängewagen:

$$W = c_{1\,\mathrm{I}} \cdot G_T + c_{2\,\mathrm{I}} \cdot 0{,}5 \left(\frac{V}{10}\right)^2 \cdot F_T + n\left[1{,}5\, G_A + c_3\, 0{,}5 \left(\frac{V}{10}\right)^2 F_A\right] \text{kg.}$$

Darin ist

G_T das Gewicht des Triebwagens in t
G_A „ „ eines Anhängewagens in t
F_T die Stirnfläche des Triebwagens in m²
F_A „ „ eines Anhängewagens in m²
$c_{1\,\mathrm{I}} = 2{,}3$ bis 2,5
$c_{2\,\mathrm{I}} = 0{,}85$ für vierachsige Triebwagen mit eckiger Kopfform
0,5 „ „ „ „ abgerundeter „
0,75 „ zweiachsige „ „ eckiger „
0,45 „ „ „ „ abgerundeter „
$c_3 = 0{,}25$ bis 0,3 für eckige Kopfform der Anhänger
0,20 bis 0,25 „ abgerundete „ „ „ .
n = Zahl der Anhängewagen.

Die wesentlich kleineren Formfaktoren der Anhänger-Äquivalentflächen sind darin begründet, daß hier ja wieder eine Deckung durch den Vordermann stattfindet.

Die Reichsbahnformel II für neuere Triebwagen (1936) mit Wälzlagern lautet:

a) $$W = c_{1\,\mathrm{II}}\, G_T + c_{2\,\mathrm{II}} \cdot 0{,}5 \left(\frac{V}{10}\right)^2 F_T$$

b) $$W = c_{1\,\mathrm{II}}\, G_{ges} + c_{2\,\mathrm{II}} \cdot 0{,}5 \left(\frac{V}{10}\right)^2 F_T .$$

Im Fall b) wird der Zug als Ganzes (G_{ges}) betrachtet. Hierbei ist noch

	$c_{1\,\mathrm{II}}$	$c_{2\,\mathrm{II}}$
für den Triebwagen allein	2,0	0,5
„ „ „ mit einem kurzgekuppelten Anhänger . . .	2,0	0,65
„ „ „ „ „ normal gekuppelten Anhänger .	2,0	0,85

Endlich ist auch noch (für den reinen Fahrzeugwiderstand) die für *Schnelltriebwagen* von Breuer 1937 vorgeschlagene Formel

$$W = 1{,}5\, G_T + c_{2S} \cdot 0{,}5 \left(\frac{V}{10}\right)^2 F_T$$

mit $c_{2S} = 0{,}45$ für zwei-, 0,60 für drei- und 0,71 für vierteilige Schnelltriebwagen in Anwendung.

Die *Diesellokomotiven* entsprechen angesichts der Unterbringung der Dieselmotoren in einem Wagenkasten in ihrem Bewegungswiderstand grundsätzlich den elektrischen Lokomotiven, nur die Übertragungswirkungsgrade beim Rückschreiten bis zum Motor als Ausbeute der Primärleistung sind andere. Die beteiligten Wirkungsgrade werden meist von den Baufirmen auf Grund von Standversuchen angegeben.

VI. Auslaufen der Züge.

Noch ohne Betrachtung der Lokomotivleistung können wir uns, lediglich auf die Kenntnis des Zugwiderstandes gestützt, mit dem Vorgang des Auslaufens beschäftigen. Unter Auslaufen der Züge oder Triebwagen versteht man in Übereinstimmung mit dem allgemeinen Sprachgebrauch das Sichselbstüberlassen des Zuges unter Ausschalten der bewegenden Kraft, aber ohne Ansetzen der Bremsen, also den Weiterlauf auf Kosten der anfänglichen Bewegungsenergie, die damit, und mit ihr die Geschwindigkeit, in dem gleichen Maße abnimmt, wie die Widerstandsarbeit durch den Eigenwiderstand zunimmt. Dieses Auslaufen könnte in Frage kommen für eine Weiterbewegung des Zuges *ohne Energieaufwand* aus größeren Geschwindigkeiten als Zwischenschaltung zwischen die *Vollgeschwindigkeit* bei arbeitender Lokomotive oder Maschine des Triebwagens und einen Abschnitt kleinerer Geschwindigkeit, oder als wesentlicher *Teil des Anhaltevorganges* selbst, wenigstens bis zu kleinen Geschwindigkeiten herab; das letzte eigentliche Halten geschieht dann mit der Bremse. Der Fall kommt bei nicht zu straffen Fahrplänen — bei straffen muß sich die Bremsung unmittelbar an die Vollgeschwindigkeit anschließen — in der Tat öfter vor, insbesondere auch bei Vorort- und Straßenbahnen; als eigentlicher Anhaltevorgang ist, wie wir gleich sehen werden, das Auslaufen zu zeitraubend und für die Lage des eigentlichen Haltepunktes, z. B. am Bahnsteig, zu unsicher. Da im übrigen alle denkbaren Möglichkeiten der Geschwindigkeit, aber auch des Streckenverlaufs vorhanden sind, so lassen sich eindeutige Ergebnisse natürlich nicht anführen, wohl aber ein grundsätzlicher Einblick durch ein freilich etwas extravagantes Beispiel gewinnen; wie man den Auslauf auch in die graphische Fahrzeitermittlung einarbeiten kann, werden wir weiter unten noch sehen.

Wir unterstellen einen Schnellzug von 500 t Wagengewicht mit einer 2 C 1-Lokomotive von 170 t Gesamtgewicht (Tender mit $^2/_3$ Vorräten) und 60 t Reibungsgewicht mit $V_1 = 100$ km/h Anfangsgeschwindigkeit auf $1:\infty$. Da es sich nur um die Größenordnung handelt, bedienen wir uns der STRAHLschen Widerstandsformeln, die auch eine einfachere Integration gestatten. Da die STRAHLsche Formel für den Wagenzug etwas zu große Werte gibt, so erhalten wir den Auslaufweg eher zu klein als zu groß.

Im Augenblick der Dampfabsperrung ist also eine kinetische Energie vorhanden, wenn G_L das Lokomotiv-, G_W das Wagengewicht in t bezeichnen

$$E_{\text{kin}} = 1000\,(G_L + G_W)\,\frac{V_1^2}{2g\cdot 12{,}96}\,(1+\zeta),$$

die durch den Eigenwiderstand dauernd vermindert wird. Dieser Eigenwiderstand ist für die leerlaufende Lokomotive (das Glied $0{,}04\,Z_i$ fehlt für diese)

$$W_L = 2{,}5\,G_1 + 7{,}3\,G_2 + 6\,(V/10)^2,$$

für den Wagenzug

$$W_W = G_W\,[2 + (0{,}007 + 1/40)\,(V/10)^2]$$

An einer beliebigen Stelle mit der Geschwindigkeit V beträgt die kinetische Energie

$$E_{\text{kin}} = 1000\cdot 670\,\frac{V^2}{2\cdot 9{,}81\cdot 12{,}96}\cdot 1{,}06 = 2790\,V^2 \text{ mkg};$$

übrigens sind das sehr große Werte, z. B. eben für $V = 100$ km/h rd. $28\cdot 10^6$ mkg. Demgegenüber bietet der Zug einen Laufwiderstand von

$$W = 1713 + 0{,}22\,V^2.$$

Auf dem Wegelement dl wird durch ihn eine Widerstandsarbeit

$$W\cdot dl = (1713 + 0{,}22\,V^2)\,dl \text{ mkg}$$

verzehrt, und zwar auf Kosten einer Abnahme der kinetischen Energie um

$$dE_{\text{kin}} = -\,2790\,d(V^2) = -\,5580\,V\,dV \text{ mkg},$$

wobei das Minuszeichen gesetzt werden muß, weil mit zunehmendem l die Geschwindigkeit V abnimmt. Wir haben dann also

$$dl = -\,\frac{5580\,V\,dV}{1713 + 0{,}22\,V},$$

oder allgemein geschrieben

$$dl = -\,\frac{a\,V\,dV}{b + c\,V^2}$$

mit $a = 5580$, $b = 1713$, $c = 0{,}22$.

Durch die Substitution $b + c\,V^2 = y$ führt diese Gleichung zu der Lösung

$$l = -\Big|_{V_2}^{V_1} \frac{a}{2c} \operatorname{lognat} y = \frac{a}{2c} \operatorname{lognat} \left(\frac{y_1}{y_2}\right).$$

und zahlenmäßig für $V_1 = 100$ und $V_2 = 50$ km/h für Auslauf auf die halbe Geschwindigkeit oder $V_2 = 0$ bis zum Anhalten zu

$$l = 7500, \text{ bzw. } 10100 \text{ m}.$$

Man müßte also bei 5 km mittlerem Stationsabstand schon 2 Stationen vor Halt den Dampf absperren; 5 % Abweichung durch Windwiderstand oder veränderte Lagerreibung ergäben schon eine Unsicherheit im Halt um 500 m! Ein Auslauf bis zum Halten käme also nicht in Frage, noch ganz abgesehen von der schließlich unerträglich niedrigen Geschwindigkeit auf den letzten 2,5 km.

Spätestens aus etwa 50 km/h würde also richtig abzubremsen sein. (In Wirklichkeit würde das Gefühl der Ungeduld sich schon nach Auslauf auf etwa 75 km/h einstellen.) Untersuchen wir dafür den Zeitaufwand, so ist dieser aus derselben Gleichung unschwer zu finden, wenn man $dl = v\,dt$, oder also für die übliche Geschwindigkeitsdimension km/h $dl = \frac{V}{3,6}\,dt$ setzt. Dann wird nämlich

$$\frac{V}{3,6}\,dt = -\frac{a\,V\,dV}{b + c\,V^2}\,; \qquad dt = -\,3,6\,a\,\frac{dV}{b + c\,V^2}\,;$$

eine Gleichung, die durch die Substitution $x = \sqrt{\frac{c}{b}} \cdot V$ zu der Lösung führt

$$t_{100}^{50} = 3,6\,\frac{a}{\sqrt{b\,c}}\,(\operatorname{arctg} x_{100} - \operatorname{arctg} x_{50}).$$

mit dem Zahlenwert einer Auslaufzeit auf halbe Geschwindigkeit von

$$t_{100/50} = 342 \text{ s}.$$

Wäre der Zug dagegen durch eine noch keineswegs scharfe Bremsung mit $b = -\,0,4$ m/s² von $V_1 = 100$ auf $V_2 = 50$ km/h verlangsamt, so brauchte er dazu nur rd. 35 s. ($\Delta V/3,6 = p \cdot \Delta t$; $50/3,6 = 0,4\,\Delta t$) und einen Weg von rd. 720 m. Es würden also von jenen 7500 m noch 6780 m mit $V = 100$ km/h durchfahren, da die Endabbremsung natürlich in beiden Fällen vom gleichen Punkt aus stattzufinden hätte. Der Zeitbedarf der 6780 m für $V_1 = 100$ km/h beträgt 244 s. Bis zum Bremspunkt V_2 braucht also der auslaufende Zug 342, der unmittelbar aus der Vollgeschwindigkeit abgebremste $35 + 244 = 279$ s; die Auslaufmethode verlängert also in diesem Beispiel die Fahrzeit um 63 s, d. h. fast genau 1 Minute.

Demgegenüber ist nun aber die Arbeitsersparnis zu untersuchen. Um den Zug in der Beharrung zu befördern, bedarf es einer indizierten

Zugkraft von rd. 4200 kg und also einer Leistung von 4200 · 100/270 = ~ 1560 PS_i. Für die 244 sec, die der Zug im *straffen* Fahrplan länger unter Dampf fährt, ist also eine Arbeit von

$$1560 \cdot 244/3600 = 106 \text{ PSh}$$

mehr aufzuwenden. Rechnen wir nun überschläglich mit einem Kohlenverbrauch von 1 kg/PSh, so werden dadurch 106 kg Kohle erspart. Unterstellen wir einmal eine längere Schnellzugstrecke von 600 km, auf der im Mittel nach je 50 km gehalten werden soll, so braucht der Zug mit Auslauf zwar 12,5 Minuten an Fahrzeit mehr, erspart aber 1,27 t Kohle; die Größenordnung dieser Ersparnis liegt nach einer Überschlagsrechnung um 15 %.

Eine gewisse Inanspruchnahme des Auslaufs kann also zweifellos energetisch vorteilhaft sein. Übrigens wird auch bei Straßen- und Vorortbahnen häufig vom Auslauf Gebrauch gemacht, wo namentlich im ersteren Fall bei kurzen Haltepunktsabständen der Fahrvorgang u. U. nur aus kräftigem Anlauf, Auslauf und Bremsung, ohne ernstlichen *Beharrungszustand* besteht. Man darf aber, wie eingangs bemerkt, nicht vergessen, daß sich für den Auslaufvorgang *keine allgemeingültigen Ersparniszahlen* angeben lassen; Anfangs- und Endgeschwindigkeit, sowie die Steigungsverhältnisse entscheiden.

VII. Die Zugkraft der Triebfahrzeuge nach Motorleistung und Haftreibung.

1. Trennung beider Einflüsse durch die „Reibungsgeschwindigkeit".

Denken wir uns zunächst einmal eine Lokomotive von konstanter betrieblicher Höchstleistung, noch ohne vorerst über die Energieart zu befinden, so würde bei dem bekannten Zusammenhang zwischen Leistung, Zugkraft und Geschwindigkeit $N = \frac{Z \cdot v}{75} = Z \cdot V/270$ die über der Geschwindigkeit aufgezeichnete Zugkraft eine gleichseitige Hyperbel darstellen. Bezieht sich die Leistungskonstanz auf die — allgemein ausgedrückt — *Primärleistung des Motors*, so liegt die Zugkraftkurve für den *Zughaken* tiefer als diese Hyperbel und zwar, wegen des mit der Geschwindigkeit zunehmenden Eigenwiderstandes der Lokomotive, mit zunehmendem Vertikalabstand darunter bleibend. Man spricht zwar veranschaulichend auch dann noch von einer *Zugkrafthyperbel*, aber es ist in Wirklichkeit keine mehr. Zur Ordinatenachse hin, mit abnehmender Geschwindigkeit, würde nun ohne die gleich zu machende Einschränkung die Zugkrafthyperbel asymptotisch zu immer größeren Werten ansteigen. Das kann sie indes nicht, weil ihr eine *obere Grenze* in Gestalt der *Haft-*

reibung der angetriebenen Achsen auf den Schienen $G_r \cdot \mu_h$ gesetzt ist. Denken wir uns diese größte Zugkraft, bzw. ihren Haftreibungswert μ_h einmal vereinfachend konstant, geschwindigkeitsunabhängig, so wird das Gebiet der Zugkraft bei kleineren Geschwindigkeiten durch eine Parallele zur Abszissenachse nach oben begrenzt, und ein Schnittpunkt dieser Geraden kommt mit der Abszisse der ***Reibungsgeschwindigkeit*** zustande. Auch dieses Bild hält einer strengen Kritik noch nicht stand; weder ist die Haftreibung unabhängig von der Geschwindigkeit, noch gehört die Reibungszugkraft unmittelbar zu einer der beiden *Hyperbeln*, denn die Reibung tritt am Berührungspunkt von Rad und Schiene auf, die Primärleistung ist (entsprechend der eigentlichen Maschinenreibung) größer als die Reibungsleistung am Radumfang; die Zughakenleistung — außer bei Lokomotiven ohne Tender mit nur angetriebenen Achsen und bei langsamer Fahrt ohne Luftwiderstand — kleiner. Immerhin ist natürlich der Zusammenhang gesetzmäßig; und am besten für den auf den Zughaken bezogenen Reibungswert μ_e anzugeben, der ja auch über die größte Zugkraft am Zughaken entscheidet. Die im Berührungspunkt von Rad und Schiene verfügbare größte Reibungszugkraft $G_r \cdot \mu_h$ — bei geringerem Zugkraftbedarf wird nur ein Betrag $G_r \cdot \mu_s$ mit $\mu_s < \mu_h$ benötigt und ist also dann nur vorhanden — hat vor allem die Hakenzugkraft herzugeben; daneben muß sie den Widerstand der Laufachsen und den Luftwiderstand in jedem Fall, in der Steigung auch noch die Schwerkraftkomponente $G_L \cdot s$ der Lokomotive bestreiten. Nimmt man z. B. die Strahlsche Widerstandsformel, so wären das für $1:\infty$ deren Glieder $2{,}5\,G_1$ und $6\,(V/10)^2$. Setzt man das Z_e noch über den fingierten Reibungskoeffizienten μ_e mit der Treibachslast $G_2 = G_r$ in Beziehung, so hat man für $1:\infty$ die Gleichung

$$G_r \cdot \mu_h = Z_{e_{\max}} + 2{,}5\,G_1 + 6\,(V/10)^2 = G_r \cdot \mu_{e_{\max}} + 2{,}5\,G_1 + 6\,(V/10)^2\,,$$

woraus folgt

$$\mu_{e_{\max}} = \mu_h - \frac{2{,}5\,G_1 + 6\,(V/10)^2}{G_r}\,,$$

wobei zur Richtigstellung der Dimensionen die μ-Werte in kg/t auszudrücken sind. Mit dieser, mit V schwach fallenden $\mu_{e_{\max}}$-Kurve, selbst wenn μ_h als Grundwert nicht auch mit V absänke, wäre also der Schnittpunkt für die Reibungsgeschwindigkeit auf der Z_e-*Hyperbel* festgelegt.

Aus all dem folgt nun eine wichtige grundsätzliche Erkenntnis: *Die Zugkraft einer Lokomotive zerfällt mit ihrem betriebsmäßig höchsten Regelbetrag in zwei Gebiete, von denen das für die kleineren Geschwindigkeiten von der Reibung, das für die größeren Geschwindigkeiten von der motorischen Seite beherrscht wird.* Nur bei einem unendlich starken Motor würde es keine Reibungsgeschwindigkeit als Knickpunkt der Zugkraftlinie[1] mehr geben; es könnte bei allen Geschwindigkeiten an der Reibungsgrenze gefahren werden. Sehr starke, oder genauer gesagt *im Verhältnis zum Reibungsgewicht sehr starke Motoren* führen freilich auch zu großen Reibungsgeschwindigkeiten, bei neuzeitlichen elektrischen Lokomotiven mit Energiezufuhr aus der Oberleitung zuweilen bis in die Nähe der gestatteten Höchstgeschwindigkeiten. Freilich hat, wie weiter unten erörtert, das Zugkraftbild elektrischer Lokomotiven nicht mehr die zunächst betrachtete Eindeutigkeit; jedenfalls kann man mit solchen sehr leistungsfähigen elektrischen Lokomotiven bis zu großen Geschwindigkeiten hinauf kräftig beschleunigen oder auf stärkeren Steigungen größere Geschwindigkeiten innehalten. Der Vorteil gesteigerter Reibungsgeschwindigkeit ist aber u. U. auch bei Wärmekraftlokomotiven erreichbar, nämlich dann, wenn es gelingt *ohne Steigerung des Lokomotivgewichts* durch vorteilhaftere thermische Eigenschaften, z. B. größere Verdampfung durch größeren Anteil der Strahlungsheizfläche bei gleichbleibendem Kesselgewicht, durch größeres Wärmegefälle in der Maschine oder durch hochtourigere Bauarten größere Leistungen zu verwirklichen. Das läßt die schematische Abb. 9, in der gleich eine fallende Reibungszugkraft unterstellt ist, ohne besondere Beschreibung erkennen ($V_r'' > V_r'$).

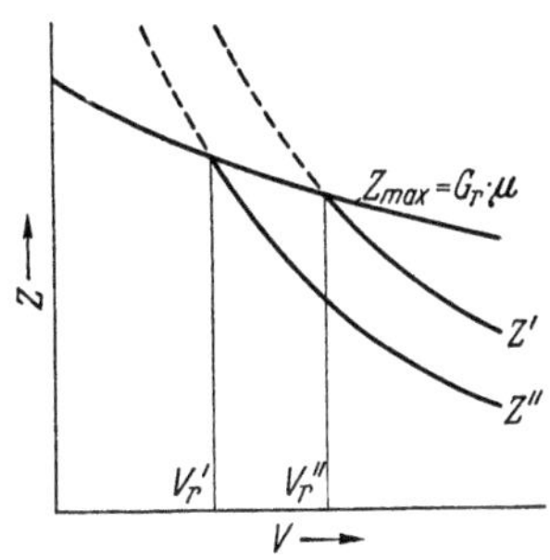

Abb. 9.
Abhängigkeit der Reibungsgeschwindigkeit von der Leistung.

Umgekehrt müssen diese Zusammenhänge auch bisweilen leichthin geglaubte Optimismen verhüten. So fand man nicht selten den Wunsch nach Dampf-Schnellzuglokomotiven mit 4 gekuppelten Achsen damit begründet, daß eine solche Maschine die Züge besser beschleunige, als eine mit 3 Treibachsen. Das ist für das erste Anziehen (Anfahrt) auch ganz richtig. Aber handelt es sich um eine thermisch sonst gut gelungene Lokomotive mit also festliegendem Gewicht von Kessel und Maschine, so würde ein erhöhtes Reibungsgewicht (Kuppelachse statt Laufachse) sogar eine Senkung der Reibungsgeschwindigkeit bedeuten. Bis dahin zieht allerdings die Lokomotive besser an; sie bleibt auch (abnehmend) überlegen, bis die Zugkraft an der alten Reibungsgrenze erreicht ist, von da ab entscheidet nun aber wieder der Motor, der — unverändert — keine größeren Zugkräfte als vorher bietet. Die vierfach gekuppelte Lokomotive ist also gewiß überlegen im Gebiet der kleineren Geschwindigkeiten, beim Anziehen und auf stärkeren Steigungen, was beides für die konstruktive Entscheidung den Ausschlag geben kann; aber um die Schnellzuggeschwindigkeiten der *Horizontalen* zu erreichen, ist man auf

[1] Bei der amerikanischen Versuchspraxis mit Dampflokomotiven kommt dieser Knickpunkt nicht scharf zum Ausdruck, sondern ist durch eine Abrundung ersetzt.

die Beschleunigungsarbeit im *motorischen* Gebiet in wesentlich höherem Grade angewiesen, als es dem Geschwindigkeitsverhältnis zu entsprechen scheinen könnte. Faßt man, noch unter Vernachlässigung von Reibungs- und Luftwiderstand, nur die kinetische Energie ins Auge und unterstellt $V_r = 0{,}4\ V_{1:\infty}$, so ist wegen der quadratischen Natur der E_{kin} bei Durchschreiten von V_r erst eine solche von $0{,}4^2 = 0{,}16$ derjenigen beim Erreichen der Vollgeschwindigkeit vorhanden. Die zusätzlichen Widerstände ziehen diese Spanne noch weiter auseinander; es würden also weniger als 16 % der Beschleunigungsarbeit sozusagen von der Treibradreibung und über 84 % vom Motor geleistet. Nur wenn man die Motorleistung stärker steigern kann als das Reibungsgewicht, stößt man mit den größeren Anfangskräften in das Gebiet höherer Geschwindigkeiten vor.

Die bisherigen Darstellungen der Zusammenhänge von Reibungszugkraft und Motorleistung behandelten häufig die letztere zunächst isoliert voran und fügten dann die maximale Reibungszugkraft als eine Art obere Grenze hinzu. Die Reibung greift aber, wie wir eben sahen, heute in einem Umfang in das Problem entscheidend ein, daß man sie um so mehr — man hätte es auch bisher an sich gekonnt — als das gewissermaßen allen Lokomotiven Gemeinsame zweckmäßig voran erörtern und erst dann die Eigentümlichkeiten der Motorzugkraft der verschiedenen Lokomotivtypen folgen lassen wird.

2. Geschwindigkeitsabhängigkeit der Haftreibung.

Die Geschichte der Treibradreibung ist in großen Zügen für ein vertieftes Verständnis nicht zu entbehren: Früher kannte man nur wenige Einzelwerte, etwa für günstige Oberflächenverhältnisse der Schiene (*trocken, etwas bestaubt*), für nasse Schienen oder feuchte Tunnels, und die *Katastrophenwerte* für Laubfall oder Glatteis, denen man indes schon frühzeitig durch Sandstreuen in einigem Umfang zu Leibe ging. In den günstigeren Fällen bezifferte man gegen Ende des vorigen Jahrhunderts den μ-Wert im Mittel mit 1/6, unter ungünstigeren Verhältnissen mit 1/7 und weniger; an eine Geschwindigkeitsabhängigkeit dachte man aber im Gegensatz zur gleitenden Bremsklotzreibung, deren ungünstige Beeinflussung durch die Geschwindigkeit GALTON schon 1878 versuchsmäßig feststellte, nicht. War ja doch offenbar die Relativgeschwindigkeit zwischen Rad und Schiene Null — Reibung der Ruhe —, wie sollte da die Geschwindigkeit eine Rolle spielen? Die Nässe hielt man eigentlich durchweg für ungünstig; der Unterschied zwischen von stärkerem Regen rein gewaschenen Schienen und nur feuchten, durch Abriebteilchen, Staub und Mikroorganismen etwas schlüpfrigen Schienen wurde noch nicht gemacht.

Die mannigfachen Arbeiten von STRAHL auf dem Gebiet der Zugförderung zeigen im Laufe der Zeit eine zunehmende betriebliche Bewertung des μ, stimmen aber insofern mit den älteren Arbeiten überein, als eine Abhängigkeit von V noch nicht vermutet wird, die μ-Werte also schlechthin gelten sollen. 1913 rechnet er noch bei Betrachtung der Belastungsgrenzen der Lokomotiven mit 1/6; darunter wird — ohne es besonders zu formulieren — nicht die eigentliche Haftreibung, sondern ein unbedingt unter ihr liegender *Betriebswert* verstanden. Wäre das nicht der Fall, so würde ein Wiederanfahren auf so starker Steigung, daß in der *Beharrung* dieser Betrag bereits ganz oder nahezu in Anspruch genommen wird, gar nicht möglich sein; tatsächlich wird in einem solchen Falle die notwendige Beschleunigungskraft aus dem Überschuß der wirklichen, physikalischen Haftreibung über die sozusagen konventionelle Reibung gewonnen. Später wird STRAHL numerisch etwas anspruchsvoller; in seinen letzten (verloren gegangenen) innerdienstlichen Arbeiten rechnete er mit $\mu = 0{,}19$ für zwei-, 0,21 für dreizylindrige Lokomotiven, deren im allgemeinen gleichförmigeres Tangentialdiagramm er entsprechend anschlug. Er legte allerdings noch nicht dar, daß, wenn μ_h den eigentlichen Haftwert bezeichnet, bei etwas pendelndem Drehmoment der verfügbare Mittelwert der Haftreibung nur $\mu_h' = \mu_h/(1 + \delta)$ beträgt, worin δ der aus den Indikatordiagrammen abzuleitende Ungleichförmigkeitsgrad des Tangentialdiagramms $-\sim 0{,}1$ bis 0,2, bei in der Regel kleinerem δ für Dreizylindermaschinen ist. In seinem Nachlaßwerk hielt STRAHL Zylinderzugkräfte noch ohne Überschreitung der Schleudergrenze entsprechend $\mu_i = 0{,}2$ ohne, und $\mu_i = 0{,}3$ mit Sandstreuer für möglich, denen am Radumfang etwa $\mu_r = 0{,}18$ bzw. 0,27 entsprächen; dabei wurden die höheren Werte der den Zahnradbetrieb erübrigenden, notfalls auf das Eingreifen einer sorgfältig durchgebildeten Sandung gestützten Werte der schweren 1 E 1-Tenderlokomotive der Halberstadt-Blankenburger Bahn erwähnt.

Die durch diesen Erfolg STEINHOFFS ausgelösten Reichsbahnversuche mit schweren Reibungslokomotiven auf Zahnstrecken (1923) glaubten wir durch eine sog. *reduzierte Reibungsziffer* charakterisieren zu können; sie sollte die reine Schwerkraftkomponente des Gesamtzuges zum Reibungsgewicht der Lokomotive in Beziehung setzen[1]. Ihr Wert ist natürlich gegen das wirkliche μ *zu klein*, da sie den sonstigen Zugwiderstand ausließ, und der Fehler dieser vereinfachenden, später wieder fallen gelassenen Ziffer bleibt nur im Gebiet der bisherigen Zahnradbahnen erträglich. Hier fanden wir den Wert $\mu_{\text{red}} = 0{,}21$ bestätigt, der der Norm der Harzbahn: $G_W = 180$ t, $G_L = 100$ t, davon $G_r = 80$ t auf $s = 60^0/_{00}$ entsprach, und wir glaubten uns deshalb berechtigt, unter Voraussetzung guter Sandungsmöglichkeit mit $\mu_h = 0{,}19$ bei zwei- und 0,21 bei dreizylindrigen Maschinen zu rechnen.

[1] NORDMANN: Der Eisenbahnbetrieb auf Steilrampen mit Zahnrad- oder Reibungslokomotiven. Organ 1924, S. 71.

Die nun auftretende Erkenntnis von der *Geschwindigkeitsabhängigkeit der Haftreibung* entstammt Versuchen mit elektrischen Lokomotiven aus den zwanziger Jahren. Die wohl bekannteste Abhandlung aus dieser Zeit ist die des Genfers MÜLLER (ETZ 1928), der es sich zur Aufgabe gemacht hatte, *betriebsmäßig (ohne Sanden) ermittelte Werte in ihrer Abhängigkeit von der Fahrgeschwindigkeit und dem Schienenzustand zusammenzustellen.* Drei verschiedene schweizerische elektrische Lokomotiven mit Einzelachsantrieb waren die Versuchsobjekte, und die Versuchspunkte entsprachen *den momentan aufgetretenen, aus Ablesungen an den Motoramperemetern oder aus Zugkraftdiagrammen ermittelten Zugkraftspitzen (nicht Mittelwerten!), bei welchen noch keine Schleudertendenz vorhanden war. Punkte, bei denen Rädergleiten (Schleudern) wirklich eintrat, waren besonders gekennzeichnet* (*S*). Eben das macht aber die auf den Punkten aufgebauten Kurvenlage im Gegensatz zu den neueren Versuchen mit Schlupfmessern etwas unsicher; die Punkte haben sozusagen nicht alle gleichen Rang. Auch kann man 23 Einzelpunkte noch nicht als eine Massenstatistik bezeichnen, die das ganze Bildfeld ($\mu = f(v)$ mit f als nicht eindeutiger Funktion) genügend abtastet; übrigens waren im ganzen 6 wirkliche *Schleuderpunkte* (*S*) dabei. Das bedeutet indes keinerlei Tadel; MÜLLER selbst nennt die ermittelten Beziehungen *noch nicht genügend abgeklärt,* und seine Abhandlung sollte gerade *die Anregung zu weiteren Versuchen bezwecken.* Das Ergebnis waren zwei Kurven; die eine gewissermaßen die obere Grenze der Reibung *bei gutem Schienenzustand (trockene Schienen)*, die andere die untere Grenze *bei schlechtem Schienenzustand (nasse Schienen, Nebel und Regen)*. Aber diese letzte Nomenklatur ist zweifellos nicht mehr feinfühlig genug für unsere heutigen Anschauungen; vor allem geschieht den von stärkerem Regen sauber gewaschenen Schienen damit Unrecht. Die obere, auf der größeren Zahl einzelner Versuchspunkte (17, darunter 3 *Schleuderpunkte S*) aufgebaute Kurve von 0 bis 80 km/h (und darüber hinaus extrapoliert), also *sicherere Kurve bringt das Fallen des Reibungswertes mit V evident zum Ausdruck,* um so mehr als sie bei $V = 5$, 50 und 57 km/h durch oder ganz nahe an *S*-Punkten vorbei verläuft; unter Zuziehung des extrapolierten Kurvenzweiges fällt der Reibungswert von $\mu = 0{,}34$ bei $V = \sim 0$ bis $\mu = 0{,}16$ bei $V = 100$ km/h. Nachdem wir auch bei Dampflokomotiven schon vereinzelte Erscheinungen beobachtet hatten, die ein Abnehmen des μ_h mit V zu bedeuten schienen, gingen wir namentlich bei Schnellzuglokomotiven mit höher liegendem V_r dazu über, das bisher konstant vorausgesetzte μ durch eine Linie zu ersetzen, die — ausgehend von $\mu = \mu_b - \frac{2{,}5\,G_1}{G_r}$ auf der Ordinatenachse[1] — dem

[1] Hier ist nicht das volle μ_h unterstellt, sondern der kleinere, vorsichtshalber nur beabsichtigte Betriebswert μ_b.

Gefälle der *Schweizer Reibungskurve* entsprach. Es war das ein recht vorsichtiges Vorgehen, das schon bei etwa 20 km/h, der aus Betriebsgründen nahezu niedrigsten Versuchsgeschwindigkeit auf steigenden Hauptbahnen, denen also die bisherigen μ-Werte entstammten, ein etwas gesunkenes μ darstellte. Bei Lokomotiven, deren V_r nicht wesentlich über 20 km/h lag, konnte man deshalb auf das fallende μ_h verzichten.

Die später (S. 117) ausführlicher behandelten Versuche von METZKOW (1934) zur Ermittlung der Haftreibung *beim Bremsen* zeigten — sichergestellt durch die Großzahl der Einzelversuche — den *Bandcharakter* der Reibungswerte. Sie wichen in zwei Fällen von den vorläufigen MÜLLERschen Erkenntnissen ab, nämlich einmal, als dem wichtigeren, in der *Konstanz* des Reibungswertes (eigentlich -wertbandes) bis rd. 100 km/h, dann durch den sich nahezu verwischenden Unterschied zwischen trocknen und wirklich nassen, vom Regen reingewaschenen Schienen. Die ungünstige Lage schlüpfriger Schienen blieb bestehen. Es stellte sich also eine noch immer nicht geklärte *Abweichung* in dem Verhalten *angetriebener* und *gezogener* Räder hinsichtlich des *Funktionsverlaufs* heraus, während der scheinbar fehlende oder wenigstens geringfügige Unterschied durch *saubere* Nässe einige gefühlsmäßige Erfahrung schon vorfand. Die Konstanz des μ_h beim Bremsen durfte aber natürlich auf die Lokomotivreibung nicht übertragen werden; verwertbar blieb bestenfalls die Feststellung des Bandcharakters, daß man also eine eindeutige Funktion $\mu_h = f(V)$ nicht erwarten dürfte.

So war die Lage eigentlich immer noch unbefriedigend. Der von mir unternommene Versuch, 1941 eine Klärung durch Zusammenstellung des bis dahin verfügbaren Reichsbahnmaterials für die *Dampflokomotiven* zu bringen[1], zeigte ein reichlich buntes Bild; die nicht zahlreichen Einzelwerte konnten zu einer leidlich sicheren Funktionsbildung nicht ermutigen. Zur vollen Erkenntnis aller Reibungsverhältnisse bedurfte es zweifellos noch mannigfacher weiterer Versuche in einer Art Großzahlforschung unter Einsatz aller mitwirkungsfähigen Apparate. Nur das war zu erkennen, daß die vorerst gehandhabten Werte $\mu = 0{,}19$ für Zweizylinder- und 0,204 (0,19 + 7 %) für Dreizylinderlokomotiven für $V \sim 0$ betriebsmäßig genügend vorsichtig lagen, zumal die Reibungszugkraftlinie noch schräg nach Art der Schweizer Reibungskurve abgeschnitten wurde.

PFLANZ zeigt in seiner Abhandlung[2] 1944 in der hier wiedergegebenen Abb. 10 die ganze Fülle der bis dahin bekannt gewordenen Messungen und Extrapolationen. Darin ist noch als schraffiertes Feld METZKOWS sich nicht senkendes Band der Bremshaftreibung eingetragen. Es hat

[1] NORDMANN: Die Reibung zwischen Rad und Schiene bei der Lokomotive. Glasers Ann. 1941, S. 287 u. 309.

[2] PFLANZ: Rad und Schiene als Reibungsgetriebe. Elektr. Bahnen 1944.

immerhin doch die Eigenschaft, im Gebiet $V \leqq 100$ km/h fast alle Versuche mit angetriebenen Achsen gewissermaßen in sich aufzunehmen. Aber die Gesamtstreuung ist doch beträchtlich groß. Die einzelnen Versuchswerte haben freilich nicht gleichen Rang; Versuche, wo wirklich Schleudern oder Schlupf einsetzte und daher das wahre μ_h festgestellt war, sind untermischt mit solchen, wo die Lokomotive nicht geschleudert hatte, wobei man aber – wegen Erschöpfung der möglichen

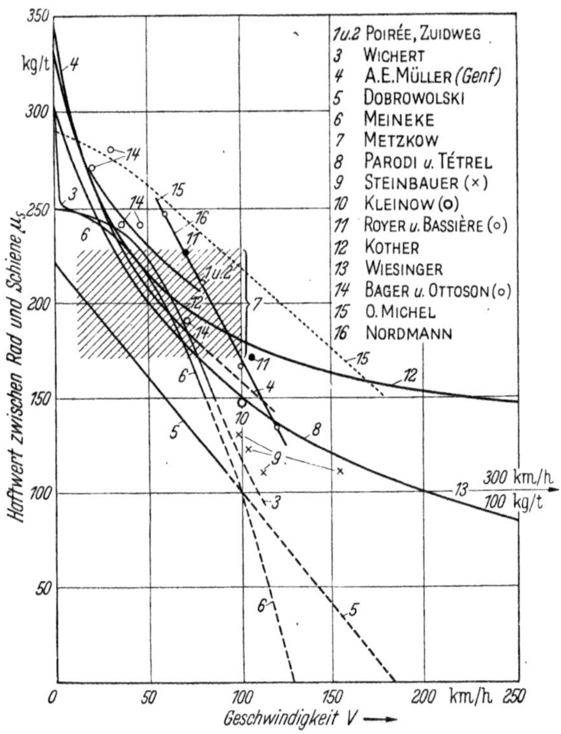

Abb. 10. Schienenreibungswerte angetriebener Räder in Abhängigkeit von der Geschwindigkeit. (Aus: Elektrische Bahnen 1944.)

Zugkraft nach oben – von dem wirklichen μ_h noch in unbekannter Weise entfernt war. In diese Kategorie gehören z. B. die mit der 03-Schnellzuglokomotive; und so steile Abfälle der vermeintlichen Kurve $\mu_h = f(V)$, daß z. B. bei rd. 130 km/h die Treibradreibung aufhört, beweisen nur eine unerlaubte Extrapolation des schmalen Messungsgebietes. Soweit das eigentliche physikalische μ_h gesucht wird, wäre bei den Dampflokomotiven auch noch das δ zu berücksichtigen (S. 47); für die betrieblichen Werte verbleibt es natürlich bei den wiedergegebenen Punkten. Die Kurve 12 ist für elektrische Triebfahrzeuge von Kother selbst für *sehr* große Fahrgeschwindigkeiten als Mittelwertkurve für trockne Schienen *gewagt*, und wird öfter benutzt $\left(\mu \text{ kg/t} = \frac{9000}{V + 42} + 116\right)$.

Bei entwicklungsgeschichtlicher Betrachtung möchte man aus dieser Sachlage den Wunsch nach einer gewissen Großzahlforschung ableiten, verbunden mit der Sicherheit, in jedem Falle kontrollierbar an die Schleudergrenze heranzukommen. Den tatsächlichen Anlaß hat aber der immerhin verwandte Wunsch gegeben, bei elektrischen Lokomotiven, die mit starken Motoren je t Achslast ausgerüstet sind und also auf höhere Reibungsgeschwindigkeiten hinaufreichen, die Reibungsverhältnisse möglichst zuverlässig zu untersuchen. Über diese Versuche, die sie als Reichsbahnversuche 1943 ausführten, berichten CURTIUS und KNIFFLER in ihrer führenden Arbeit[1]. Sie wurden angestellt mit einer elektrischen Schnellzuglokomotive E 19, oder genauer gesagt, mit einer Treibachse einer solchen Lokomotive, deren Achslast man durch Ausbinden aus dem Tragfederausgleich auf 16 t vermindert hatte, um auch bei großem V den Motor noch bis an die Schleudergrenze heranzubekommen. Die Meßachse wurde durch entsprechende Einstellung der nunmehr also *isolierten* Federgehänge mit einer Achsdruckwaage auf waagerechtem Gleis auf diese 16 t einreguliert; während der Fahrt konnte erwartet werden, daß die Fahrterschütterungen diesen Mittelwert ohne Störung durch Reibung der Tragfederblätter aufrechterhielten; nach größeren Pausen wurde die etwa verbliebene Restreibung durch starke Hammerschläge gegen die Federbunde beseitigt. Durch kleine, zwischen Achsbuchse und Lokomotivrahmen eingebaute Verschiebungsmesser konnte zudem noch eine Kontrolle der Raddrücke aus der Änderung der Federpfeilhöhen der Versuchsachse ausgeübt werden.

Die Meßmethodik bestand darin, daß zunächst mit allen 4 Motoren der Lokomotive der Versuchszug, der aus dem Meßwagen für elektrische Lokomotiven und 4 neuen D-Zug-Wagen bestand, schnell auf große Geschwindigkeit gebracht und sodann die Weiterfahrt durch Abschalten von 3 Motoren dem Meßachs-Motor allein übertragen wurde. Die notwendige Steigerung der Zugkraft bis zur Schlupf- oder Schleudergrenze wurde dadurch bewirkt, daß vom Meßwagen aus die HILDEBRAND-KNORR-Bremse des Zuges — nicht auch der Lokomotive — mit steigendem Klotzdruck angelegt wurde. Der Schlupfbeginn und in seltneren Fällen das ausgebildete Schleudern wurde über zwei entsprechend angepaßte kleine Drehzahlgeneratoren angezeigt, deren einer von der Treibachse, deren anderer von einer (unbedingt schlupffreien) Laufachse des Meßwagens ihren Antrieb erhielten. Die Motordaten waren von stationären Prüfstandsversuchen bekannt; insbesondere konnte auch unter

[1] CURTIUS u. KNIFFLER: Neue Erkenntnisse über die Haftreibung zwischen Treibrad und Schiene, Elektr. Bahnen 1944, S. 25 u. 51.

Berücksichtigung eines 2,5proz. Abzuges für die Zahnradreibung aus den Ablesungen im Meßwagen das jeweils ausgeübte Drehmoment und also unter Heranziehung von Fahrgeschwindigkeit und Raddurchmesser die Zugkraft Z beim Eintritt des Schlupfs festgestellt werden. Nach Lösen der Bremse folgte dann ein neuer Versuch bei verminderter Geschwindigkeit; und mit einer Fahrt ließen sich so auf der 24 km langen Strecke Bamberg—Forchheim jeweils eine Anzahl von Einzelwerten gewinnen, die der Beziehung $\mu_h = Z/G_r = Z/16$ gehorchten, wenn man μ_h wieder in kg/t ausdrückt.

Die zeitliche Ausdehnung der sommerlichen Versuche gestattete, mannigfache Witterungsfälle zu umgreifen, so *heiße Tage von großer*

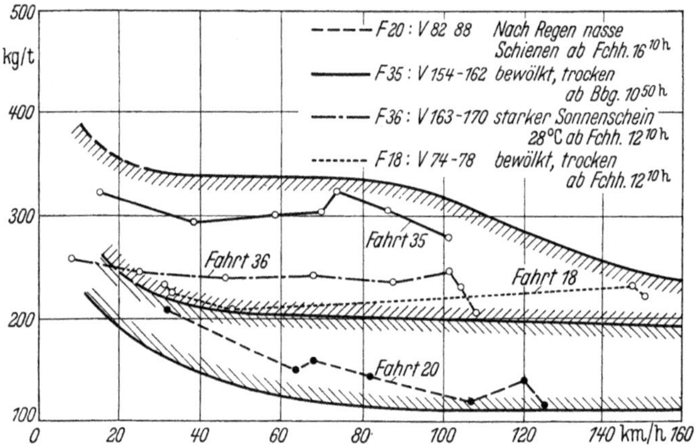

Abb. 11. Verhalten der Haftreibung von Treibrädern elektrischer Lokomotiven nach den Versuchen von CURTIUS und KNIFFLER bei trockenen (oben) und nassen (unten) Schienen. (Aus: Elektrische Bahnen 1944.)

Trockenheit mit und ohne Taueinfälle am frühen Morgen, ebenso feuchte, mit vielen Regenfällen durchsetzte Tage. Als besonderer Glücksfall ist es anzusprechen, daß auch einige scharf begrenzte Gewitterregen fielen, so daß während derselben Fahrt nasse Schienen mit trocknen abwechselten. Mit insgesamt 261 Einzelversuchen konnte das ganze Meßunternehmen bereits als Großzahlforschung mit genügend sicheren statistischen Erkenntnissen bezeichnet werden.

Das Ergebnis ist nun in Abb. 11 dargestellt. Es zeigt, deutlich getrennt, zwei *Bänder* für trockne und nasse — nicht schlüpfrige — Schienen. Auch die trockne, jedoch nicht gesandete Schiene, der man ohne weiteres eine bessere Haftung zubilligen wird, besitzt keine einheitliche Haftung. Das Reibungswertband für trockne Schienen ist im allgemeinen breiter, als das für nasse; beide fallen im Gebiet der kleineren Geschwindigkeiten erst stärker, dann schwächer. Vier eingezeichnete Fahrten zeigen, daß sie stets einigermaßen stetig ganz im trocknen *oder* nassen Gebiet verlaufen; der einzige scheinbare herausfallende linke Punkt dürfte mit nur 7 km/h schon etwas unsicher sein. Die erwähnten Strichregen führten in Übereinstimmung damit zu stark gezackten Linien der Fahrten, die aus dem trocknen Gebiet ins nasse sprangen und umgekehrt. An der reibungsherabsetzenden Natur auch sozusagen sauberer Nässe kann, mindestens für angetriebene Achsen, demnach nicht gezweifelt werden. Interessant ist die Analysierung der streuenden Reibungswerte in der grundlegenden Abhandlung; ich möchte mich hier auf die Erwähnung einer gewissen — zu den höheren μ-Werten führenden — Korrosion beschränken, die morgens durch leichten Tau, sonst nach Auftrocknen zunächst nasser Schienen sich als Erklärung darbot. Das morgendlich große μ sank im allgemeinen auch ohne Niederschläge im Laufe des Tages. Als Kennlinie nach Art der KOTHERschen schlugen CURTIUS und KNIFFLER als etwa die Mittellinie zwischen den beiden einhüllenden Kurven des ganzen μ-Gebietes die Formel

$$\mu = \frac{7500}{V + 44} + 161 \, [\mathrm{kg/t}].$$

vor; diese Kurve liegt über derjenigen von KOTHER.

Für die rechnerische Verfolgung der Anfahrvorgänge empfahlen CURTIUS und KNIFFLER ohne Anrechnung hohen Anfangswiderstandes (S. 30), etwa im Augenblick der Abfahrt noch nicht gelöster Bremsen und des (ersten ?) Beschleunigungswiderstandes, für 2,5 kg/t Beharrungs-Fahrwiderstand bei niedrigeren Geschwindigkeiten und 1 kg/t zusätzlichem Krümmungswiderstand nur mit $\mu = 170$ bis 200 kg/t vorzugehen, nachdem schon BRETSCHNEIDER auf Grund von Betriebserfahrungen 172 bis 180 kg/t vorgeschlagen hatte (S. 64). In Wirklichkeit wird dabei ein höheres μ beansprucht, das auch nach der Mittelwertformel bis zu 330 kg/t und bei Sandstreuen noch etwas darüber zur Verfügung stände; es ist eben zu bedenken, daß im s-V-Diagramm (S. 83) der scheinbar niedrigen Haftreibung der Zugwiderstand nach den Formeln der Beharrung gegenüber gestellt ist, während er bei der ersten Anfahrt höher liegt. Auch darf als Akt der Vorsicht nicht außer Acht gelassen werden, daß während auf der freien Strecke bei ungünstigem Zustand der Schienenoberfläche stets vom Sandstreuer Gebrauch gemacht werden kann, dies innerhalb der Bahnhöfe über den Weichen nicht erlaubt ist, damit die Gleitflächen der Weichenzungen nicht durch den Sand einen vorzeitigen Verschleiß erleiden. An sich pulsiert ja übrigens auch bei der Wechselstromlokomotive das Motordrehmoment $33^1/_3$mal in der Sekunde, und man könnte daran denken, ob nicht ein gewisses kleines δ entsprechend dem Tangentialdiagramm der Dampflokomotive vorhanden sein müßte. Eine praktische Berücksichtigung wird indes bei elektrischen Lokomotiven nicht geübt; es wird also vorausgesetzt, daß dieses schnelle Pulsieren bis zum Radumfang in den elastischen Elementen gleichsam untergeht.

Auch bei den Dampflokomotiven wurden übrigens, bei den wie gesagt weit weniger zahlreichen Versuchen, Reibungsziffern — allerdings bei Sandung — bis zu 272 kg/t festgestellt, die unter Berücksichtigung des wahrscheinlichen Tangentialdiagramms zu einem (physikalischen) Wert des μ von 299 kg/t für den Wellenberg der Zugkraftlinie führten, nachdem früher bei Steilrampenversuchen ein Maximum von 330 kg/t gefunden war. Auch hier ist der etwas erhöhte Anfangswiderstand in den benutzten μ-Werten von 190 bzw. 204 kg/t nicht besonders berücksichtigt.

Zum Abschluß der Erörterung der Reibung und auch unter vorbereitendem Hinweis auf das s-V-Diagramm ist nochmals an die vorn abgeleitete Gleichung

$$\mu_{e\,\max} = \mu_h - \frac{2{,}5\,G_1 + 6\left(\frac{V}{10}\right)^2}{G_r} \quad \text{bezw.} \quad \mu_h - \frac{2{,}5\,G_1 + 0{,}5\,c_w \cdot F\left(\frac{V+15}{10}\right)^2}{G_r}$$

zu erinnern. Die Kurve der motorischen Hakenzugkraft (*Zugkrafthyperbel*) $Z_e = f(V)$ ist in Abb. 12 links oben nicht abzuschneiden durch die *Haft*reibungskurve $Z_h = G_r\,\mu_h$, sondern die um Laufachs- und Luftwiderstand niedrigere Reibungsfunktion

$$Z_{e\,\max} = G_r \cdot \mu_e.$$

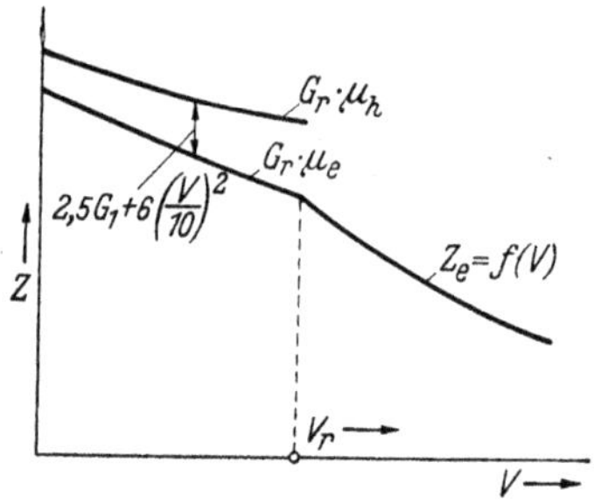

Abb. 12. Zusammenhang zwischen Haftreibung und Hakenzugkraft.

Der Schnittpunkt *dieser* Kurve mit der *Zugkrafthyperbel* ist es aber, der die Reibungsgeschwindigkeit ergibt. Das ist beim s-V-Diagramm, dessen oberer Reibungszweig aus diesen Z_e-Werten entwickelt ist, gleich ein für allemal vorausgesetzt. Dabei dürfen aber für μ_h höchstens die Werte nach Kother oder Curtius-Kniffler benutzt werden; zweckmäßiger wird man im Interesse glatten Anfahrens statt von μ_h- von vorsichtigeren μ_b-Werten ausgehen.

3. Die gesamten Zugkraft- und Leistungskurven $Z = f(V)$, bzw. $N \doteq \varphi(V)$ einschl. des motorischen Teils.

a) Dampflokomotiven. Die Synthese der Reibungszugkraft mit der motorischen oder der ihnen entsprechenden Leistungen ist zuerst, wenn auch noch nicht mit der heutigen Schärfe, so doch begrifflich von Frank vollzogen (1887). Selbst insofern kann man bei ihm bereits von einem experimentell begründeten motorischen Zweige der Leistungslinie sprechen, als er ihm die Versuchsergebnisse mit den alten preußischen Normallokomotiven unterstellte. Freilich waren diese Feststellungen – Zusammenstellung von Zuggewichten und Geschwindigkeiten nach der oben erwähnten primitiven Widerstandsformel $w = 2{,}4 + V^2/1000$ – nur rein gefühlsmäßige gewesen; eine scharfe Unterscheidung zwischen indizierter und Zughakenleistung ist bei FRANKS empirischer Beziehung $N/H = \alpha + \beta \sqrt{V}$ nicht herausgearbeitet und der ebenfalls nach seinem *Sitz* nicht scharf definierte Reibungskoeffizient konstant gesetzt. Die Leistungslinie bestand dann aus einer Geraden durch den Koordinatenanfang und jenseits der Reibungsgeschwindigkeit einem parabolischen Teil. Zum letzteren gehörte eine hyperbelartige Zugkraftlinie, die sich über der hier zum ersten Male betonten Reibungsgeschwindigkeit mit der horizontalen Reibungslinie schnitt.

Ein Umstand ist nun seit jener noch etwas unvollkommenen Analyse des leistungsmäßigen Verhaltens der Dampflokomotive geblieben: ihre Eindeutigkeit, gleichgültig, ob man nach einigen Autoren eine (betrieblich vertretbare ?) Höchstleistung der Lokomotiven in mehr summarischer Form annimmt[1], oder feiner analysierend davon ausgeht, daß man dem Lokomotivkessel mit Rücksicht auf sichere Erreichbarkeit und ein gewisses Maß von Schonung nur eine bestimmte spezifische Dampferzeugung b kg/m²h zumutet, und im Reibungsgebiet nur einen betriebsmäßigen Verlauf der Reibungsziffer unterstellt. Dabei bleibt jene Kesselanstrengung — ebenso die in Anspruch genommene Reibung — unter der überhaupt möglichen, auch mit Rücksicht auf den mit der Anstrengung fallenden Kesselwirkungsgrad; es fehlt indes im deutschen und französischen Schrifttum nicht an dem Hinweis, daß der b-Wert auf kürzere Dauer überschritten werden könne. Der b-Wert entbehrt übrigens, als Erfahrungswert auch von der Werkstättenseite, nicht ganz der Subjektivität; er hängt zweifellos auch von der Kesselbauart ab, insofern Kessel mit stärkerem Anteil der Strahlungsheizfläche ein größeres b vertragen, und soll an sich dem Beharrungszustand zugehören, als welcher 1 h betrachtet wird. Ausdrückliche Angaben über die kurzfristig höheren b-Werte fehlen aber häufig, im Gegensatz zu den elektrischen Lokomotiven, wo zwischen der Anfahr-, Stunden- und Dauerleistung unterschieden wird.

Die Leistungskurve $N_i = \Phi(V)$, häufig als *Leistungscharakteristik* bezeichnet, ist im Kesseleinflußgebiet meist eine nach oben gewölbte Kurve mit einem vielfach ausgeprägten Maximum über der sog. günstigsten Geschwindigkeit, wie sie zuerst RICHTER und STRAHL als logisch forderten. Die Kurve wäre für ein bestimmtes b im Bilde eine hori-

[1] Vgl. z. B. CHAPELONS Aufzählung in seiner Abhandlung *Locomotives à grande vitesse*, Sonderdruck aus der Revue générale 1935, S. 71—74.

zontale Gerade, wenn auch die thermische Ausnutzung des Dampfes eine konstante wäre. Da diese indes bei kleinen Geschwindigkeiten durch die großen Füllungen, bei hohen Geschwindigkeiten durch die großen Druckverluste der Drosselung der Dampfströmung leidet, kommt jene Wölbung zustande[1]. Bei Schnellzuglokomotiven sollte die günstigste Geschwindigkeit möglichst hoch, nahe der zugelassenen Höchstgeschwindigkeit liegen; bei Güterzuglokomotiven ist eine relativ tiefere Scheitellage weniger unvorteilhaft, weil bei den kleineren Güterzuggeschwindigkeiten das Leistungsmaximum nicht der relativ schnellen Fahrt in der Waagerechten, sondern der langsameren auf stärkeren Steigungen angehört. Übrigens kann man in der N_i-Kurve mehr die thermodynamische, in der N_e-Kurve mehr die betriebliche Kennzeichnung der Lokomotive erblicken.

Die unterlegten Reibungsziffern liegen, wie bemerkt, unter den physikalisch möglichen. Diese müssen daher an sich noch erreichbar sein; da auf starken Steigungen häufig schon an oder wenigstens nahe der — rechnerischen — Reibungsgrenze gefahren wird, ist der Überschuß der wirklich möglichen über die betriebsmäßig eigentlich nur unterstellte Reibung nötig, um den aus irgendeinem Grunde auf der Steigung zum Halten gekommenen Zug wieder anzuziehen. Diese Bedingung erfordert also entsprechende Abmessungen der Dampfzylinder; thermisch günstige Dampfzylinder mit genügender Ausnutzung der Dehnung, haben, wie ich gezeigt habe[2], sozusagen automatisch die Eigenschaft, höhere Reibungswerte als die konventionellen ausnutzen zu können.

Wie die am Zughaken der Lokomotive für die größte Normalanstrengung des Kessels mögliche Leistung bzw. Zugkraft experimentell gefunden wird, wurde oben beim Lokomotivmeßwagen gezeigt. Dort wurde auch die indizierte Leistung und Zugkraft behandelt. Abb. 13 zeigt als Beispiel einer Lokomotivanalyse die der 01-Lokomotive der Reichs- bzw. Bundesbahn (Ausgabe 1950). Sie weist für die N_i-Kurve die Wölbung mit bei großem V liegenden Scheitel auf; die N_e-Kurve liegt naturgemäß tiefer, auch mit *tiefer* in bezug auf V liegendem Scheitel. Ihre stärkere Wölbung beruht darauf, daß der mit zunehmendem V zunehmende Eigenverbrauch an Beförderungsleistung abzuziehen ist. Die betrieblich unterstellte Reibung ist mit V abfallend eingeführt und bringt eine Reibungsgeschwindigkeit von etwas über 50 km/h.

Die Umarbeitung der zugehörigen Zugkräfte ($Z_e = 270\ N_e/V$) in das s-V-Diagramm wird S. 83 behandelt; der eindeutigen oder eindeutig

---

[1] Für diese übrigens nicht einheitliche Wölbung gab STRAHL eine Näherungsformel freilich zu starker Krümmung an (vgl. „Hütte"); besser dürfte MEINEKES Ansatz zutreffen, der für $V/V' = 0{,}4/0{,}6/0{,}8/1{,}0/1{,}2/1{,}4$ ein Leistungsverhältnis $N_i/N_i' = 0{,}86/0{,}95\ /0{,}99/1{,}0/0{,}99/0{,}96$ nennt. — [2] NORDMANN: Der Dampfverbrauch der Lokomotiven. Glasers Ann. 1947, S. 91.

unterstellten Zugkraftkurve entspricht natürlich auch ein eindeutiges s-V-Diagramm.

Zu erwähnen ist noch, daß die *Stetigkeit der Zugkraftkurve* in der Regel *eine idealisierte* ist; sie ließe sich zwar theoretisch durch gleichzeitige (etwas stärkere) Veränderung der Zylinderfüllung und (geringe) des Schieberkastendrucks verwirklichen, doch wird von der letzteren in weit geringerem Maße Gebrauch gemacht, bei größeren Leistungen auch aus thermischen Gründen. In Wirklichkeit wird die Zugkraftsenkung nicht hyperbelartig, sondern durch Füllungsverkleinerung nach einer Treppe mit einer größeren Anzahl niedriger Stufen möglichst der *Hyperbel* entlang vollzogen. Bei zunehmender, schon großer Geschwindigkeit

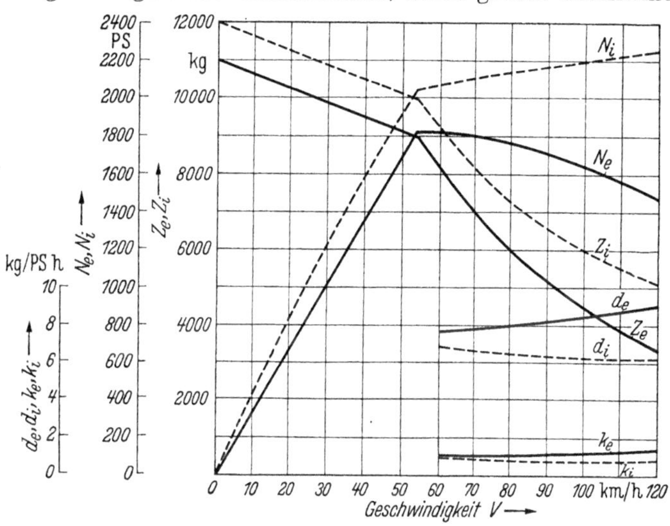

Abb. 13. Zugkräfte, Leistungen und Verbrauchszahlen einer Dampflokomotive über der Geschwindigkeit (01-SL der Bundesbahn). (Quelle: Eisenbahnzentralamt Göttingen.)

bringt es die zunehmende Drosselung dahin, daß auch ohne Füllungsverkleinerung die Zugkraft entlang dem flachverlaufenden *Hyperbelzweig* abnimmt. *Falsch* für die Beschleunigung wäre es aber, durch *plötzliche starke Füllungsminderung* eine starke Abtreppung der Zugkraft herbeizuführen, über deren ungünstigen Einfluß weiter hinten bei der Diesellokomotive mit mechanischer Übertragung nachzulesen ist. Die feinstufige Abtreppung besonders verfolgen zu wollen, statt sie durch die aus den Versuchspunkten gebildete *Hyperbel* zu ersetzen, wäre natürlich eine sehr lästige Komplikation, wie aus der Betrachtung des s-V-Diagramms hervorgeht; zu fahren wäre mit gleichem Fahrzeiterfolg so, daß die Knicke der Treppe abwechselnd etwas über und unter der *Hyperbel* liegen. Durch Vorschreiben der Fahrzeit zwingt man im Endeffekt die Lokomotivführer *unbewußt* wesentlich dazu. Es gab sogar vor dem Kriege für flottes Anfahren Behelfstafeln, die den Lokomotivführern die je nach Lokomotivgattung zusammengehörigen Füllungen für Volleistung (nach den Versuchsergebnissen) und Geschwindigkeiten angaben.

Turbinenlokomotiven haben, regelbar durch Einstellen des Dampfdrucks vor den Düsen und das Ab- und Zuschalten von Düsen, ebenfalls eine Art Zugkrafthyperbel, streng genommen in einzelne Zweige geteilt, deren jeder sich auf konstant bleibende Düsenzahl bezieht, die sich dann aber ohne stärkere Sprünge aneinander fügen lassen.

b) Elektrische Lokomotiven. Aus einem bestimmten, gleich erkennbaren Grunde möchte ich hier eine historische Bemerkung voranschicken. Das älteste deutsche, vermeintlich exakte Verfahren zur Fahrzeitermittlung, das der *Frankfurt-Hanau-Bebraer Bahn*, (KLUGE, 1880 im Organ) unterstellte eine konstante Lokomotivleistung und führte dann also — aber eindeutig eigentlich nur für den nicht genannten Beharrungszustand! — vor einem gegebenen Zuge zu größerer Geschwindigkeit in der Ebene (kleine Zugkraft), zu geringerer in mäßiger Steigung, zu kleiner in stärkerer Steigung. Es wurde nun so gerechnet, als ob *immer* mit der geplanten *Grundgeschwindigkeit* (für $s = 0$ in der Geraden) gefahren, dafür aber ein Streckenabschnitt kleinerer Steigung durch einen *längeren, ebenen, sog. virtuellen* ersetzt wurde, ein Abschnitt stärkerer Steigung durch einen noch längeren. Anfahren und Bremsen waren nicht vergessen, aber nur durch *pauschale Zeitzuschläge* von z. B. 1,5 bzw. 0,5 Minuten berücksichtigt. Es entging nicht nur dem Autor, sondern auch den jahrzehntelangen Benutzern und Vollendern des Verfahrens (v. BORRIES), daß trotz der sehr erheblichen Zugmasse die auf den verschiedenen Steigungen verschiedenen Geschwindigkeiten jäh nebeneinander gestellt wurden, oder man tröstete sich später mit der Hoffnung, die Einflüsse von Geschwindigkeitszunahmen und -abnahmen würden sich im Enderfolg gegenseitig aufheben.

Es sind nun Untersuchungen des *elektrischen* Betriebes, allerdings noch nicht der Lokomotive, sondern des *Triebwagens* gewesen, die aus der Feder von PFORR[1] um 1900 zuerst eine *genauere* Betrachtung der Beschleunigung für Fahrplanzwecke gefordert haben; freilich vorerst für Vorortstrecken mit kurzen Bahnhofsabständen, wo die Anfahrt eine weit größere Rolle spielt, als auf Fernbahnen. Dabei wurden die Motordaten aus Prüfstandsversuchen entnommen; die Grundlage war also bereits der Versuch.

Auf die Dampflokomotive färbte das neue Verfahren vorerst nicht ab; erst 1908 bis 1913 traten verschiedene Autoren — SANZIN, RUCKDESCHEL (EHRENSBERGER), STRAHL und UNREIN, namentlich die drei

[1] PFORR: Centralblatt der Bauverwaltung.

ersteren — damit hervor, daß das Verfahren der virtuellen Streckenlängen nicht länger haltbar, sondern durch die dynamische Verfolgung des *wirklichen* Geschwindigkeitsverlaufs zu ersetzen sei. Freilich war auch ein so bequemes Vorverfahren, wie die Untersuchung eines Elektromotors auf dem Prüfstand hier nicht möglich gewesen, und die Dampflokomotive hatte erst einen gewissen Fundus an Meßwagen-Versuchsergebnissen abwarten müssen, die aber erst weit nach 1908 in größerem Stil aufkamen.

Nun zu den elektrischen Lokomotiven: Da von einem Lokomotiv- (und auch Triebwagen-)motor ein großes Anlaufmoment erwartet wird, so war der Gleichstrom-Reihenschlußmotor das Vorbild, das nicht nur zu erreichen, sondern in einer wichtigen Beziehung zu übertreffen, schon vor reichlich 3 Jahrzehnten dem Wechselstromkollektormotor von niedriger Periodenzahl ($16^2/_3$) nach Überwindung einiger Schwierigkeiten gelang. Der *Vorteil des Wechselstrommotors* besteht in der Möglichkeit, durch eine größere Schaltstufenzahl (Anzapfungen) des Haupttransformators Zugkraft und Geschwindigkeit ohne Verluste in Widerständen zu regeln. Die geistreichen, aber gegenüber der einfachen Füllungsregelung der Dampflokomotive verwickelten Schaltungen und Feinregler füllen ein ansehnliches Kapitel in den Lehrbüchern über elektrische Lokomotiven. Ich möchte mich hier, zumal nicht Fachelektriker, auf die Erwähnung der Motoreigenschaften und Schaltungskonsequenzen beschränken, die von Einfluß auf den Zugkraftverlauf der elektrischen Lokomotiven sind.

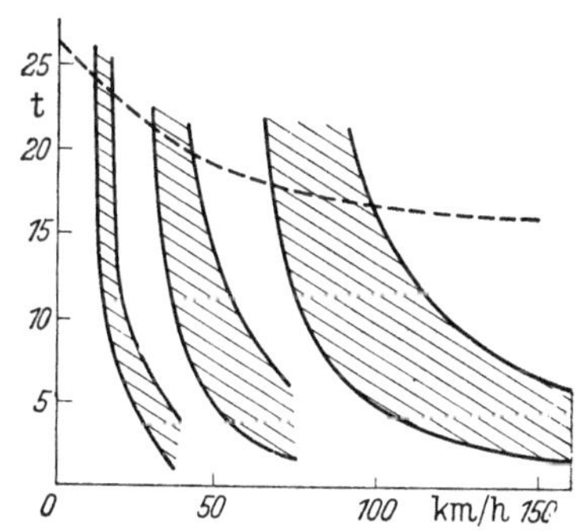

Abb. 14. Gebiete verlustfreier Leistungen einer elektrischen Gleichstromlokomotive durch Feldschwächung bei Parallelschaltung, Reihen-Parallel- und Reihenschaltung der Motoren. (Aus: Glasers Ann. 1950.)

Der *Gleichstrommotor* kannte im Bahnbetrieb, wo er immer im Plural vorkommt, ursprünglich nur zwei verlustlose Schaltstufen, die Reihen- und die Parallelschaltung, zu denen sich später die Reihen-Parallelschaltung gesellte, und gestattet erst über die Feldschwächung mehr wirtschaftliche Fahrstufen zu gewinnen. Immer bleiben aber im Koordinatenfeld Geschwindigkeit-Zugkraft zwischen bandförmigen Feldern fast verlustfreier Regelbarkeit — Abb. 14 — solche, wo Widerstände eingeschaltet sind, so daß sich die Gleichstromlokomotive zwar der Wechselstromlokomotive nähert, ohne sie indes in Regelbarkeit und Endzugkraft voll zu erreichen[1]. Auch ist beim Wechselstrom die hoch

[1] Kniffler: Die neuere Entwicklung im Bau elektrischer Lokomotiven und Triebwagen. Glasers Ann. 1950, S. 84.

zu wünschende Spannung im Fahrdraht in weiten Grenzen wählbar (15000 V), während sie beim Gleichstrom durch die nur anwendbare Höchstspannung des parallel geschalteten Gleichstrommotors begrenzt ist (3000 V). Den Vorteil einer nur einpoligen Fahrleitung, im Gegensatz zum *Drehstrom*, teilt aber der Gleichstrom mit dem einphasigen Wechselstrom. So ist der Drehstrombetrieb wegen seiner teureren und empfindlicheren Fahrleitung und dazu noch der mangelhaften Regelbarkeit seiner Motoren auf seine Anfangsprovinz beschränkt geblieben. Doch ist an sich hier weniger eine Polemik der Stromsysteme beabsichtigt, und auch dem neuerdings verstärkten Disput über die Periodenzahlen $16^2/_3$ und 50 (Drehstromnetz der Landesversorgung) soll nicht nachgegangen werden, sondern es sollte nur kurz gezeigt werden, daß der Eisenbahnbetrieb mit seinem Wunsch nach großen Anfahrzugkräften den Reihenschlußmotor bei guter und möglichst verlustfreier Regelung verlangt und daß Gleichstrom- und besser noch Wechselstrommotoren von der lange und in größtem Umfang bewährten Periodenzahl $16^2/_3$ diese Forderung erfüllen.

Ähnlich wie die Dampflokomotive eine zweckmäßige obere Leistungsgrenze, vor allem in Gestalt der Kesselanstrengung aufweist, so sind auch dem Elektromotor trotzt der scheinbar beliebig großen Leistungsentnahme aus der Fahrleitung gewisse Grenzen, auch durch seine zulässigen Abmessungen, gezogen; so beim Wechselstrommotor durch die höchste Spannungsstufe des Transformators, durch die funkenfreie Kommutierung und die Begrenzung seiner Höchsttemperatur (85° am Kommutator) mit Rücksicht auf die Isolierung. Die Temperatur wird bekanntlich günstig — nach unten — durch die künstliche Lüftung beeinflußt, und so ist in letzter Zeit durch eine für die Kühlung günstigere Form der Wicklungsköpfe die Höchstleistung eines bisher schon bewährten Lokomotivmotors (der E 94) versuchsweise noch wesentlich heraufgesetzt. Eine nähere Darlegung dieser Erscheinungen gehört auch hier in das eigentliche elektrotechnische Schrifttum; für die betriebliche Erörterung ist hervorzuheben, daß die Leistungseigenschaften der Motoren, die der Betriebs- und Versuchswissenschaftler zunächst vom Elektrotechniker gleichsam empfängt, sehr gut auf ortsfesten Prüfständen studiert werden können und studiert werden. Es ist das ein Vorteil, den der Elektromotor mit dem Dieselmotor und gegebenenfalls den Übertragungsmitteln teilt, während die Lokomotiv-Kolbendampfmaschine erst durch die Verbindung mit dem Fahrzeugteil zu einem organischen Ganzen wird. Die Dampflokomotive ist — bis auf Einzelachsantriebe und Turbinen, die aber sehr seltene Ausnahmen bilden — zu ihrer Analyse ganz auf den Meßwagen angewiesen, dem freilich auch die elektrischen und Diesellokomotiven nicht entzogen werden, und über den dann auch elektrotechnisch der Eisenbahn-Versuchswissenschaftler noch entscheidend zu Worte kommen kann. Und zweierlei *muß* oder mußte ja dem Streckenversuch entlehnt werden: einmal das Verhalten der Haftreibung, mit deren Kenntnis der Motor heute bewußt so entworfen wird, daß die Haftwertleistung bis zu möglichst hohen Fahrgeschwindigkeiten mindestens für die Anfahrt in Anspruch genommen werden kann, und sodann der Fahrzeugwiderstand, der wie das $Z_i - Z_e$ der Dampflokomotive aus der Differenz zwischen Motor- und Zughakenleistung bestimmt werden kann.

Ein Unterschied der elektrischen gegen die Dampflokomotive besteht darin, daß deren — formaler — *Eindeutigkeit* der betrieblichen Vollleistung *drei* verschiedene Leistungen gegenübergestellt werden: die Anfahr-, die Stunden- und die Dauerleistung. Die Anfahrleistung ist es vor allem, die zur Reibungsleistung in Beziehung gesetzt wird. Die Reibungsleistung oder eigentlich also Reibungszugkraft wird an sich auf den betrieblichen Mittelwert der Reibung nach KOTHER oder CURTIUS-KNIFFLER bezogen, die ja unter den möglichen Höchstwerten bleibt. Um auch diesen noch mit dem Motor gerecht werden zu können, muß dessen Anfahrzugkraft über die bei mittlerer Reibung hinausgehen. Die Stundenleistung der elektrischen Lokomotive entspricht etwa dem *eindeutigen* Leistungsverlauf der Dampflokomotive, die dort auch zugleich als Dauerleistung gilt, während dem Elektromotor noch eine etwas unter der Stundenleistung liegende Leistung von beliebig langer Dauer (Erwärmung) zuerkannt wird. Am besten erkennt man die Leistungszusammenhänge aus Abb. 15, die die Leistungslinien einer neuzeitlichen elektrischen Güterzuglokomotive wiedergibt. In ihr ist die Kurve 4 die Haftreibungsleistung entsprechend der Gleichung $N = G_r \cdot \mu \cdot V/270$ PS $= G_r \mu \; V/367$ kW, worin μ jener mittlere, nicht höchste Haftreibungswert ist. Weil — übrigens beide — Haftwerte mit der Geschwindigkeit abnehmen, senkt sich diese Leistungslinie von ihrer Tangente im Nullpunkt ab. Die Anfahrleistung 1 liegt, wie bemerkt, wesentlich darüber. Sie verläuft mit allmählich abnehmender Steigung bis zu dem Punkt, in dem die Höchstleistung aus der höchsten Spannungsstufe des Transformators erreicht ist. Von hier ab fällt sie bei weiterer Geschwindigkeitszunahme nach der Seriencharakteristik des Motors. Gelegentlich

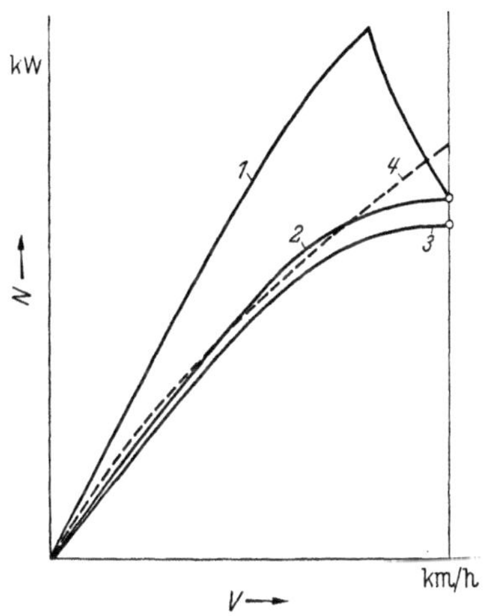

Abb. 15. Leistungskurven einer elektrischen Güterzuglok, E 94 der Bundesbahn. (Aus: Elektrische Bahnen 1944.)

wird diese Höchststufe für den Fall gesunkener Fahrleitungsspannung auch mit 90 % angesetzt.

Wie bei der Dampflokomotive ist die stetige Leistungskurve eine Idealisierung. Die Stufenschaltung bewirkt einen sozusagen gezahnten Verlauf, wie er in Abb. 16 für eine Anfahrt der Schnellzuglokomotive E 19 vor einem 750 t schweren D-Zug mit dem Meßwagen aufgenommen wurde[1]. An sich handelt es sich freilich um die Leistungsaufnahme auf der Hochspannungsseite, die — um für die Motoren zu gelten — noch mit dem Transformatorwirkungsgrad zu multiplizieren wäre. Dieser ist

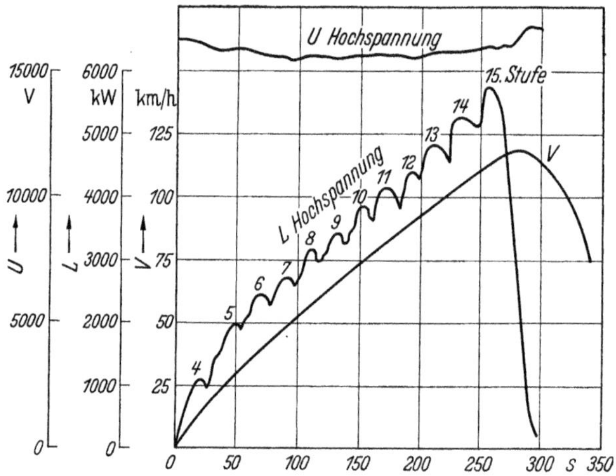

Abb. 16. Anfahrleistung einer Einphasen-Schnellzuglok E 19 der Bundesbahn. (Aus: Elektrische Bahnen, Ergänzungsheft 1941.)

zwar nicht ganz konstant, so daß keine genau proportionale Leistungslinie der Motoren herauskommt; aber artmäßig ergibt auch die Motorkennlinie das gleiche, etwas tiefer liegende Bild. Übrigens wurde die mögliche Anfahrleistung wegen Erreichung der höchsten Streckengeschwindigkeit von 120 km/h noch gar nicht ganz ausgefahren. Auf die Zugkraftkurve, die eigentlich dem s-V-Diagramm zugrunde liegt, übertragen sich natürlich nach der bekannten Gleichung $Z = 270\, N/V$ alle Sprünge oder Pendelungen der Leistungskurve.

Obgleich dem Triebwagengebiet entstammend, sei in Abb. 17 das Verhalten der Anfahrzugkraft eines Wechselstrom-Doppeltriebwagens in Abhängigkeit von der Geschwindigkeit gebracht. Das Aufschalten geschieht dabei selbsttätig unter Kontrolle eines Fahrschaltrelais von Stufe zu Stufe[2]. Die Zugkraft fällt dabei jeweils auf der Seriencharak-

[1] KLEINOW, MICHEL, STEINBAUER: Elektrische Bahnen, Ergänzungsheft 1941, S. 112, Abb. 14. — [2] SCHLEMMER: Elektrische Bahnen, Ergänzungsheft 1936, S. 115 und Abb. 22, S. 112.

teristik der Transformator-Teilspannung, wird aber sofort durch die nächste Schaltstufe wieder nach oben gerissen. Man sieht unschwer, daß sich der zackige Verlauf durch eine konstante Zugkraft von rd. 7,8 t bis etwa 60 km/h und dann einen etwa hyperbolischen Abfall ersetzen läßt.

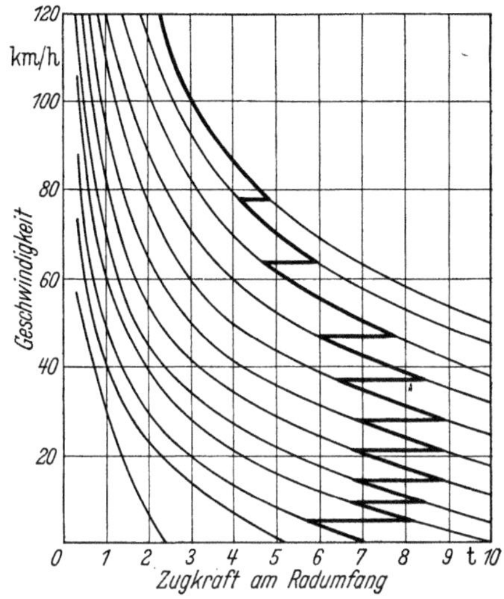

Abb. 17. Anfahrzugkräfte eines Wechselstrom-Triebwagens. (Aus: Elektrische Bahnen, Ergänzungsheft 1936.)

Die Stundenleistung 2 deckt sich, um wieder zu der grundsätzlichen Abb. 15 zurückzukehren, nahezu mit der unterstellten Reibungsleistung und biegt erst bei größerer Geschwindigkeit nach unten ab, falls sie nicht überhaupt noch vor Erreichung der Höchstleistung aus der oben erwähnten Seriencharakteristik direkt nach unten fällt. Verhältnismäßig wenig unter der Stundenleistung 2 verläuft die Dauerleistung 3. Da es so lange absolut gleichmäßige Strecken sehr selten gibt — es könnten für größere Geschwindigkeiten nur sehr lange waagerechte Strecken sein —, daß sich in dieser Zeit die Arbeitsbedingungen nicht ändern, wird die Stundenleistung meist als Nennleistung bezeichnet und wesentlich die zugehörige Zugkraft für das s-V-Diagramm benutzt. Die Vorschriften des Verbandes Deutscher Elektrotechniker sehen in ihren Regeln für elektrische Maschinen und Transformatoren auf Bahn- und anderen Fahrzeugen auch für den Stundenbetrieb nur die Dauererwärmung als zulässig vor; ihre Grenze liegt für den Kommutator bei 85°. Als dritte Grenzbedingung für die obere Motorleistung — die erste war die funktionelle nach der höchsten Transformatorstufe — gilt die funkenfreie Kommutierung, ausgedrückt durch die höchste Voltzahl ($\sim$3) der von den Bürsten jeweils kurzgeschlossenen, gerade in der Stromwendung befindlichen Ankerspulen, die von dem wechselnden Magnetfeld durchsetzt sind (*transformatorische Spannung*).

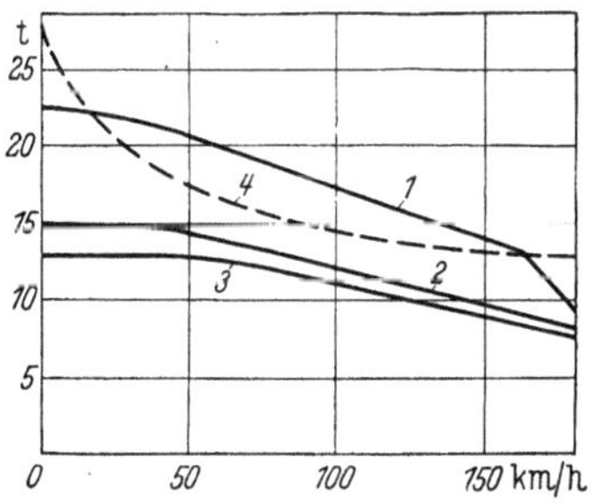

Abb. 18. Zugkräfte der elektrischen Schnellzuglokomotive E 19 im Vergleich zur Reibungskraft. (Aus: Elektrische Bahnen 1944.)

Abb. 18 zeigt die Zugkräfte der deutschen Schnellzuglokomotive E 19; auch hier liegt die Anfahrzugkraft 1 über der mittleren Haftgrenze 4, aber die Stundenzugkraft 2 und noch mehr die Dauerzugkraft 3 unter der Reibungszugkraft 4. Mit 15 t Zugkraft bei 80 t Reibungsgewicht wird bei 2 nur ein Reibungswert von $\mu = 15/80 = \sim 0{,}19$ in Anspruch genommen. Der Unterschied gegen die Güterzuglokomotive ist verständlich, weil diese bei den geringeren Güterzuggeschwindigkeiten eher in die Lage kommt, die übliche Reibungszugkraft längere Zeit auf Steilrampen anwenden zu müssen. Um den schon erwähnten Aufsatz von Kniffler (Fußnote auf S. 59) zu zitieren,

„wird heute im allgemeinen die Transformatorleistung so festgesetzt, daß die Haftreibungsleistung zwischen Anfahr- und Stundenleistung liegt, wobei jene nach der Art der Lokomotive und Auffassung der planenden Stelle mehr zur einen oder anderen Seite neigt."

In dem weiter unten gezeigten s-V-Diagramm der Güterzuglokomotive E 94 (Abb. 27) sind übrigens auch die Gewichtskurven für die kleineren Geschwindigkeiten nach unten gegen die aus dem Reibungsverlauf ableitbaren Werte abgebogen. Sie ergeben für die herausgehobenen Werte eines Güterzuges von 640 t auf $s = 25^0/_{00}$ und eines solchen von 1500 auf $s = 10^0/_{00}$ in ihrer etwas vorsichtigeren Form μ-Werte von etwa 0,237; dennoch ist in Übereinstimmung mit den oben gemachten Bemerkungen für das μ der Anfahrt dessen scheinbarer Betrag für die waagerechten Abschnitte bis 50 km/h auf rd. 0,17 abgesenkt[1]. Die tatsächlich vorhandene Anfahrreserve ist damit sehr erheblich.

Wir hatten schon oben (S. 53) gesehen, daß auch Curtius und Kniffler, an sich die Experimentatoren der großen Reibungsziffern, sich *für den Betrieb* den vorsichtigen Werten von Bretschneider angeschlossen hatten. Dieser hatte in einer größeren Abhandlung *Die Fahrzeitermittlung beim elektrischen Zugbetrieb*[2] mit Rücksicht auf das mögliche Zusammentreffen von Schwierigkeiten, z. B. schlechter Schienenreibung, heftigem Gegen- oder Seitenwind, Absinken der Fahrdrahtspannung infolge starker Netzbelastung und zur Vermeidung eines zu ungünstigen Wärmespiels im Motor vor einer Überspannung der *einzusetzenden* Reibungsleistung gewarnt. Eine scharfe Ausnutzung der an sich beim elektrischen Betrieb hochliegenden Reibungsgrenze solle auf das Wiederanfahren *ausnahmsweise* auf starken Steigungen zum Halten gekommener Züge beschränkt werden. Beim *planmäßigen* Anfahren solle man bei *Einzelachsantrieb* die Reibung nicht höher als mit 0,172 bei häufigerem, 0,18 bei seltnerem Anfahren zugrunde legen. Seinem noch

[1] Das Diagramm mit den zusätzlichen Kennlinien verdanke ich Herrn Ministerialrat Peters, München.

[2] Elektrische Bahnen 1941, Ergänzungsheft, S. 138.

weiter gehenden Vorschlag, die Reibungsgeschwindigkeit nach dem Zuggewicht zu staffeln, ist man aber nicht gefolgt.

Etwas eingehender als Abb. 18 zeigt Abb. 19, freilich unter Auslassung der eine Art Zäsur bildenden mittleren Reibungsleistung, zugleich den Zugkraft- *und* Leistungsverlauf der E 19-Lokomotive mit

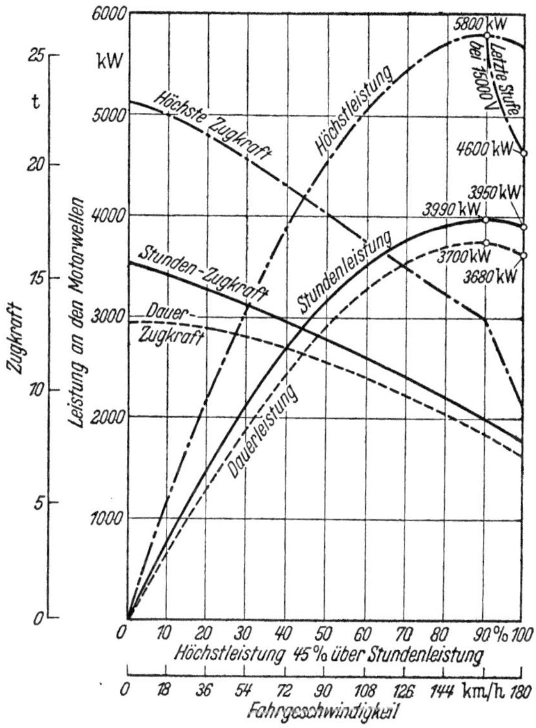

Abb. 19. Zugkräfte und Leistungen der elektrischen Schnellzuglokomotive E 19 der Deutschen Bundesbahn. (Aus: Elektrische Bahnen, Ergänzungsheft 1941.)

einem Motor je Treibachse (AEG); etwas höher mit der Höchstleistung bei praktisch übereinstimmender Stundenleistung liegt die SSW-Ausführung mit Zwillingsmotoren.

Nebenher ließe sich vermerken, daß die früher vertretene These, der Elektromotor sei *eine Maschine konstanter Dauerzugkraft, während die Dampflokomotive und ganz besonders die Diesellokomotive Maschinen konstanter Dauerleistung wären*[1], doch etwas gekünstelt erscheint. Es gibt kaum eine Dampflokomotive, bei der die Wölbung der indizierten Leistungskurve $N_i = \Phi(V)$ jenseits der Reibungsgeschwindigkeit so gering

[1] Kleinow: Elektrische Lokomotiven in Elektrische Bahnen, Ergänzungsheft: Das elektrische Eisenbahnwesen der Gegenwart, 1936, S. 44.

ist, daß man von einer praktischen Konstanz der Leistung sprechen kann, und bei manchen Lokomotiven dauert die Steigung dieser Leistungscharakteristik bis oder fast bis zur zugelassenen Höchstgeschwindigkeit an. Wenn man anderseits in dem Sonderheft der *Elektrischen Bahnen* von 1941 die dort gebrachten Zugkraftkurven der Bahnmotoren, so die in unseren Abb. 18/19 wiedergegebenen, ansieht, so kann namentlich im Gebiet der größeren Geschwindigkeiten auch nicht mehr annähernd von einer konstanten Dauerzugkraft die Rede sein. Allerdings will auch KLEINOW die gleichbleibende Zugkraft und dann linear mit der Geschwindigkeit wachsende Leistung auf 60 % der Höchstgeschwindigkeit beschränken. Die Zugkraft eines Bahnmotors ist das Produkt der Ampèrestäbe am Ankerumfang und der Feldstärke, beide — und damit die Zugkraft — beim Reihenschlußmotor von der Stromstärke abhängend. Je größer die Stromstärke, je höher sind an sich die Wärmeverluste in den stromdurchflossenen Wicklungen von Anker und Ständer. Der Motor erhöht seine Temperatur so lange, bis durch Strahlung und Lüftung die aufkommende Wärme je Zeiteinheit stets voll abgeführt wird. Der Motor wird also um so wärmer, je größer die von ihm abgegebene Zugkraft ist. Die JOULEsche Wärme wäre hiernach an sich drehzahlunabhängig, und macht man durch ein selbstständiges Gebläse auch das Angebot von Kühlluft unabhängig von der Drehzahl des Hauptmotors, so erscheint zunächst allerdings in der Tat dessen größtes Drehmoment konstant und so groß, wie es die vorgeschriebene Höchsttemperatur gestattet. Aber die Bürsten-, Lager- und Luftreibungsleistung *wächst* mit zunehmender Drehzahl, und so darf beim Ausgang von konstanter Temperatur und Lüfterleistung bei höheren Drehzahlen nur eine geringere *Stromwärme* aufkommen, das Drehmoment muß also sinken. In gleicher Richtung wirken dazu die Kommutierungsschwierigkeiten bei hohen Geschwindigkeiten und großen Strombelastungen. Eine Konstanz ist daher nicht erzielbar; die Zugkraftkurve fällt mit der Geschwindigkeit, und die verfügbaren Prüfstandskurven für die Stunden- und Dauerleistung zeigen jedenfalls diese Erscheinung, auch ohne etwa durch Rücksicht auf die Reibungsleistung dazu gezwungen zu sein. Ich würde vom *betrieblichen* Standpunkt, der uns ja hier beschäftigt, den Unterschied zwischen den beiden Lokomotivarten lieber auf das Verhältnis der Stundenleistung zur Reibungsleistung abstellen, daß es nämlich bei den heutigen, je t Treibachslast sehr starken Motoren gelingt, die Leistung oder Zugkraft der elektrischen Lokomotiven bis zu wesentlich höheren Geschwindigkeiten in der Nachbarschaft der denkbaren Reibungsleistung oder -zugkraft zu halten. Diese Unterscheidung bleibt zwar gewiß etwas verschwommen, rein qualitativ, aber sie vermeidet es, sich auf Konstanzen zu stützen, die keine sind. Ob man nicht auch ohne diese potentielle Überlegenheit schon zu günstigen Fahrzeiten gelangen kann, ja ob sie sich überhaupt im Rahmen von empfehlenswerten Grenzen voll ausschöpfen läßt, diese Fragen können hier bei der Erörterung des Zugkraftverlaufs für das s-V-Diagramm dahin gestellt bleiben.

c) Diesellokomotiven. Der thermodynamisch so hoch stehende Dieselmotor hat an sich für den Eisenbahnbetrieb den Nachteil, recht unelastisch zu sein. Selbst der Zweitaktmotor hat je Zylinder nur die halbe Nutzhubzahl des doppelt wirkenden Dampfzylinders, und um ihn in seinen Abmessungen bescheiden zu halten, muß man die multiplikatorisch wirkenden Faktoren, mittlerer Zylinderdruck und minutliche Drehzahl, groß machen. Der Druck im Zylinder läßt sich bei der Dampflokomotive in viel weiteren Grenzen für die Zugkraftänderung variieren. Soll der Dieselmotor nicht durch große Zylinder zu schwer werden, so muß er trotz hoher Drehzahlen gleichwohl schon mit großen Zylinderdrücken arbeiten, die sich für große Zugkräfte bei kleineren Geschwindigkeiten nicht mehr genügend steigern ließen. Selbst wenn der Dieselmotor unter Last anlaufen könnte (Anziehen des Zuges), wäre er also bei direktem Antrieb zu unelastisch, und diese fehlende Elastizität muß in die *Übertragung* verlegt werden, wenn auch ab und an der Versuch mit unmittelbarem Antrieb der Räder gemacht bzw. wiederholt ist[1]. Dann kann der Dieselmotor, soweit erforderlich, mit dauerbetrieblicher Höchstlast, mit großen Zylinderdrücken und hoher Drehzahl laufen[2]; es muß in Kauf genommen werden, daß die betrieblich unentbehrliche Elastizität durch die zwischengeschalteten Getriebe gleichwelcher Art mit einer gewissen Verkleinerung des Gesamtwirkungsgrades erkauft wird. Im übrigen unterscheidet sich die Rolle der Übertragung für das *Elastischmachen* des Verbrennungsmotors bei der Lokomotive grundsätzlich nicht von der beim Kraftwagen.

Die Höchstleistung des Dieselmotors, also bei größter *Füllung* im Zylinder und voller Drehzahl führt im Idealfall ständiger Anwendung und eines stetig veränderlichen Übersetzungsverhältnisses bei konstantem Wirkungsgrad zu einer genauen *Zugkrafthyperbel* für den Treibradumfang. Diesem Ideal sucht man sich möglichst anzunähern und zwar

---

[1] BREDENBRENKER-FINSTERWALDER: Über die Versuchsergebnisse der 2 B 2-*Deutz*-Diesellokomotive mit unmittelbarem Antrieb. Glasers Ann. 1951, S. 21. Bei der KITSON-STILL-Lokomotive — auch mit unmittelbar treibenden Dieselzylindern — wird als Hilfskraft für das Anfahren, statt Druckluft aus einem besonderen Dieselkompressor wie bei Deutz, eine Dampfmaschine benutzt. Ihr (ölgefeuerter) Kessel wirkt auch in der Beharrung mit, wo er mit der Dieselauspuffwärme beheizt wird (*Dampf-Diesel-Lokomotive*); z. B. Mod. Transp. 1927, S. 410.

[2] Mercedes Benz zeigte auf der Berliner Industrieausstellung 1951 einen 800-PS-Auflade-Triebwagenmotor, der ein Regelungsgebiet auf der Motorseite zwischen 600 PS bei 1000 und 800 PS bei 1400 minutlichen Umdrehungen aufwies.

a) *mit mehreren Zahnradgetrieben*, die eine *stufenweise mechanische Übersetzung* (wie beim Kraftwagen) darbieten, wozu neuerdings noch ein vorgeschalteter Flüssigkeitswandler treten kann;

b) *mit elektrischer Kraftübertragung*, also einem Generator auf der Dieselwelle und Elektromotoren für die Treibachsen;

c) *mit Flüssigkeitsgetrieben* („*hydraulischer*“ Übertragung), Wandler und Kupplungen oder *Marschwandler*, nachdem man die versuchten, aber verwickelten *hydrostatischen* Lösungen wieder hat fallen lassen.

d) Die an sich sehr elastische *Druckluftübertragung* — also dieselgetriebener Kompressor mit Druckluftkolbenmaschine für die Treibachsen — von der auch noch erhofft wurde, einen Teil der Auspuffwärme des Dieselmotors über einen Wärmeaustauscher dem Kompressionsvorgang nutzbringend wiederzuzuführen, hat bei einer Versuchsausführung der Reichsbahn leider den erwarteten Erfolg nicht gebracht[1] und ist daher nur historisch zu werten. Sie wird hier nicht weiter behandelt.

α) Rein oder wesentlich mechanischer Antrieb. Die an ein Stufengetriebe zu stellenden Forderungen formuliert JUDTMANN[2] so, daß es 1. eisenbahnmäßig ausgeführt sein muß, 2. eine möglichst kurzzeitige Zugkraftunterbrechung und 3. einen guten Wirkungsgrad besitzt. Eisenbahnmäßig soll dabei bedeuten, daß die einzelnen Zahnradpaare sich in ständigem Eingriff befinden und fallweise an die Antriebs- und Abtriebswelle gekuppelt werden können. Die Kupplungswege zwischen Motorwelle und Abtrieb müssen für die Schaltvorgänge und namentlich die erste Anfahrt ein Gleiten gestatten — Rutsch-, z. B. Lamellenkupplung —, um schädigende Wirkungen bei der wesentlich größeren Masse der Eisenbahnfahrzeuge gegenüber dem Kraftwagen auszuschließen. Auch die möglichst kurzfristige Zugkraftunterbrechung ist eigentlich eisenbahnmäßig, vor allem für Dieselfahrzeuge, die stärkere Steigungen befahren. JUDTMANN zitiert in seinem Buch (S. 83/84) eine Näherungsformel für den Geschwindigkeitsabfall während einer Zugkraftunterbrechung, mit der er für einen Triebwagenzug von 80 t auf einer Steigung von $25^0/_{00}$ bei einem Zugkraftausfall von 2 *s* eine Abnahme von 20 auf 18 km/h, bei einem Ausfall von 6 *s* von 20 schon auf 13,6 km/h findet. Und ein Gangwechsel verschlechtert ja selbst ohne vorübergehenden Zugkraftausfall die Beschleunigung. Denn beim Aufschalten auf größere Geschwindigkeit wird zunächst der Dieselmotor über die Rutschkupplung auf geringere Drehzahl und also auf geringere Leistung bei gleicher (maximaler) Füllung *herabgebremst*

[1] NORDMANN: Über Diesellokomotiven unter besonderer Berücksichtigung der Dieseldruckluftlokomotive. Glasers Ann. 1931, II, S. 93.

[2] JUDTMANN: Motorzugförderung auf Schienen. Wien: Springer. 1938.

und muß sich nun unter verschwächter Beschleunigung des Zuges erst wieder auf seine volle Drehzahl hinaufarbeiten. Bei einer Zugkraftpause tritt, wie wir eben sahen, auf starker Steigung sogar eine gewisse *Verzögerung* ein, und mit Recht sieht deshalb z. B. die Firma ARDELT in ihrem Getriebe, das aus mehreren, praktisch ohne Zeitaufwand automatisch wirkenden *Überholungskupplungen* besteht, eine gute Lösung. Bei stetigem Zahnradeingriff ist die erforderliche *Elastizität* letzten

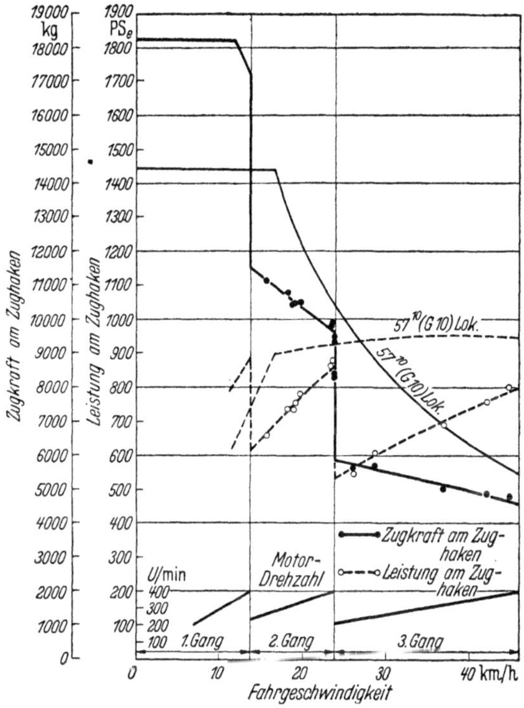

Abb. 20. Zugkräfte und Leistungen einer Diesellokomotive mit mechanischer Übertragung. (Aus: Glasers Ann. 1931.)

Endes durch gehärtete, polierte und in Ölschmierung laufende Stahlblech-Lamellenpaare gegeben.

Diese Andeutungen dürften zwar im großen genügen, um darzutun, daß die Abweichung von der idealen Zugkrafthyperbel bei einer möglichst großen Gangzahl am geringsten bleibt. Bei großer Motorleistung ist aber eine solche schon räumlich nicht möglich, zumal ja noch das Wendegetriebe Vorwärts-Rückwärts hinzutritt. Mit Abb. 20 zeige ich eine aus Meßwagenergebnissen konstruierte, abgetreppte Zugkraftlinie für ein nur dreigängiges Lokomotivgetriebe, ergänzt durch die ebenfalls über der Geschwindigkeit aufgezeichnete Leistungslinie mit ihren jeweils beim Gangwechsel auftretenden tiefen Einkerbungen, deren nach rechts aufsteigende Zweige jenes Sich-Wiederheraufarbeiten auf die volle Motordrehzahl kennzeichnen. Daneben zeigt die Abbildung die Zugkraft und Leistung einer einigermaßen vergleichbaren Dampflokomotive mit praktisch stetigem Verlauf (streng genommen freilich eigentlich mit kleinen *Sägezähnen*), deren erhebliche Überlegenheit über die Dieselkurven den Nachteil einer zu geringen Stufenzahl erkennen läßt. Eine größere Stufenzahl, 4 oder selbst 5, verbessert die Verhältnisse, zwingt dann aber aus voluminösen und finanziellen Gründen zu einer Beschränkung auf nicht zu hohe Leistungen (Triebwagen). Solche Getriebe sind z. B. das MYLIUS-Getriebe und das MEKYDRO-Getriebe, bei welch' letzterem für einen verbesserten Wirkungsgrad namentlich für die Anfahrt noch ein hydraulischer Wandler vorgeschaltet ist[1]. Die Abb. 21 zeigt den Zugkraftverlauf eines solchen Getriebes, der sich ganz annehmbar der erwünschten Hyperbel anschließt.

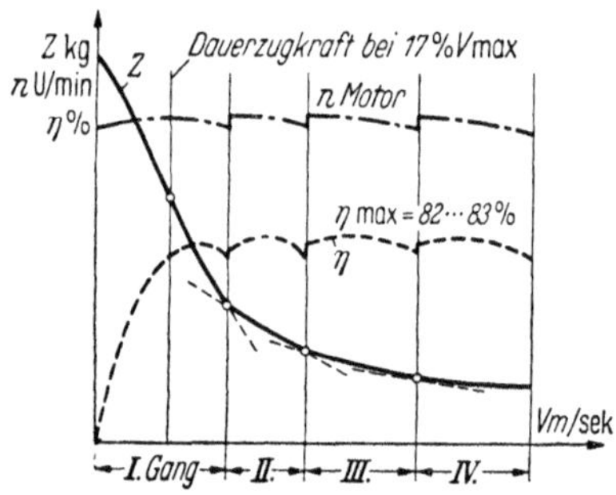

Abb. 21.
Zugkraftkennlinie des Mekydro-Getriebes.
(Aus: Glasers Ann. 1951.)

Aus der Zugkraftlinie über der Geschwindigkeit werden, wie wir später sehen, die s-V-Kurven für die verschiedenen Zuggewichte hergeleitet und mit der für das jeweils in Betracht kommende Zuggewicht der Geschwindigkeitsverlauf über dem Weg zeichnerisch oder rechnerisch ermittelt. Voraussetzung für seine strenge Gültigkeit und die des daraus weiter abgeleiteten Zeitaufwandes ist das *stetige* Vorhandensein der Zugkraft. Treten Schaltpausen auf, so fällt die Geschwindigkeit etwas zu hoch, der Zeitaufwand etwas zu klein an; man darf diesen Umstand nicht aus dem Auge lassen. Der Geschwindigkeitsverlauf während des Zugkraftausfalls wird wie beim Auslauf des Zuges (S. 96) bestimmt.

β) Dieselelektrische Lokomotiven. Für diese bisher namentlich in USA. verbreitetste Form, bei der also ein Generator auf der Dieselwelle sitzt und die über Zahnradvorgelege die Treibachsen antreibenden Motoren mit seinem Strom versorgt, ist die Regelung wesentlich in die *Feldbeeinflussung des Generators* gelegt, nachdem man sich, gestützt auf die guten Erfahrungen bei rein elektrischen Triebfahrzeugen, für den *Gleichstrom-Reihenschlußmotor* entschieden hatte. Der Reihenschlußmotor mit seinem kräftigen Anzugsmoment bildet ja auch das System

[1] GAEBLER: Gedanken zur Fortentwicklung der Diesel-Schienenfahrzeuge. Glasers Ann. 1951, Juliheft, auch als — hier benutzter — Sonderdruck (S. 10—12).

der Einphasen-*Wechselstrom*lokomotiven, freilich mit der weniger beschränkten Energieentnahme aus dem Netz, während hier die obere Leistungsgrenze an der Generatorwelle mittelbar durch die Zugkrafthyperbel des vollbelasteten Dieselmotors über der Geschwindigkeit gegeben ist; eine genaue Hyperbel, wenn der Gesamtwirkungsgrad der elektrischen Übertragung konstant wäre, in Wirklichkeit immer noch mit brauchbarer Annäherung. Nun besteht aber an sich eine wesentliche Diskrepanz zwischen der Zugkrafthyperbel des Dieselmotors und der Kennlinie eines normalen elektrischen Generators, wie sie in der rein schematischen Abb. 22 angedeutet ist. Denn die Hyperbel ist konvex gegen die Abszissenachse, die Kennlinie des Generators aber konkav; im Gebiet der kleinen und großen Geschwindigkeiten ist ein *Leistungsüberschuß* des Dieselmotors vorhanden; bei mittleren Geschwindigkeiten ein *Mangelgebiet*. Der Dieselmotor kann hier die mögliche Generatorleistung nicht abgeben; er fällt in der Drehzahl ab, und damit vermindert sich nun auch die Generatorleistung, bis sich unter der Hyperbel eine neue Gleichgewichtskurve bildet. Die Resultante ist also vorerst die stark ausgezogene Zugkraftlinie unterhalb der Hyperbel. Das Abfallen der Drehzahl im mittleren Geschwindigkeitsgebiet bezeichnet man als *Drückung*.

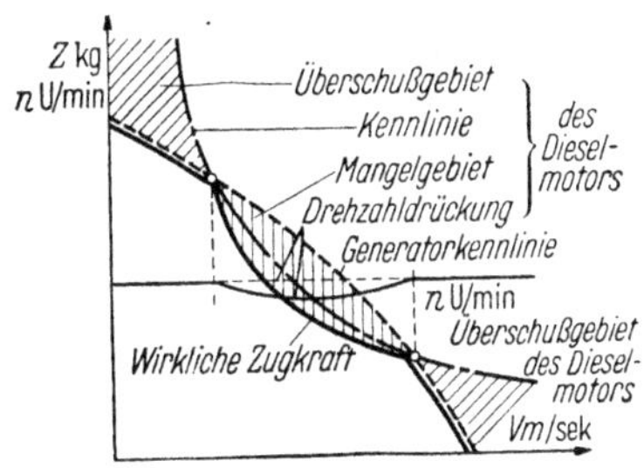

Abb. 22. Zugkraftkennlinie bei elektrischer Kraftübertragung (Aus: Glasers Annalen 1951.)

Diese Erscheinung ist natürlich unerwünscht, und es ist also das Bestreben der Elektriker gewesen, durch sinnreiche Regelungsmethoden die Generatorkennlinie im mittleren Teil der Hyperbel möglichst anzunähern. Wie schon erwähnt, geschieht das wesentlich über die Feldregelung des Generators, der bis zu 3 Feldwicklungen erhält, z. B. Nebenschlußwicklung, Fremderregerwicklung und Gegenkompoundwicklung, wobei die gleichfalls auf der Dieselwelle sitzende Erregermaschine (Hilfsgenerator) auch noch einen Spannungsregler besitzt. Die Darlegung dieser Schaltungen würde zu weit führen; das JUDTMANNsche Triebwagenbuch, das doch auch noch auf Einzelheiten verzichtet, bringt eine Anzahl solcher Schaltungen der elektrischen Großfirmen und des alten Reichsbahn-Zentralamtes (RZM). Die stetig verlaufende, verringerte Drückung bei den Schaltungen nach RZM, GEBUS und LEMP (AEG) läßt sich nach einem von JUDTMANN gebrachten Beispiel für einen kleineren Triebwagen unter maximal 10 % halten (zwischen 1350 und 1270 minutlichen Umdrehungen) und der *gedrückte* Dieselmotor geht von 193 nicht unter 185 PS zurück, dann wieder auf 193 hinauf.

Um noch an einem Beispiel zu zeigen, wie bei einer großen Doppellokomotive (2 D + D 2) von 4400 PS, die 1938 von SULZER-Winterthur für den Dieselteil, von HENSCHEL-Kassel für den Fahrzeugteil und von BROWN-BOVERI-Baden für den elektrischen Teil für Rumänien entworfen und gebaut wurde[1], die Zugkraftannäherung an die Hyperbel, noch auf die Generatorklemmen bezogen, zustande gebracht ist, gibt Abb. 23 die einzelnen Zugkraftlinien wieder, von denen jede einer Feldreglerstellung entspricht. Die Hyperbel ist erkennbar, wird aber nicht unmittelbar befolgt; sondern ohne Regelvorgang würde die Generatorleistung auf einer der jeweiligen Z-Kurven verlaufen. Die selbsttätige Steuerung wirkt nun so, daß das zwar in Hyperbelnähe zunächst auch geschieht, dann aber — sobald die Abweichung von der Motorhyperbel ein nennenswertes Maß annimmt — auf die benachbarte Erregerstufe umgeschaltet wird. Die Abtreppung ergibt nur mäßige Zugkraftabweichungen von der Hyperbel, die man also als Zugkraftlinie dem s-V-Diagramm unter Berücksichtigung der gleich folgenden Bemerkung zugrunde legen kann. Das gilt ohnehin zunächst für Vollast; der Führerregler (Kontroller) hat daneben noch eine Anzahl von Fahrstufen für verminderte Motorleistung. Für die *Zughaken*-Zugkraft bei voller betriebsmäßiger Anstrengung des Dieselmotors muß man noch den Wirkungsgrad der Übertragung und den Fahrzeugwiderstand berücksichtigen.

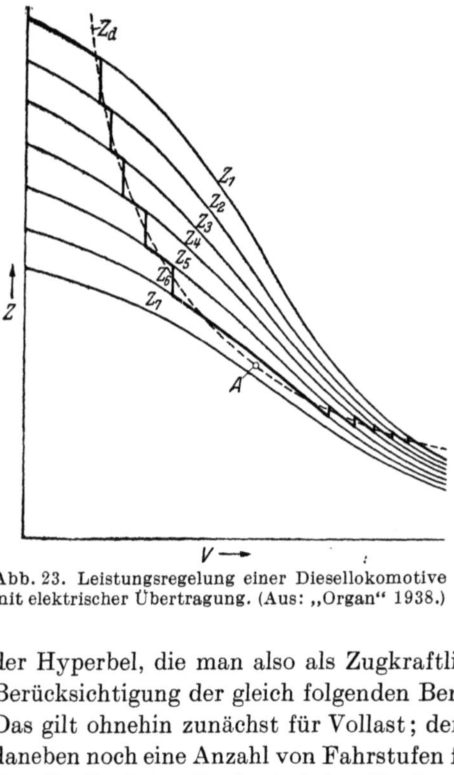

Abb. 23. Leistungsregelung einer Diesellokomotive mit elektrischer Übertragung. (Aus: „Organ" 1938.)

γ) Diesellokomotiven mit Flüssigkeitsgetriebe (Dieselhydraulische Lokomotiven)[2]. Die Leistungsübertragung vom Dieselmotor auf die

[1] X. Dieselelektrische Lokomotive von 4400 PS . . .. Organ 1938, S. 236—237.

[2] Aus dem Schrifttum über Flüssigkeitsgetriebe, insbesondere für Eisenbahnfahrzeuge, seien genannt: a) SPIES: Neuere Flüssigkeitsgetriebe für Eisenbahnfahrzeuge mit Antrieb durch Verbrennungsmotor. Organ 1935, Heft 4. b) KUGEL: Strömungsgetriebe unter besonderer Berücksichtigung des VOITH-Turbogetriebes. Deutsche Motor-Zeitschr. 1937, Heft 11. c) JUDTMANN: Motorzugförderung auf Schienen. Wien: Springer. 1938. d) NEUMANN-KUGEL: Dieselhydraulische

Treibräder mit Flüssigkeits- oder Strömungsgetrieben hat namentlich in Deutschland vielfache Anwendung gefunden. Ihr Ausgangspunkt ist der zunächst sog. FÖTTINGER-Transformator, mit dem Prof. FÖTTINGER ohne Inanspruchnahme der s. Z. nicht in heutiger Güte herstellbaren hochwertigen Zahnradgetriebe die Übertragung der großen Leistungen schnellaufender Schiffsturbinen auf die langsamer laufenden Schraubenwellen durchführte. Er besteht aus einer geschickt zusammengebauten koaxialen Gruppe eines vom Dieselmotor *angetriebenen* Pumpenrades, eines Turbinenrades auf der *Abtriebs*welle und einem feststehenden Leitrad, das die Austrittsgeschwindigkeit aus dem Turbinenrad wieder in die Eintrittsgeschwindigkeit in die Pumpe umlenkt. Den energetischen Prozeß kann man sich dabei so vorstellen, daß im Pumpenrad die Dieselleistung in die Beschleunigung einer Flüssigkeitsmenge — tatsächlich Öl, nicht Wasser — umgesetzt und die entsprechende sekundliche Energie der Flüssigkeit im Turbinenrad wieder entzogen wird. Durch entsprechende Beschaufelung wird dabei das gleichbleibende Drehmoment des mit Vollast schnellaufenden Dieselmotors als *Antriebsmoment* in ein *Abtriebsmoment* in der Turbinenwelle umgewandelt, das bei niedriger Drehzahl ($n = 0$) mit einem Vielfachen des Motordrehmoments einsetzt und bei hoher Drehzahl — der *Durchgangsdrehzahl* — durch 0 hindurchgeht. Würde der Abtriebswelle von außen her eine noch größere Drehzahl aufgezwungen, so würde das ganze Getriebe automatisch als Bremse wirken. Der Wirkungsgrad des Getriebes beginnt beim ersten Anziehen ($n = 0$) mit 0 und senkt sich nach Durchlaufen eines Maximums von der Größenordnung 82 bis 85% wieder auf 0 im Augenblick des Durchgehens. Er tut das indes sozusagen nur hypothetisch, da vorher die Dieselleistung von diesem Getriebe heruntergenommen wird.

Auf den ungünstigen Teil der Wirkungsgradkurve des *Drehmomentwandlers*, wie man das Getriebe wegen der starken Veränderlichkeit des Drehmoments, vor allem unter Umwandlung des Motordrehmoments in ein wesentlich größeres bei der *Anfahrt*, auch nennt, verzichtet man nämlich verhältnismäßig dicht hinter dem Optimum, indem man den Wandler durch die Schaltung von seiner Flüssigkeit entleert und mit dieser nunmehr ein zweites und dann ein drittes Flüssigkeitsgetriebe auffüllt. Diese beiden nachfolgenden Getriebe sind nun bei den Diesellokomotiven fast durchweg *Flüssigkeits- oder Strömungskupplungen* — gleichfalls nach FÖTTINGER —, bei Triebwagen entweder ebenfalls Kupplungen oder auf andere optimale Drehzahlen abgestimmte Wandler, sog. *Marschwandler*, weil sie erst zum Einsatz gelangen, wenn das Trieb-

---

Lokomotiven im Verschiebedienst. Die Lokomotive 1941, Märzheft. e) LAMPE-PFLUG: Die 1000-PS-Diesellokomotive der Deutschen Bundesbahn, Glasers Ann. 1952, S. 72.

fahrzeug bereits in Marsch ist. Die Strömungskupplung ist gegen den Wandler dadurch vereinfacht, daß das Leitrad fortfällt, und sich nur das geradlinig beschaufelte Pumpenrad und das entsprechende Turbinenrad gegenüberstehen. Wegen dieser unmittelbaren Relativwirkung (actio und reactio) sind die Antriebs- und Abtriebsmomente jeweils gleich. Diese Drehmomente kommen nun nur durch den *Schlupf* zustande; sie sind groß beim Anlauf und gehen bei voller Drehzahl n_1 auf 0 zurück (de facto bei etwa $n = 0{,}98\, n_1$). Der Wirkungsgrad beginnt beim Anlauf—Schlupf = 100 % — wieder mit 0 und steigt dann mit abnehmendem Schlupf linear bis auf $\eta = 0{,}98$ bei allerdings auf 0 abgesunkenem Drehmoment.

Das Drehmoment wird im Augenblick der Leistungsumschaltung vom Wandler auf die Kupplung unmittelbar übernommen und würde bei der idealen Schaltzeit 0 ohne Sprung, nur mit leichtem Knick in der Zugkraftcharakteristik der ersten Kupplung mit Zahnradgetriebe übergeben. Ehe deren Schlupf zu kleine Werte annimmt und also mit dem Drehmoment die Zugkraft zu sehr abfällt, wird auf die zweite, direkte Kupplung umgeschaltet, die zu höheren Drehzahlen der Räder führt, und wo sich nun freilich die Zugkraftübernahme mit einem sprunghaften Absinken vollzieht. Die beiden Kupplungen können unter sich gleich ausgeführt sein, wenn das Getriebe ein Übersetzungsverhältnis $1 : \sqrt{2} = 1 : 1{,}41$ erhält; diese Ausführung besaß eine 1400-PS-Probelokomotive der Reichsbahn[1], bei der die Schaltvorgänge vom Wandler auf die Kupplung I und von dieser auf die Kupplung II in Abhängigkeit von der Geschwindigkeit selbsttätig verlaufen, wie übrigens bei allen Voith-Getrieben; es ist lediglich die Fahrkurbel für den Dieselmotor zu bedienen. Zur Umkehr der Bewegungsrichtung ist noch ein *Wendegetriebe* erforderlich.

Der Firma Voith ist der Zusammenbau dieses ganzen Komplexes: Wandler, zwei Kupplungen und Wendegetriebe nebst den Schaltorganen zu einem sehr kompakten Getriebe gelungen (Voith-Turbogetriebe), bei dem im Verhältnis zur Leistung geringe Abmessungen durch hohe Drehzahlen zu erreichen sind. Bei der eben erwähnten Diesellokomotive war die Motordrehzahl $n = 700$/min auf 1770 in der Antriebswelle erhöht, um bis zur Blindwelle für den Kuppelstangenantrieb über das Kegelradwende- und ein Stirnradgetriebe wieder auf $n = 380$/min herabgesetzt zu werden, entsprechend $V = 100$ km/h bei 1400 mm Triebraddurchmesser. Die Umschaltgeschwindigkeiten betrugen 50 und 71 km/h.

Die neuen B' + B'-Mehrzweck-Diesellokomotiven der Bundesbahn haben einen 12zylindrigen Motor in V-Form, der auch für größere

[1] Fuchs-Grassl: 1400-PS-Diesellokomotive der Deutschen Reichsbahn mit Flüssigkeitsgetriebe. Z. VDI 1935, S. 1229.

Triebwagen bestimmt ist, in zwei Spielarten; 800 PS mit $n = 1400/\text{min}$ und 1000 PS mit $n = 1500/\text{min}$[1]. Hydraulische Kraftübertragung ist stets beteiligt; durchweg bei MAN-VOITH oder in Verbindung mit Zahnradgetrieben (MAYBACH-Mekydro). Von beiden Getriebe-Abtriebsenden der Lokomotive führt je eine Kardanwelle zum Umschalt-Verteilergetriebe im Drehgestell für dessen Achsen; die Lokomotive ist also ganz gekuppelt. Die Umschaltung bedeutet Streckengang oder Rangiergang.

Von den hier im Zusammenhang mit anzuführenden Triebwagen hatten manche schon vorher die Kombination Anfahrwandler und ein oder zwei nachgeschaltete Marschwandler; so die mit zwei Momentwandlern bei dem dreiteiligen Schnelltriebwagen der Reichsbahn[2] für die Geschwindigkeitsgebiete von 0 bis 108 km/h und 108 bis 160 km/h, und mit drei Wandlern, einem Anfahrt- und zwei Marschwandlern bei dem dieselhydraulischen österreichischen Triebwagen[3]. Der wenn auch nicht besonders große Zugkraftsprung beim Umschalten von der ersten auf die zweite Kupplung fällt beim Übergang von dem einen zum anderen Marschwandler nahezu fort. Der Kombination von hydraulischer und mechanischer Übertragung wurde schon gedacht.

Die bisherigen Betrachtungen bezogen sich wesentlich auf die Vollleistung des Dieselmotors. Wird diese nicht benötigt, so läßt sich durch Füllungsregelung ein kleineres Drehmoment herbeiführen, ohne daß der qualitative Verlauf des Übertragungsvorgangs dadurch beeinflußt würde. Der Aufstellung des s-V-Diagramms als des Maximums der im tagtäglichen Betrieb vom Triebfahrzeug verlangten Leistung und also der Fahrzeitbildungsunterlage dient indes natürlich stets die Motorvollleistung.

Der ganzen Richtung des Buches entspricht die Stützung auf Versuchswerte, insbesondere die experimentell gefundene Zugkraftcharakteristik $Z_e = f(V)$. Es könnte daher die Behandlung der Dieselfahrzeuge im ersten Augenblick etwas ausführlich erscheinen. Aber abgesehen davon, daß die Wirkungsweise der Übertragung doch noch einmal kurz darzulegen war, ist daran zu erinnern, daß man im Gegensatz zur Dampflokomotive hier die größeren Einzelelemente, wie Motor und Getriebe für sich auf ortsfesten Prüfständen untersuchen und dann mit einer Widerstandsformel für das Lokomotiv*fahrzeug* (oder den Wagenteil des Triebwagens) *synthetisch* zum Verlauf der Hakenzugkraft über der

[1] LAMPE-PFLUG: Glasers Ann. 1952, S. 72.

[2] ZIELKE: Die ersten dreiteiligen Schnelltriebwagen der Deutschen Reichsbahn. Glasers Ann. 1936, S. 131.

[3] PREITNER: Dieselhydraulischer Triebwagen der ehemaligen österr. Bundesbahnen. Z. VDI 1938, S. 440; auch bei JUDTMANN ausführlich behandelt.

Geschwindigkeit gelangen kann. Freilich müssen es die zur Anwendung kommenden, etwa in Reihen normalisierten, Motoren und Getriebe und ein untersuchter Fahrzeugkörper mit möglichst geringer Abweichung von dem geplanten sein, sonst kommt durch Multiplikation oder Addition der Einzelfehler doch ein etwas zu unsicheres Resultat zustande. Das Sicherste ist und bleibt schon der definitive Ausgang von Meßwagenversuchen mit der *fertigen* Diesellokomotive. Oben wurde bereits die gemessene Zugkraftkurve der Lokomotive mit mechanischer Übertragung gebracht; hier sollen nun noch in Abb. 24 die Versuchsergebnisse einer D-Diesellokomotive mit Flüssigkeitsgetriebe von 550 PS gezeigt werden[1], die als größte typisierte Motorlokomotive aus der deutschen Baureihe der 40er Jahre vielfach ausgeführt worden ist. Die Lokomotive gehört der Bauform Wandler-Kupplung-Kupplung an und zeigt beim Übergang vom Wandler zur 1. Kupplung statt des idealen Knickpunktes der Gesamtzugkraftkurve eine geringfügige Unstetigkeit; beim Übergang von Kupplung 1 auf Kupplung 2 den besprochenen Sprung, der allerdings geringer ausgefallen ist, als bei der offenbar vorsichtig aus Elementarversuchen *voraus*berechneten (punktierten) Garantiekurve der Zugkraft. Die Abweichung nach unten von der Hyperbel ist also im oberen Geschwindigkeitsgebiet immerhin fühlbar, doch wird als Vorteil der hydraulischen Übertragung vor der stetigeren elektrischen der geringere Platz- und Gewichtsbedarf bei meist etwas besserem Gesamtwirkungsgrad der Übertragung angesehen.

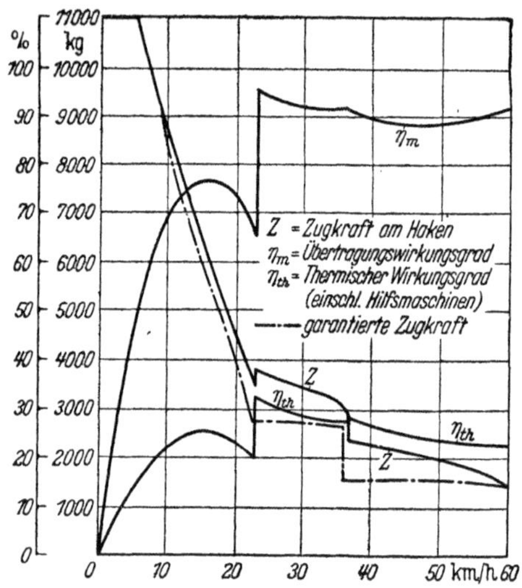

Abb. 24. Zugkraftdiagramm einer Diesellokomotive mit hydraulischer Übertragung (Wandler, 2 Kupplungen). (Aus: Glasers Annalen 1948.)

Was in Abb. 24 noch auffällt, ist die ungewöhnlich niedrige Lage der Reibungsgeschwindigkeit. Sie ist eine Folge der sehr kleinen Relation Motorleistung zu Reibungsgewicht 550 PS/60t. *Niedrige Reibungsgeschwindigkeiten* kommen aus dem gleichen Grunde auch bei Diesellokomotiven mit anderen Übertragungsarten vor. So zeigen große amerikanische dieselelektrische Lokomotiven, aus zwei oder drei *Einheiten* mit 8 oder 12 angetriebenen Achsen bestehend, bei einem Ansatz der

[1] Neumann: Die Entwicklung der dieselhydraulischen Motorlokomotiven. Glasers Ann. 1948, S. 35.

Haftreibungsziffer mit $\mu_h = 0{,}25$ eine Reibungsgeschwindigkeit von nur 15 km/h[1]. Hierbei ist allerdings die erste Anfahrzugkraft *sehr* hoch; freilich kann man mit ihr nur die kleine Anfahrspanne von 0 bis 15 km/h bestreiten, aber die Zugkraft bleibt absolut auch in dem sich anschließenden fallenden Teil der Zugkraftkurve $Z_e = f(V)$ noch recht beträchtlich. Der sehr hohe Anfangswert hat mehr die Bedeutung eines unbedingt sicheren Loskommens schwerster Züge nach Halt. Lokomotivleistungen je t Achsdruck wie bei rein elektrischen Lokomotiven kann man freilich bei Diesellokomotiven nicht erwarten; die elektrische Übertragung ist funktionell nur *Kupplung*, nicht primäres Agens.

d) Triebwagen. Wenn als verläßlichste Grundlage der Fahrzeitbestimmung stets die versuchsmäßig gewonnene Zugkraftkurve $Z_e = f(V)$ hingestellt wurde, so darf man bei der Behandlung der Triebwagen nicht übersehen, daß die Meßwagenuntersuchung vielfach unmöglich ist, nämlich in allen Fällen, wo dem Triebwagen eine Zughakenleistung gar nicht entnommen wird, d. h. bei *einzeln fahrenden Triebwagen* oder *dauernd verbundenen Triebwagenaggregaten*, z. B. den wichtigen Schnelltriebwagen. Nur die Steigungsfahrten solcher Fahrzeuge kann man so nachahmen, daß man auf horizontaler Versuchsstrecke fährt und die Schwerkraftkomponente durch den Widerstand eines geschleppten Wagens ersetzt, der ein leichter Sonder-Meßwagen für Triebwagen sein kann. Einen solchen Meßwagen mit Zugkraftmesser für Verbrennungstriebwagen hatte z. B. die Reichsbahn gebaut[2]; da nicht immer der *natürliche* Laufwiderstand des Meßwagens das Gewünschte darstellt, kann man gleichsam als Ersatz der Bremslokomotive im kleinen Maßstab, die Bremse des Meßwagens etwas anziehen. Wo ohnehin eine Anhängelast für den Triebwagen betrieblich vorgesehen ist, etwa als sog. Steuerwagen, ist ein solcher Meßwagen um so mehr am Platz. Es verbleibt aber doch der wesentliche Unterschied gegen den Lokomotivversuch, daß hier die Hauptleistung an den Zug abgegeben werden soll, während bei dem im Verhältnis zum Anhänger schweren Triebwagen dieser selbst in nicht unmittelbar meßbarer Weise den Hauptteil der primären Zugkraft erfordert.

Der Unterschied in der Dynamik des einzeln fahrenden Triebwagens besteht weiter darin, daß nicht die Beschleunigung aus der verfügbaren *Hakenzugkraft* minus Zugwiderstand und der *Zugmasse*, sondern aus der *Primärzugkraft* minus Triebwagenwiderstand und der *eigenen Triebwagenmasse* bestimmt werden muß. Bei Triebwagen mit Anhängern muß man natürlich deren Masse zuzählen. Die auch bei elektrischen

---

[1] Bericht von Wolff über einen Vortrag von Kiefer in der Inst. of Mech. Engineers in London. Glasers Ann. 1948, S. 8, Abb. 3.

[2] Hüttebräuker: Der Triebwagenmeßwagen der Deutschen Reichsbahn. Organ 1937, S. 448.

und Diesellokomotiven z. T. gebräuchlichen *indirekten* Meßmethoden müssen also hier zur Vorausberechnung der Zugkraftkurve Anwendung finden, und nur die oben behandelten, aber also nicht universellen Betriebsumstände sind der Meßwagenmethode zugänglich. Die Widerstandsformeln der Triebwagen, aus Auslaufversuchen ermittelt, sind zudem schon in Kap. V angegeben. Die Haftreibung der angetriebenen Achsen ist natürlich die gleiche wie bei den Lokomotiven.

Es verbleibt dagegen schließlich der Hinweis, daß in dem *motorischen* Verhalten Parallelität zu den Lokomotiven besteht. Auf die Abbildung von Triebwagen-Zugkraftkurven kann also wegen ihrer artmäßigen Übereinstimmung mit denen der Lokomotiven gleicher Maschinentypen verzichtet werden. Auch bei Gleichstromtriebwagen ist diese Übereinstimmung ziemlich weitgehend; so sieht das Zugkraftdiagramm der Berliner S-Bahn-Wagen ganz ähnlich gezackt aus, wie das oben gebrachte (Abb. 17) des Wechselstromtriebwagens, nur daß es sich nicht um Transformatorstufen, sondern Feldschwächungen und Widerstände handelt; an das untere *hyperbolische* Ende schließt sich dann noch einmal eine solche *Säge* für die Parallelschaltung an[1]. Das s-V-Diagramm eines dieselhydraulischen Triebwagens wird S. 86 gebracht.

Die Bevorzugung *elektrischer Triebwagenzüge für großstädtische Vorortstrecken* mit kurzen Bahnhofsabständen beruht einerseits auf dem gegen Lokomotivzüge wesentlich größerem Verhältnis Treibgewicht zum gesamten Zuggewicht, das die mögliche Anfahrbeschleunigung erhöht. Diese günstige Gewichtsrelation teilen an sich in der Regel auch anders angetriebene Triebwagenaggregate; wenn indes nicht eine große Motorleistung je t Treibgewicht hinzukommt, endet die große Anfahrbeschleunigung, wie gezeigt, schon bei einer niedrigen *Reibungsgeschwindigkeit.* Diese Motorbedingung erfüllt nun aber der aus einem leistungsfähigen Stromnetz gespeiste Elektromotor. Bei dem Fehlen des Beharrungszustandes spielen die Verluste in Vorschaltwiderständen eine weit geringere Rolle, infolgedessen wird hier oft der sich bei gleicher Nennleistung leichter bauende *Gleichstrommotor*, der auch nicht in jedem Triebfahrzeug eines Transformators bedarf, vorgezogen.

VIII. Das s-V-Diagramm und die Fahrzeitermittlung.

1. Die Aufstellung der s-V-Diagramme für Lokomotiven und Triebwagen.

Das Steigungs-Geschwindigkeits-(s-V)-Diagramm stellt die entscheidende Synthese von Lokomotivzugkraft und Zugwiderstand dar; man kann es als die zeichnerische Belastungstafel der betreffenden Lokomotivtype bezeichnen. Man wird sich dabei erinnern, daß es Belastungstafeln

[1] Elektrische Bahnen, Ergänzungsheft 1936, S. 107, Abb. 7.

in anderer Art schon lange gegeben hat, und zwar in einer Form, die auch heute noch, unter Ausgang von der erwarteten Kurve $Z_e = f(V)$ häufig von den Lokomotivfabriken benutzt wird, obwohl sie für die Zugdynamik des Eisenbahnbetriebes unbrauchbar ist. Man kann nämlich, indem man für eine regelmäßige Reihe von Geschwindigkeiten dem jeweiligen Z_e-Wert die Steigungen $s = 0, 1, 2, 3, \ldots$ zuordnet, aus der Formel

$$G_W = \frac{Z_e - G_L \cdot s}{w + s} = \frac{Z_e - G_L \cdot s}{a + b\,V + c\,V^2 + s}$$

diejenigen Zuggewichte berechnen, die von der Lokomotive in der Beharrung geschleppt werden können. Das Schema sieht z. B. so aus:

$s\,^0/_{00}$ \ V km/h	0	10	20	30	...	100
0						
1 = 1:1000						
2 = 1:500						
......						
25 = 1:40						

Auch in den Lokomotivverzeichnissen steht diese tabellarische Form als Orientierungsmittel noch heute. Da für einen runden V-Wert ein runder Z_e-Wert meist nicht vorliegen wird, und das gleiche für den spezifischen Widerstand w in der Waagerechten gilt, so fallen in den einzelnen *Kästchen* der Tabelle auch keine runden Wagengewichte an. Noch weniger kann man erwarten, daß dieselben Wagengewichte mehrfach wiederkehren, etwa einmal in stärkerer Steigung bei langsamer und bei schwächerer Steigung in schnellerer Fahrt. Bei der zugehörigen zeichnerischen Darstellung mit der Geschwindigkeit als Abszisse und dem Zuggewicht als Ordinate erscheint vielmehr die Steigung als Parameter. Wenn auch rein zahlenmäßig die Zusammenhänge richtig wiedergegeben sind, so kann man aus einer solchen Darstellung dynamisch, also bei veränderlichem V, nichts schließen, denn der Zugförderungsvorgang ist ja nicht so, daß auf konstanter Steigung das Zuggewicht wechselt, sondern bei *gleichbleibendem Zuggewicht* mit der Steigung sich die Geschwindigkeit ändert, und das zunächst immer noch auf die Beharrung bezogen.

Für das *ganze* Leistungsgebiet einer Lokomotive für eine bestimmte Inanspruchnahme stellt natürlich auch das Zuggewicht mathematisch eine Veränderliche neben Steigung und Geschwindigkeit dar, und so wäre die mathematische Wiedergabe in dem Koordinatensystem: Geschwindigkeit (x), Steigung (y) und Zuggewicht (z) eine räumliche krumme Oberfläche $f(x, y, z) = 0$ mit der Unstetigkeit einer über der Reibungsgeschwindigkeit verlaufenden stumpfen Kante. Ein solches *Gipsmodell* wäre indes für die Praxis unbrauchbar; man kann aber sogleich in eine *ebene* Darstellung im x-y-Felde übergehen, wenn man sich, wie bei den Höhenschichtenlinien einer Landkarte, auf *abgerundete* Zuggewichte beschränkt, und diese in die (Grund-)Ebene als Parameterkurven *niedersenkt*. *Die Fahrzeitermittlung eines bestimmten Zuges geht dann jeweils nur von einer bestimmten Linie dieser Kurvenschar aus*, was ja betrieblich zu fordern war.

Indem man von den Zuggewichten ausgeht, statt sie wie früher erst zu berechnen, kann man auch besser dem Verhalten der Widerstandsformeln gerecht werden, die bei den schnelleren Zügen wegen des Sogs am Zugschluß die Wagenzahl einbeziehen. Die ältere Methode der Belastungstafeln setzt eine dagegen gleichgültige Widerstandsformel, z. B. nach Strahl voraus; bildet das Zuggewicht den Ausgangspunkt, kann man genauere Formeln anwenden. Allerdings bleibt eine gewisse Ungenauigkeit auch dann noch, weil ein abgerundetes Wagengewicht keine ganze Wagenzahl darzustellen braucht, sondern je nach dem Einzelgewicht z. B. zu 11,7 Wagen führen kann. Dann würde man einen Schlußwagen mit Sog, und für den Luftwiderstand vorsichtshalber nicht 10,7 sondern volle 11 Wagen in Ansatz bringen. Darauf ist übrigens gleich hinzuweisen, *daß man immer auf den spezifischen Widerstand* (*kg*/*t*) *hinaus muß*. Der Gesamtwiderstand ist also durch Division mit G_W in w zu überführen. Jene Unschärfe verliert aber deshalb an Bedeutung, weil bisher fast nur besonders bevorzugte Schnellzüge aus völlig übereinstimmenden Wagen zusammengesetzt sind. Auch künftige *Doppelstockwagen* wird man zweifellos in geschlossenen Zügen verwenden. Sonst gibt es aber, selbst wenn man von den alten hölzernen D-Zug-Wagen absieht, Stahlwagen mit Oberlichtaufbau (ältere Form) und glattem Tonnendach (neuere Form), genietete und geschweißte, und dazu die neuen strömungsgünstigen Wagen mit Blechschürzen, sowie womöglich noch solche in ausgesprochener Leichtbauweise. Diese baulichen Unterschiede beeinflussen in erheblichem Maße das Eigengewicht mit Differenzen bis über 10 t je Wagen; und auch die Äquivalentflächen für den Luftwiderstand. Nur deshalb hatten wir uns ja oben praktisch für die Sauthoffschen Äquivalentflächen entschlossen, weil es zunächst Zutreffenderes noch nicht gibt, insofern wenigstens die *Gesamtwiderstandswerte* wirklichen Messungen entstammten. So kann also ein bestimmtes Wagengewicht eine etwas verschiedene Wagenzahl und damit auch ein etwas verschiedenes Angebot an Plätzen bedeuten, aber die Beibehaltung des Zug*gewichts* als Charakteristikum des Zuges ist doch nicht etwa nur etwas Konventionelles, sondern *für die Zugdynamik Unerläßliches*, insofern in der Dynamik Gewicht und Masse die ausschlaggebende Rolle spielen. Selbst die Menschenlast ist nicht ohne Einfluß; derselbe Wagenzug ist bei starker Besetzung nennenswert schwerer als bei schwacher, und auch das ist ein Grund, weshalb eine besondere Schärfe in der Festsetzung des Zuggewichts schwierig ist.

Aber nicht der Parametercharakter des Zuggewichts ist an sich der Ausgangspunkt des s-V-Diagramms gewesen, sondern die *Vertauschbarkeit der Steigung mit der Beschleunigungskraft je t*. Die Einzelkurve des s-V-Diagramms ($s = f(V)_{G_W}$) zeigt für die jeweils betrachtete Geschwindigkeit an, bei welcher Steigung s' die Zugkraft der programmäßig angestrengten Lokomotive mit dem Zugwiderstand einschl. des Steigungswiderstandes auch der Lokomotive *ausbalanciert* ist. Ist nun tatsächlich nur die kleinere Steigung s vorhanden, so setzt sich (bei entsprechender Handhabung der Lokomotive) die geodätisch nicht benötigte Steigungsdifferenz $s' - s$ in Beschleunigung um, Abb. 25. Da die Steigung, wie der Zugwiderstand ein Promillewert, nämlich kg/t ist, so stellt $s' - s$ natürlich noch nicht unmittelbar die Beschleunigung dar, sondern nur die *Beschleunigungskraft* in kg je t Zuggewicht, die gleichfalls einen kg/t-Wert bedeutet. Die Beschleunigung selbst und mit ihr die Konstruktion des Geschwindigkeitsverlaufs werden wir weiterhin noch betrachten. Nur das sei gleich erwähnt, daß auch Verzögerungen trotz arbeitender Lokomotive vorkommen, dann nämlich, wenn ein Zug schnell in eine starke Steigung einfährt, während mit der zunächst noch großen Geschwindigkeit nur die Steigung s in der Beharrung befahren werden könnte. In solchen Fällen ist also $s' - s < 0$, und V fällt.

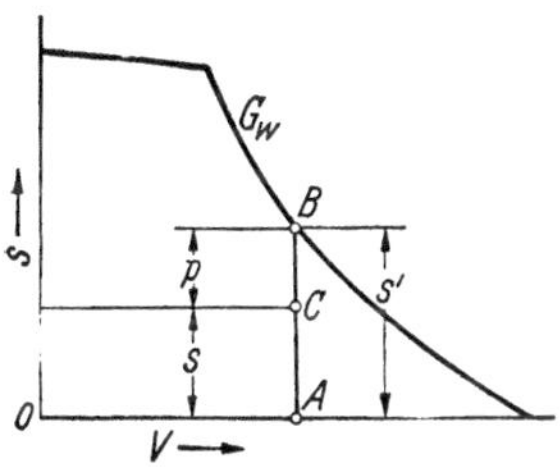

Abb. 25. Vertauschbarkeit von Steigungsüberschuß und Beschleunigungskraft.

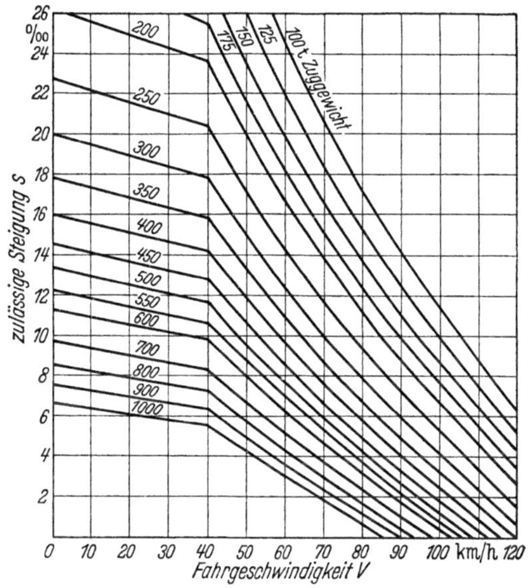

Abb. 26. s-V-Diagramm der (leichteren) Reichsbahn-Schnellzuglokomotive 03 (für D-Züge).

Um gleich einen Eindruck eines *s*-*V*-Diagramms zu ermitteln, sind in Abb. 26 das der leichteren Schnellzuglokomotive 03 der Reichsbahn und in Abb. 27 das der schweren elektrischen Güterzuglokomotive E 94 wiedergegeben. Hierzu gehören die bereits oben auf S. 64 gebrachten Bemerkungen.

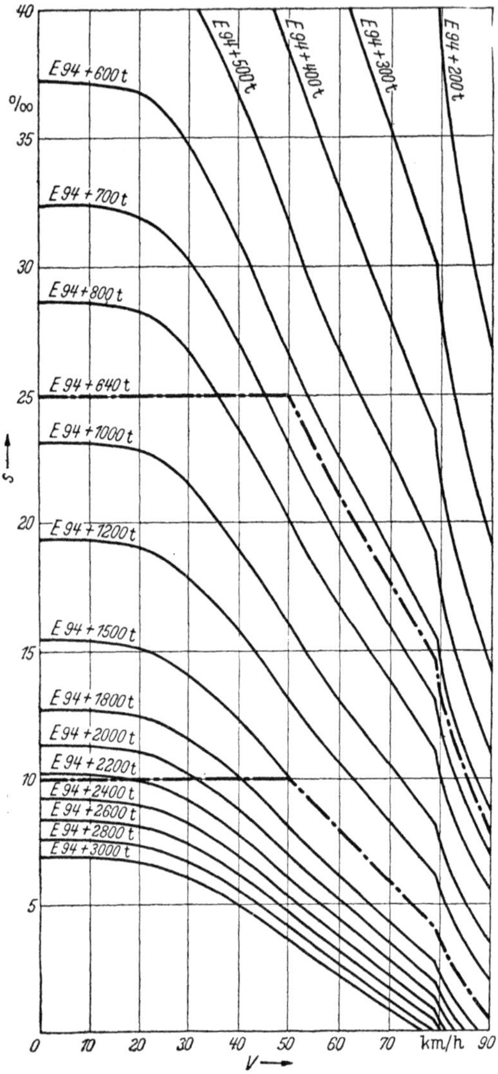

Abb. 27. *s*-*V*-Diagramm der elektrischen Güterzuglokomotive E 94 der Bundesbahn. (Quelle: Eisenbahn-Zentralamt München.)

Auf eins ist noch besonders hinzuweisen: *Das s-V-Diagramm ist* so gut wie die ältere Tabellenform sozusagen *eine Gleichgewichtsfigur für den Beharrungszustand.* Man kann nicht unbedingt damit rechnen, die möglichen eigentlichen Betriebsleistungen in ihr wiedergegeben zu finden. Z. B. kann man auf einer Horizontalen, die sich an eine längere Steigung anschließt, eigentlich nur bei deren sehr großer Länge die nach dem Diagramm scheinbar mögliche Geschwindigkeit erreichen und muß also, wenn man sie großenteils verwirklichen will, ein etwas kleineres Zuggewicht wählen. Eine exakte Berechnung oder graphische Konstruktion darf deshalb im *s*-*V*-Diagramm an sich nur *das Hilfsmittel zur Fahrzeitermittlung, nicht die Wiedergabe der wirklichen Betriebszustände* erblicken. Immerhin bildet es wenigstens die Größenordnung zutreffend ab, und seiner Verwendung zu *Leistungsvergleichen* zweier Lokomotiven stehen Bedenken kaum gegenüber, da die Abweichung vom Beharrungszustand ja in beiden Fällen auftritt.

Auch der elektrische Zugbetrieb betrachtet die in seinen Leistungstafeln angegebenen *Anhängelasten* bei verschiedenen Geschwindigkeiten und Steigungen, berechnet auf Grund der Stundenleistungen der Triebfahrzeuge, als gültig für die Fahrt in der Geraden im *Beharrungszustand.* Die für die Beschleunigung der Züge erforderliche Leistung steht in dem durch die Anfahrleistung gegebenen Überschuß ja ausreichend zur Verfügung. Indem bei der Herkunft der Anhängelasten auch auf Betriebserfahrungen hingewiesen wird und sie als Richtwerte bezeichnet werden, die von den Eisenbahndirektionen auf Grund ihrer Erfahrungen in gewissem Grade vergrößert oder vermindert werden dürfen, fehlt freilich die den Anfänger beruhigende Eindeutigkeit. Die Entscheidung ist keine unbedingt feste, formelmäßige mehr, wenn auch der Umgang mit dem s-V-Diagramm auf Grund der endgültig beschlossenen Zugkraftlinie der gleiche bleibt. Im übrigen gilt in Zweifelsfällen der Meßwagen als entscheidende Instanz, so daß das in diesem Buch vertretene Primat des Versuchs auch hier in Geltung bleibt.

Nun zur *Aufstellung des Steigungs-Geschwindigkeits-Diagramms*: In der Waagerechten, auf die sich ja die grundlegende Zugkraftkurve $Z_e = f(V)$ bezieht, steht für eine bestimmte Geschwindigkeit V die Zugkraft Z_e zur Verfügung. Ist nun w kg/t der spezifische, V zugeordnete Zugwiderstand für $s = 0$, so könnte ein Zug vom Gewicht G'_W geschleppt werden: $G'_W = Z_e/w$. Diese Gleichung wird indes immer nur einmal angewandt. Für $V = 0$, also das erste Anziehen bzw. für sehr langsame Fahrt mit noch zu vernachlässigendem Luftwiderstand ist G'_W sehr groß, da w hierbei seinen niedrigsten Wert annimmt. Für den allgemeinen Fall der Steigung s und ein *gewähltes* Zuggewicht G_W — davon gingen wir ja aus — muß folgende Beharrungsgleichung angeschrieben werden:

$$Z_e - G_L \cdot s = G_W (w + s).$$

Links steht die durch den Abzug der Schwerkraftkomponente der Lokomotive verkleinerte, noch verfügbare Hakenzugkraft, rechts der durch Hinzufügung der Schwerkraftkomponente $G_W \cdot s$ vergrößerte Zugwiderstand. Ersetzen wir nun das Z_e durch $G'_W \cdot w$, so ändert sich die Gleichung in

$$G'_W \cdot w - G_L \cdot s = G_W (w + s)$$

mit der Auflösung

$$s = \frac{G'_W - G_W}{G_L + G_W} \cdot w, \tag{1}$$

eine zuerst von Sanzin gegebene Formel.

Da der spezifische Zugwiderstand w mit der Wagengattung bzw. Zugtype wechselt, so müssen gleiche Lokomotiven für Verwendung vor *verschiedenen Zuggattungen auch verschiedene s-V-Diagramme erhalten, z. B. für Personenzüge und Güterzüge.*

Das praktische Vorgehen ist so, daß man für die Geschwindigkeiten $V = 0, 10, 20, 30, \ldots$ km/h die verschiedenen $w_0, w_{10}, w_{20}, w_{30}, \ldots$ kg/t und daraus die G'_W-Werte bestimmt. Dann nimmt man die abgerundeten Zuggewichte für das gesamte beabsichtigte Betriebsgebiet, möglichst noch mit etwas weiter auseinander gezogenen Grenzen, etwa bei Schnellzügen 800, 700, 600, 500, ... t bis herab zu 100 t mit feinerer Staffelung als nach 100 t im Gebiet der leichteren Züge — und berechnet daraus nach Gl. (1) für die einzelnen V-Werte und das jeweils konstant gehaltene Zuggewicht die den einzelnen Geschwindigkeiten zugeordneten, in der Beharrung *beherrschbaren* Steigungen. Verbindet man diese, nun natürlich im allgemeinen unrunden s-Punkte als Ordinaten über V, so erhält man die bereits in den Beispielen der Abb. 26/7 gezeigten Kurvenscharen. Dazu wäre noch zu bemerken, *daß sich der Unstetigkeitspunkt über der Reibungsgeschwindigkeit von der Zugkraftkurve auf die Parameterkurven der Zuggewichte überträgt.* Die gleichmäßige Staffelung der Geschwindigkeitssprünge wird deshalb im Interesse genauer Aufzeichnung noch durch V_r als Zwischenwert ergänzt, z. B. für 30, 40, V_r, 50, 60 km/h. *Hat die Zugkraftkurve mehrere Knicke, wie bei einem Dieselfahrzeug mit mehrstufiger mechanischer Kupplung oder Flüssigkeitswandler-Kupplung, so geben auch die Parameterkurven diese Knicke über den betreffenden Schaltgeschwindigkeiten wieder.*

Ein Unterschied zwischen der — *einmaligen* — Zugkraftkurve und den Zuggewichtskurven liegt insofern vor, als die erstere ein gewisses hyperbolisches Aussehen noch vortäuscht, während die Gewichtslinien die Abszissenachse klar durchschneiden. Wirklich asymptotisch ist aber auch die Zugkraftkurve natürlich nicht; bei immer weiter gesteigerter Geschwindigkeit kommt schließlich der Augenblick, wo die verfügbare Motorleistung nur noch zur schnellen Fortbewegung der Lokomotive allein ausreicht und eine Hakenzugkraft nicht mehr abgegeben werden kann. Dieser Durchschnittspunkt der Abszissenachse liegt allerdings bei den mittelgroßen und großen Lokomotiven weit jenseits der *betrieblichen* Geschwindigkeiten. Die Durchschnittspunkte der Zuggewichtskurven bedeuten dagegen, daß die Züge der betreffenden Gewichte auf der Waagerechten eben noch im Beharrungszustand gefahren werden können. *Die Grundlinie des s-V-Diagramms hat nämlich die doppelte Bedeutung, daß sie sowohl Abszissenachse ist, als auch die Steigungsordinate* 0 *darstellt.* Man kann an sich die ganze Kurvenschar noch nach unten, für negative Steigungen ($-s$) als Gefälle, fortsetzen. Das würde, wie man leicht aus den Diagrammen erkennt, aber nur zu abnorm großen Zuggewichten oder übermäßig hohen Geschwindigkeiten führen. Züge abnormer Gewichte könnte man aber in der Gegenrichtung nicht auch bergan schleppen, und übermäßige Geschwindigkeiten nicht mehr bremstechnisch beherrschen. Mit sehr leistungsfähigen elektrischen Lokomotiven, z. B. den deutschen E 18 und E 19, kann man auf $s = 0$ Geschwindigkeiten erreichen, die nach den Bremsvorschriften nicht mehr zulässig sind. Aus diesen Gründen kommt die an sich natürlich existierende Ebene unter der Abszissenachse (negative s-Werte) für die Praxis nicht in Betracht. Nur für die *zeichnerische Verfolgung des Auslaufvorganges,* den wir oben rechnerisch behandelten, ist diese untere Bildebene brauchbar, dann aber also nicht für die *aktive* Lokomotive, sondern den verhältnismäßig schwach bremsenden Eigenwiderstand, und insofern in Übereinstimmung mit dem Wesen des s-V-Diagramms, als — weil die nicht ausgenutzten Steigungen verfügbare Beschleunigungswerte vertreten — negative Steigungen Verzögerungen wiedergeben können. Wir werden das an einem Beispiel weiter unten noch sehen (S. 96).

Eine besondere Bemerkung erfordern die *s-V-Diagramme der Triebwagen.* Die bisherigen Ausführungen galten ja der Lokomotive, die an ihrem hinteren Zughaken eine Zugkraft abgibt, die sich mit dem Widerstand des nachfolgenden Zuges dynamisch auseinanderzusetzen hat. Das ist indes für einen einzeln fahrenden Triebwagen unbrauchbar; hier folgt kein Zug im üblichen Sinne und fehlt eine Zugkraft am Haken. Für den Beharrungszustand möchte das noch angehen; aus dem durch Auslaufversuch festgestellten Triebwagenwiderstand ist die Leistung zu finden, die über den Übertragungswirkungsgrad zur Motorleistung führt. Aber die Regel ist die *ungleichförmige* Geschwindigkeit, und so muß auch hier wieder eine *Beschleunigungsgleichung* den Ausgangspunkt bilden. Die ist nun einfach so zu erhalten, daß man den Motor (oder die Summe der Motoren) als eine gewichtslose Lokomotive ansieht, die am Abtriebsende der Motorkupplung die in Zugkraft umgerechnete Leistung ($Z = 270\ N/V$) abgibt, und damit dem Zugwiderstand = Triebwagenwiderstand gegenübertritt, also aus ihrem Überschuß darüber beschleunigt. An sich wäre diese Vorstellungsweise auch auf den Lokomotivzug anwendbar, indem man von der *indizierten* Zugkraft ausgeht und die Begriffe Zugmasse und Zugwiderstand auf den *gesamten* Zug *einschl. der Lokomotive* ausdehnt. Es wurde indes oben dargelegt, weshalb die experimentelle Zuverlässigkeit uns auf den *Zughaken* verweist. U. U. bedeutet beim Triebwagen die *Trennfuge* zwischen *Lokomotive* und *Zug* eine gewisse experimentelle Unsicherheit; wenn man für den Auslaufversuch die Motoren nicht abkuppeln kann, erscheint der Zugwiderstand zu groß, anderseits wird bei möglicher Trennung für die Beschleunigungsvorgänge die Masse zu klein, da bei der Übersetzung ins Schnelle — von den eigentlichen Wagenrädern herkommend — die rotierenden Motormassen ein großes ζ ergeben. Ein großes ζ tritt an sich auch bei elektrischen und Diesellokomotiven auf, wird aber bei dem Durchschnittscharakter des ζ für den ganzen Zug (S. 5, 93) insofern stark gedämpft, als die Lokomotive nur einen *Teil* des *gesamten* Zuggewichts ausmacht.

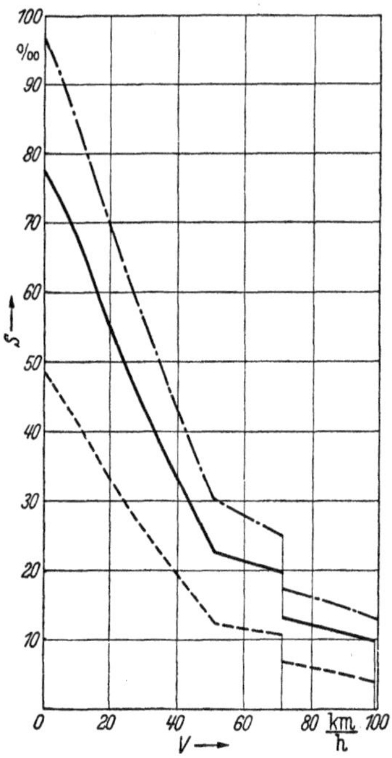

Abb. 28. *s-V*-Diagramm eines dieselhydraulischen Triebwagens ohne und mit Steuerwagen. (Quelle: Eisenbahnzentralamt München.)

Auch insofern stellt das *s-V*-Diagramm eines einzelnen Triebwagens (auch Doppelwagens, aber ohne willkürlich beizugebende Steuer- oder Anhängewagen) einen Unterschied dar, als an sich *nur eine Kurve* aus der *Z*-Kurve zustande kommt, nämlich eben für sein Eigengewicht, im Gegensatz zu der Kurven*schar* der verschiedenen Zuggewichte bei der Lokomotive. Wird ein Steuerwagen (Anhängerwagen mit Führerabteil) mitgenommen, so kommt freilich noch eine tiefer liegende Kurve zustande (und so weiter bei mehreren Anhängern). So zeigt Abb. 28 das *s-V*-Diagramm des 4achsigen dieselhydraulischen 360 PS-Nebenbahn-Triebwagens der Bundesbahn; ausgezogen ist die Linie für den besetzten Triebwagen allein mit normal angestrengtem Dieselmotor; wesentlich darunter liegt die Linie für die Mitnahme eines ebenfalls besetzten Steuerwagens. Für die Ermittlung der kürzesten Fahrzeit wird der unbesetzte Triebwagen mit etwas überlastetem Motor zugrunde gelegt (obere Kurve). Die Unstetigkeiten, bzw. Sprünge der Kurven entsprechen den Umschaltvorgängen des *hydraulischen* Getriebes.

2. Die zeichnerische Fahrzeitermittlung; Notwendigkeit bestimmter Maßstäbe und Genauigkeitsfragen.

Für die systematisch-exakte Erörterung stelle ich nun, schärfer als es sonst geschieht, drei Punkte besonders heraus:

1. *Wenn auch das Ziel der Fahrzeitermittlung eben die Beförderungszeit ist, so darf auf keinen Fall auf die Feststellung des Geschwindigkeitsverlaufs verzichtet werden*, selbst wenn man unter dessen Umgehung unmittelbar zur Fahrzeit gelangen könnte. Die Geschwindigkeiten, zu denen man zunächst nach dem *s-V*-Diagramm gelangt, sind die der betriebsmäßig voll angestrengten Lokomotive. Erfordern die Begleitumstände keinerlei Beschränkung, so ist auf diesem Geschwindigkeits-

verlauf die Fahrzeit aufzubauen, und höchstens ein bescheidener Zuschlag zu geben (3 bis 5 %), damit kleinere Verspätungen noch ohne Überschreitung der vollen Normalanstrengung wieder eingefahren werden können. Meist sind indes gewisse Beschränkungen zu beachten. Die Geschwindigkeit darf nämlich nicht größer werden, als sie der Oberbauzustand und die Art der zur Zugbildung benutzten Fahrzeuge erlauben, oder als sie für die verschiedenen Zuggattungen festgesetzt sind. Weiterhin spielt die Ausrüstung der Züge mit Bremsen namentlich in Gefällen eine Rolle, und auch bei bestem und schwerstem Oberbau zwingen die Krümmungen je nach dem Halbmesser zu unter Umständen erheblichen Geschwindigkeitsminderungen. Von diesen Geschwindigkeiten handelt insbesondere in ihren §§ 55 und 66 — Brems- und Geschwindigkeitsparagraphen — die deutsche Eisenbahn-Bau- und -Betriebsordnung, die für Hauptbahnzüge z. Z. 135 km/h als Höchstgeschwindigkeit benennt. Zu den grundsätzlichen Geschwindigkeitsbeschränkungen treten u. U. noch lokale, etwa für das Durchfahren mancher Bahnhöfe. Immerhin sind auch sie dauernder Art, während die vorübergehenden Langsamfahrstellen bei Streckenumbauten in den Fahrplan nicht eingearbeitet werden. Immer wenn die beschränkten Geschwindigkeiten unter den leistungsmäßig möglichen liegen, ist *die abgesenkte Geschwindigkeitslinie über dem betreffenden Streckenabschnitt das Maßgebende*, und schon um zu erkennen, ob solche Senkungen notwendig sind, muß zunächst die Geschwindigkeitslinie nach der *Leistung* ermittelt werden, die übrigens ja zum tieferen Einblick gehört und für eine Betriebswissenschaft von Niveau unentbehrlich ist.

2. Während die Bewegungsvorgänge der allgemeinen Mechanik als Funktionen der Zeit dargestellt werden, *muß die Zugförderung zweckmäßig den Weg als Abszisse benutzen.* Darauf weist einerseits ein Teil der eben behandelten Geschwindigkeitsbegrenzungen hin, die als Kurven kleineren Halbmessers, als gewisse Bahnhöfe oder Streckenabschnitte schwächeren Oberbaus natürlich *ortsgebunden* sind. Anderseits zwingt dazu der schon erwähnte Grundgedanke des s-V-Diagramms, die *nicht ausgenutzten* Steigungen in Beschleunigungen umzusetzen. In einem Augenblick, wo die Steigung wechselt oder nach einer Waagerechten einsetzt, tritt plötzlich eine andere Beschleunigung auf. Wir werden gleich sehen, daß sich das in einem Polwechsel gewisser Fahrstrahlen äußert. Auch der *Steigungswechsel* ist natürlich nicht von der Zeit, sondern vom *Ort*, also vom Wege, abhängig.

3. *Die zeichnerische Fahrzeitermittlung mit dem s-V-Diagramm ist an bestimmte Maßstabbeziehungen gebunden.* Dabei handelt es sich um mehrere Größen verschiedener physikalischer Dimension, noch dazu gleichzeitig in zwei Figuren auftretend. Hierfür zunächst ein teilweise grundsätzlicher Nachweis:

In Abb. 29 greift die rechte Kurve ein kleines Stück der Geschwindigkeitslinie über dem Wege heraus, und zwar nimmt die Geschwindigkeit über dem Wegstück Δl um Δv zu, wobei man auf dem Zeichenblatt von gleichen Geschwindigkeitssprüngen Δv (entsprechend $\Delta V = 10$ km/h, nur bei großen Geschwindigkeiten etwa 5 km/h) ausgeht. Dieser Zuwachs geschieht unter der Wirkung einer Beschleunigung b, und es ist natürlich $\Delta v = b \cdot \Delta t$. Nun stellt aber das s-V-Diagramm nicht die Beschleunigungen b, sondern nur erst die spezifischen Beschleunigungs*kräfte* p kg/t dar, allerdings proportionale Werte $b = c \cdot p$, wobei aber

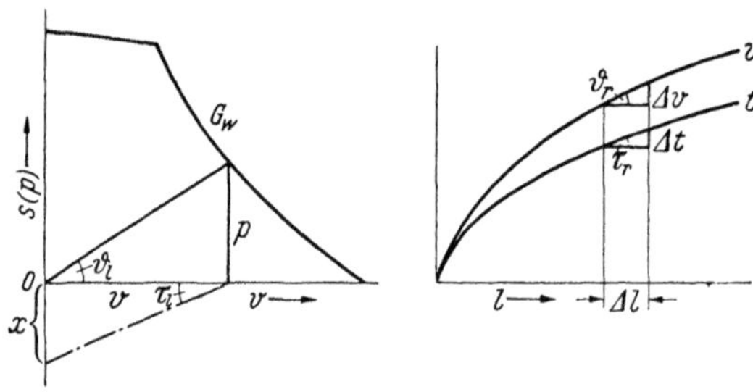

Abb. 29. Ähnlich zu machende Dreiecke der Geschwindigkeits- und Zeitlinien-Konstruktion mit dem s-V-Diagramm.

der Proportionalitätsfaktor c keineswegs nur ein Zahlenwert ist, sondern auch eine physikalische Dimension besitzt. Es besteht die Identität

$$\Delta v = \Delta l \left(\frac{\Delta v}{\Delta l}\right) = \Delta l \cdot \operatorname{tg} \vartheta_r ;$$

führen wir hierin für Δv seinen eben festgestellten Wert $c \cdot p \cdot \Delta t$ und zugleich für Δl seinen Betrag $v \Delta t$ ein, so erhalten wir

$$\Delta v = \Delta l \cdot c \cdot \frac{p}{v} = \Delta l \cdot c \cdot \operatorname{tg} \vartheta_l .$$

Diese Gleichung gilt stets; *zeichnerisch* steht dabei rechts Δv mit dem Maßstab der Geschwindigkeitslinie in der rechten Figur, links das p/v aber in den Maßstäben des s-V-Diagramms (s/V), wobei p im Maßstab mit der Steigung identisch ist; Δl führt den Längenmaßstab der Strecke, und zu dem c-Wert gelangen wir durch Anwendung des Grundgesetzes der Mechanik (Beschleunigungssatz). Wir sehen also, daß wir nur über einen Teil der Maßstäbe verfügen können, die anderen dann durch unsere Gleichung festgelegt sind. Dabei geht man in der Praxis noch so vor, daß das zunächst in m/s vorausgesetzte v dem Eisenbahn- (und Verkehrs-)gebrauch gemäß durch V km/h und die Länge l in m durch km ersetzt wird. Insofern man noch Gleichheit der beiden Winkel ϑ_r und ϑ_l fordert, um zum Arbeiten mit Parallelen befähigt zu sein, erhellt jedenfalls, daß die qualitative Einsicht in die Zusammenhänge durch Ermittlung der Maßstäbe und ihrer Beziehungen ergänzt werden muß, um zu wirklichen zahlenmäßigen Ergebnissen zu gelangen. Da wir über die spezielle Art der Linienkonstruktion, deren es mehrere gibt, keinerlei Voraussetzungen getroffen haben, gilt die Existenz notwendiger Maßstabbeziehungen ganz allgemein.

Von diesen Methoden (Strahl, Unrein, Müller, Caesar und Velte), die im „Organ" 1924 von Dittmann in gleicher Weise dargelegt sind, indem jedesmal zunächst die praktische graphische Konstruktion, dann der Beweis der Richtigkeit — allerdings ohne die eben behandelten logischen Forderungen genügend scharf herauszuarbeiten — gebracht wird, wähle ich hier diejenige von Strahl, weil sie einfach mit Parallelen, ohne besondere Schablonen arbeitet, und deshalb m. E. auch für den Hochschulvortrag die *geschickteste* ist. (Sie stimmt, ohne gegenseitige Fühlungnahme, mit der russischen von Lipetz nahe überein.) Vor der näheren Erörterung halte ich noch drei Bemerkungen für notwendig:

1. Der schon genannte große Geschwindigkeitssprung $\Delta V = 10$ km/h erscheint wohl im ersten Augenblick etwas bedenklich. Der *polygonale* Anblick der Geschwindigkeitslinie weicht indes von einem stetigen Kurvenbild nicht sehr ab; außerdem würde die Zeichnung, bei der es sich ja immer darum handelt, das folgende Kurvenstück durch den Schnittpunkt des vorhergehenden mit der betreffenden Horizontalen (z. B. für 80 km/h) zu legen, durch eine Vielzahl von Schnittpunkten (z. B. für $\Delta V = 2$ km/h) kaum genauer, aber auf jeden Fall viel zeitraubender. Ehrensberger und Lubimoff (Diss.) haben das — bescheidene — Ungenauigkeitsmaß auf verschiedene Weise untersucht — der letztere hat mit dem Verfahren einer *Krümmungshyperbel* 0,5 % gefunden[1] —; indes darf man nicht vergessen, daß ja auch der zeichnerische Zugkraftverlauf und die formelmäßigen Zugwiderstände die Wirklichkeit nicht unbedingt genau wiederzugeben brauchen, ja daß die Zugkraft schließlich vom Lokomotivführer *gehandhabt* wird. Ihren etwas sprunghaften Verlauf statt der unterstellten stetigen Idealkurve hatten wir außerdem oben mehrfach festzustellen; erst wenn er besonders große Dimensionen annimmt, wird die *geknickte* Kurve auch ausdrücklich in das s-V-Diagramm übernommen. *Deshalb wohnt der Zugdynamik bei aller Schärfe ihres logischen Aufbaus zahlenmäßig doch nur ein gewisser Näherungscharakter inne.* Das ist natürlich nicht so zu verstehen, daß der Lokomotivführer nicht genau die ermittelten Fahrzeiten innehalten könne, sondern nur so, daß dann möglicherweise nicht genau die vorausgesetzten Zugkräfte und -widerstände vorliegen. Auch der Umstand gehört übrigens noch in die Richtung der Genauigkeit, daß ein Zug ja ein Massengebilde von erheblicher Länge ist, also niemals die Gesamt-

[1] Nordmann: Die Mechanik der Zugförderung. Glasers Ann. 1932, II, S. 94.

masse *gleichzeitig* die Steigung wechselt. Die Betrachtung als Massenpunkt, der das tut, ist also eigentlich ungenau, bewahrt aber vor dem zeitlich gar nicht durchführbaren Vorgehen, für *jeden* der oft vielen Steigungswechsel einer längeren Strecke und für *jeden* Zug eine besondere Integration vorzunehmen, bei der der Zug mit dem veränderlichen Anteil $G \cdot x$ schon in der neuen Steigung sich befindet, während $G(1 - x)$ noch in der alten steckt.

Übrigens entspricht auch das insofern noch nicht der Wirklichkeit, als zur Vermeidung eines scharfen Knicks das Gleis mit einer, in § 10 bzw. 7 der B. O. vorgeschriebenen Ausrundung verlegt wird. Nachdem früher schon LOMONOSSOFF[1] und LUBIMOFF (Diss. T.H. Berlin) den Einfluß der endlichen Zuglänge auf die Fahrzeit geprüft und als praktisch unerheblich bezeichnet hatten, hat in neuerer Zeit BRETSCHNEIDER[2] für eine Reihe von Fällen den Geschwindigkeits- und Zeitverlauf für Neigungswechsel bei verschiedener Zuglänge untersucht; er kommt zu dem Ergebnis, *daß die Fahrzeitunterschiede (seiner Beispiele) nicht so verschieden sind, daß die immerhin umständliche und nur in größerem Zeichnungsmaßstab mögliche, genaue Ermittlung im praktischen Einzelfall als lohnend betrachtet werden kann.* Dabei habe er für seine Untersuchung eine niedrige Geschwindigkeit gewählt; bei höheren Geschwindigkeiten trete die zeitliche Bedeutung der Unterschiede im Geschwindigkeitsverlauf bedeutend zurück. So wird man also sagen können, daß die Nichtberücksichtigung der endlichen Zuglänge die Annäherung durch Operieren mit einem Massenpunkt praktisch nicht einmal verschlechtert.

Noch eine Eigentümlichkeit bedingt der ziemlich große Geschwindigkeitssprung. Von den beiden in Abb. 29 betrachteten ähnlichen rechtwinkligen Dreiecken müßte bei mathematisch strenger Lösung das eine eigentlich ein Elementardreieck, also mit der Kathete dv statt Δv, sein. Dann wäre auch p eindeutig. Indem man jedoch mit Δv operiert (ΔV im üblichen Maßstab) hat man für das betrachtete Intervall V bis $V + \Delta V$ zwei schon nennenswert verschiedene spezifische Beschleunigungskräfte p_1 und p_2 zu Anfang und Ende des Abschnitts. Man wählt dann in der zeichnerischen Darstellung dasjenige p für die ähnlichen Dreiecke, das zu $V + {}^1/_2 \Delta V$ gehört, z. B. für die Geschwindigkeitszunahme von 60 auf 70 km/h das p über 65 km/h. Das bedeutet an sich natürlich auch eine kleine Ungenauigkeit.

2. Im s-V-Diagramm, wie es bisher betrachtet wurde, schien die Hypotenuse des p-V-Dreiecks den Charakter eines durch 0 gehenden Radiusvektors zu haben. Das gilt indes nur für die Waagerechte, wo p wegen Fehlens einer Steigung mit dem vollen s-Wert vertauschbar ist.

---

[1] Lokomotivversuche in Rußland. Berlin 1925, VDI-Verlag, S. 305.

[2] BRETSCHNEIDER: Elektrische Bahnen, Ergänzungsheft 1941, S. 149.

Ist der Zug in einer Steigung s, während s' noch von der Lokomotive bewältigt werden könnte, so steht nur der Steigungs*unterschied* noch für die Beschleunigung zur Verfügung: $p = s' - s$. In Abb. 30 ist in der gewählten G-Linie des s-V-Diagramms bei V die Steigung s' beherrschbar, und die Hypotenuse 1 als Radiusvektor durch 0 bedeutet den zuerst behandelten Fall, der Radiusvektor 2 durch den Punkt s der Ordinatenachse den zweiten mit $p = s' - s$. Man kann den Punkt s als den neuen Pol bei Einfahrt in die Steigung bezeichnen, und sieht: *jeder Steigungswechsel bedeutet einen Polwechsel.* In der Abb. 30 sind noch die Fälle vorgesehen: $s = s'$; in diesem Fall wird der Radiusvektor 3 im Bilde waagerecht und es tritt also mit fehlender Beschleunigung Beharrung ein; bei $s > s'$, fällt der Radiusvektor 4 nach rechts, und trotz arbeitender Lokomotive tritt eine Verzögerung ein (Fall stärkerer Steigungen), endlich bringt $s < 0$ einen besonders steilen Radiusvektor 5 (starke Beschleunigung), weil die Lokomotivkraft noch durch die Schwerkraftkomponente des Zuges unterstützt wird. Insgesamt ist also *das Vorhandensein einer größeren oder kleineren Beschleunigung an der Steigung des Fahrstrahls zu erkennen.* Übrigens braucht selbstverständlich bei Konstruktion der Geschwindigkeitskurve mit je $\Delta V = 10$ km/h der Steigungswechsel nicht auf einen vollen Zehnerwert der Geschwindigkeit von V zu fallen; über der Abszisse des Steigungswechsels hat der bisherige Verlauf der Geschwindigkeitslinie dann sofort abzubrechen, ohne den vollen Zehnerwert abzuwarten. Wie man sich in einem solchen Falle hilft, werden wir weiter unten erörtern.

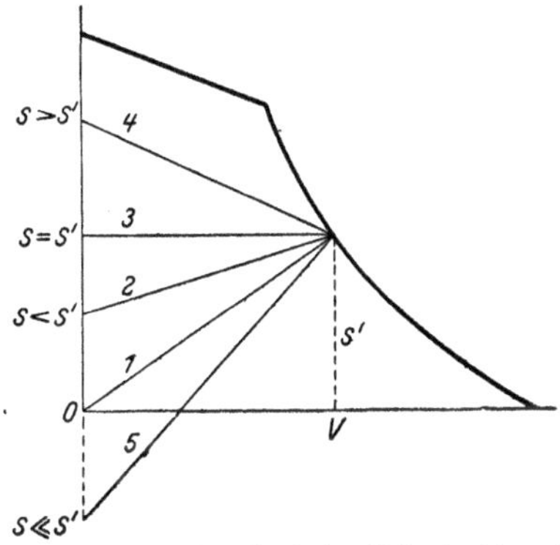

Abb. 30. Polwechsel des Fahrstrahls mit der Steigung bei der Geschwindigkeitskonstruktion.

3. Überblickt man die kleinen Ungenauigkeiten, so kann man fragen, weshalb man das zeichnerische Annäherungsverfahren einer *analytischen Behandlung*, die also eine Integration sein müßte, vorzieht oder ob man es nicht überhaupt an Stelle einer Integration setzen *muß*. Die Beschleunigungsgleichung

$$\frac{dv}{dt} = \frac{Z_e - W}{M(1 + \zeta)}$$

setzt nämlich für ihre Integrierbarkeit voraus, daß wie W auch Z als algebraische Funktion von v bekannt ist. Bei der zeichnerisch-empirischen Auffindung der Funktion $Z_e = f(V)$ müßte man indes dafür erst eine Näherungsgleichung suchen. Gelänge das aber auch, so bliebe immer noch fraglich, ob diese so ausfällt, daß

$$dt = M\,(1+\zeta)\,\frac{dv}{Z_e - W}$$

einen integrierbaren Ausdruck liefert. Dazu tritt die Schwierigkeit der Grenzen: Der Zugwiderstand unterliegt der Unstetigkeit des Steigungswechsels; aber die Geschwindigkeit, bei der ein geändertes W einen neuen Integrationsabschnitt herbeiführt, ist vorerst nicht bekannt; der Wechsel — Integrationsgrenze — ist ja nicht an das V, sondern den *Ort* gebunden. *Es fehlt dem analytischen Vorgehen also völlig die Anschaulichkeit und Urteilssicherheit der schrittweise entwickelten Geschwindigkeitslinie des zeichnerischen Verfahrens.*

Wenn wir nunmehr also zur *Konstruktion der Geschwindigkeitslinie* nach dem Verfahren von STRAHL schreiten, so haben wir oben bereits vorweggenommen, daß dieses mit der Parallellenmethode arbeitet, und auch schon die maßgeblichen Dreiecke angedeutet, die — weil beide rechtwinklig — durch die übereinstimmenden spitzen Winkel $\vartheta_r = \vartheta_l$ (Abb. 29) einander ähnlich werden; das rechte Dreieck wäre, wie bemerkt, im Grenzfall ($\lim \Delta v = dv$) als *Elementardreieck* zu bezeichnen.

Für die Erörterung der Maßstabfrage wählen wir am besten gleich die STRAHLschen Maßzahlen, und auch schon mit für die Zeit. Dabei sind die *absoluten* Größen mit den üblichen Buchstaben, die *maßstäblichen* Größen mit den gleichen Buchstaben in eckigen Klammern bezeichnet. Die Indizes l und r bezeichnen die linke und rechte Figurenhälfte. Es soll also sein:

Links (im s-V-Diagramm)		.rechts (im Geschwindigkeits-Zeitbild)	
1 km/h	Maßstab $\alpha = 2$ mm	1 km/h	Maßstab $\varepsilon = 1$ mm
$1^0/_{00}$ s oder p	„ $\gamma = 12$ mm	1 km	„ $\beta = 20$ mm
		1 Min.	„ $\mu = 10$ mm

Dann ist also

$[V]_l = \alpha\,V$	$[V]_r = \varepsilon \cdot V$
$[p] = [s] = \gamma \cdot s$	$[l] = \beta \cdot l$
	$[T] = \mu \cdot T$

Die Tangenswerte der verglichenen Dreieckswinkel betragen maßstäblich:

$$\operatorname{tg}\vartheta_l = \frac{[p]}{[V]_l} = \frac{\gamma \cdot p}{\alpha \cdot V}, \qquad \operatorname{tg}\vartheta_r = \frac{[\Delta V]_r}{[\Delta l]} = \frac{\varepsilon \cdot \Delta V}{\beta \cdot \Delta l}.$$

Die Ähnlichkeit der Dreiecke erfordert die Bedingung

$$\frac{\gamma \cdot p}{\alpha \cdot V} = \frac{\varepsilon\,\Delta V}{\beta\,\Delta l}$$

und somit

$$\frac{\Delta V}{\Delta l} = \frac{\gamma \cdot \beta}{\alpha \cdot \varepsilon} \cdot \frac{p}{V}$$

oder unter Einsetzung der Zahlenwerte

$$\text{(I)}\ \frac{\Delta V}{\Delta l} = 120 \frac{p}{V}.$$

Diese Bedingung ist eine rein *geometrische*. Ihr ist eine *dynamische* Bedingung aus dem Beschleunigungssatz zuzuordnen.

Zunächst ist die Masse von 1 t in Einheiten der technischen Mechanik, wenn man gleich einen durchschnittlichen Zuschlag von 6 % für die Rotationsenergie der Räder einbezieht:

$$m = \frac{1000}{g} \cdot 1{,}06 = \frac{1000}{9{,}81} \cdot 1{,}06 = 108\,.$$

Bei einer Beschleunigungskraft je t von p kg stellt sich dann eine Beschleunigung ein von

$$b = \frac{\Delta v}{\Delta t} = \frac{p}{108}$$

mit v und t zunächst in m/s und s. Der Übergang von der Sekunde zur Minute als Zeiteinheit erbringt

$$\frac{\Delta v}{\Delta T} = \frac{60\,p}{108},$$

und gehen wir dann noch mit der Beziehung $V = 3{,}6\,v$ zum Geschwindigkeitsmaß der Eisenbahn (km/h) über, so folgt

$$\frac{\Delta V}{\Delta T} = \frac{60 \cdot 3{,}6}{108}\, p = 2p,$$

eine Gleichung, die durch Erweiterung des ersten Ausdrucks mit Δl in Zähler und Nenner natürlich nicht geändert wird:

$$\frac{\Delta V}{\Delta l} \cdot \frac{\Delta l}{\Delta T} = \frac{\Delta V}{\Delta l} \cdot \frac{V}{60} = 2p.$$

Denn $\Delta l/\Delta T$ ist die Geschwindigkeit in km/Min, also $V/60$. Dio Umgruppierung ergibt als Resultat die Beziehung:

$$\text{(I)}\ \frac{\Delta V}{\Delta l} = 120 \frac{p}{V}$$

und das ist wieder dieselbe Beziehung, die oben rein geometrisch abgeleitet war. Die Maßstäbe haben also ihre Richtigkeit. Es sind gewiß nicht die einzigen kombinierbaren, sondern nur praktisch bewährte; auf jeden Fall zeigt aber die ganze Erörterung, daß man nicht alle Maßstäbe willkürlich wählen kann, sondern die Bedingung:

$$\frac{\Delta V}{\Delta l} = \frac{\gamma \cdot \beta}{\alpha \cdot \varepsilon} \cdot \frac{p}{V}$$

erfüllt sein muß.

Auch für den *Polabstand der Zeitlinie* sind wir damit, außer der Ähnlichkeitsbedingung der Dreiecke, schon gebunden. Die Abbildung 31 zeigt diese ähnlich zu machenden Dreiecke, worin x den zu nehmenden Polabstand bezeichnet, und es ist also zu fordern:

$$\frac{x}{[V]} = \frac{[\Delta T]}{[\Delta l]}.$$

Mit den früher genannten Maßstäben wird hieraus:

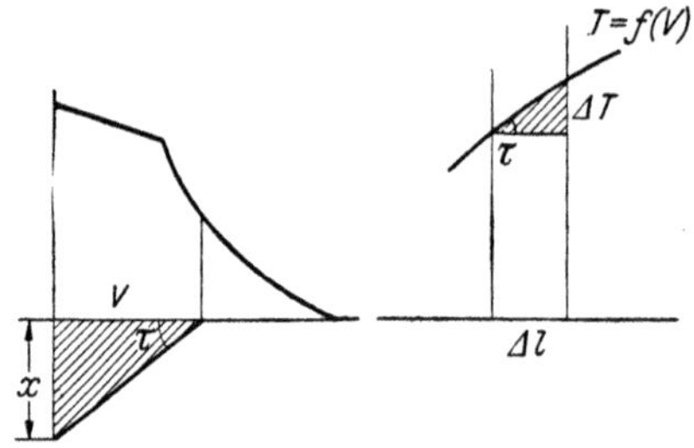

Abb. 31. Ähnliche Dreiecke des Zeitlinienelements und im s-V-Diagramm.

$$\frac{x}{\alpha \cdot V} = \frac{\mu \cdot \Delta T}{\beta \cdot \Delta l}.$$

$\Delta l/\Delta T$ hatten wir oben zu $V/60$ erkannt, also ist $\Delta T/\Delta l = 60/V$ und damit

$$\frac{x}{\alpha \cdot V} = \frac{\mu}{\beta} \frac{60}{V}$$

oder

$$\text{(II)} \quad x = 60 \frac{\alpha \mu}{\beta} = 60 \frac{2 \cdot 10}{20} = 60 \text{ mm}.$$

Zum Schluß sei nochmals hervorgehoben, daß diese maßstäblichen *Bedingungen unabhängig von der zeichnerischen Methodik* gelten, also auch innegehalten werden müssen, wenn man, statt Parallelen zu ziehen (Strahl), mit gewissen Schablonen arbeitet (z. B. Unrein, Müller—alt).

Die Handhabung wollen wir uns an Abb. 32, der Originalfigur aus der Einführungszeit der dynamischen Fahrzeitermittlung, klar machen. Danach soll ein 400 t schwerer Reisezug von einer P 8-Lokomotive auf dem rechts unten verzeichneten Streckenprofil mit der Maßgabe befördert werden, daß er 75 km/h nicht überschreiten darf. Für die ersten $\Delta V = 10$ km/h ist im linken s-V-Diagramm der Fahrstrahl OB_1 für die *mittlere* Geschwindigkeit 5 km/h zwischen 0 und 10 km/h maßgebend; ihr parallel ist das erste Element $A a_1$ der Geschwindigkeitslinie rechts zu ziehen. Für die Weiterbeschleunigung von 10 auf 20 km/h wird der Fahrstrahl OB_2 (für $V_m = 15$ km/h) benutzt, dem das zweite V-Linienelement $a_1 a_2$ parallel läuft. So geht es weiter bis $a_6 a_7$ bei 70 km/h mit OB_7 für $V_m = 65$ km/h. Hier endet bei km 2,8 die Waagerechte und setzt die Steigung $s = 8^0/_{00}$ ein. Die nächsten Fahrstrahlen sind nunmehr rechts vom Punkt $s = 8$ zu ziehen. Sie — und also auch die Elemente der Geschwindigkeitslinie — *fallen* nach rechts, weil 70 km/h von der Lokomotive mit 400 t im Beharrungszustand auf $8^0/_{00}$ nicht innegehalten werden können, sondern nur, wie sich leicht aus der linken Figur erkennen läßt, 47 km/h. Die Geschwindigkeitslinie fällt zunächst von a_7 bis 60 km/h bei a_8, von da ab etwas schwächer bis a_9 aber nun schon vor dem vollen Zehnerwert (bei 53 km/h), weil vorher schon, bei km 6, die Steigung endet und eine kurze Scheitelhorizontale einsetzt. Um wieder in Rythmus mit dem üblichen Intervall $\Delta V = 10$ km/h zu kommen, ist nun der Fahrstrahl für ein $V_m = 56{,}5$ km/h

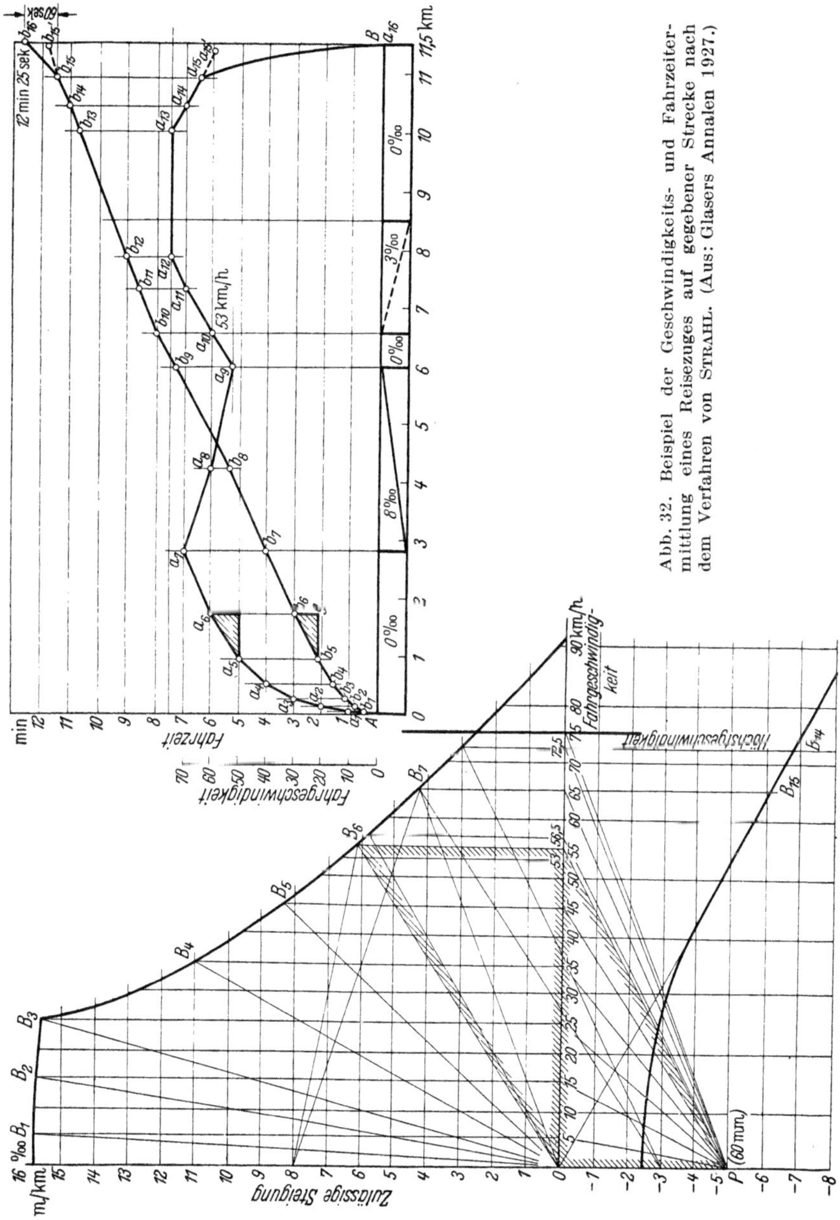

Abb. 32. Beispiel der Geschwindigkeits- und Fahrzeitermittlung eines Reisezuges auf gegebener Strecke nach dem Verfahren von STRAHL. (Aus: Glasers Annalen 1927.)

als Mittel zwischen 53 und 60 km/h zu ziehen, wie es in der Abb. 32 auch durchgeführt ist. (Der Einfachheit halber ist nun auch hier wieder, wie vorher bei 70 km/h, der Steigungswechsel gerade für einen runden Zehnerpunkt angenommen; die nur der Methodik dienende Figur würde sonst zu verwickelt.) Im Gefälle $s = -3^0/_{00}$, für das die Fahrstrahlen nunmehr von der Ordinate $s = -3$ zu ziehen sind, findet dann eine schnelle Geschwindigkeitszunahme von a_9 bis a_{12} statt, wobei diese Beschleunigung bei $V = 75$ km/h abgebrochen werden muß, die absichtsgemäß nicht überschritten werden sollten. Für das Stück $a_{12}\,a_{13}$ arbeitet die Lokomotive mit verringerter Anstrengung. In diese Strecke fällt zwar der Übergang aus dem Gefälle in die Waagerechte; indes ist eine besondere Konstruktion der Geschwindigkeitslinie hierbei nicht erforderlich, weil nach der linken Figur die Lokomotive den Zug auf $s = 0$ nicht nur mit 75, sondern mit 91,5 km/h befördern könnte.

In einem passend gewählten Punkt (a_{13}) wird nun die Zugkraft abgestellt, aber es wird noch nicht gebremst; wie wir S. 40 sahen, setzt nun ein Auslauf ein, der hier zeichnerisch aus der alten summarischen Zugwiderstandsformel $w = 2{,}4 + V^2/1000$ (Zug einschl. Lokomotive) gefunden ist, die *nach unten* aufzutragen ist, weil die Fahrstrahlen für eine verzögernde Kraft ja fallen müssen. Das Element $a_{13}\,a_{14}$ ist zur Wiedererreichung des Rhythmus zu einem Fahrstrahl durch $V_m =$ 72,5 km/h zu ziehen. Der Weiterverlauf $a_{14}\,a_{15}$ (mit $V_m = 65$ km/h) muß indes schon vor $V = 60$ km/h, eben bei a_{15}, enden; um den Zug in B zum Halten zu bringen, ist nämlich rückwärts von $B = a_{16}$ aus die Bremsparabel $a_{16}\,a_{15}$ mit einer betriebsmäßig üblichen Verzögerung zu zeichnen (S. 144). Damit ist die Geschwindigkeitslinie für die ganze Strecke AB gefunden.

Die Konstruktion der Zeitlinie, deren ausschlaggebenden zeichnerischen Polabstand wir eben schon mit nachgewiesen haben, läßt sich nun weit kürzer behandeln. *Die einzelnen Zeitelemente* für je $\Delta V = 10$ km/h (oder gelegentlich unrunde Werte) müssen dabei *auf dasselbe Δl bezogen* werden. Das erste Element der Zeitlinie, Ab_1, hat also dieselbe sehr kurze Abszisse wie Aa_1, verläuft also sehr steil und zwar parallel zum Fahrstrahl P (— 60 mm) - $V_m = 5$ km/h. So geht es fort; für $b_5\,b_6\,g$ und $a_5\,a_6\,d$ sind die *Elementardreiecke* der Zeit- und Geschwindigkeitslinie besonders gekennzeichnet, und auch in der linken Figur die entsprechenden ähnlichen Dreiecke durch Schraffur hervorgehoben: Kennzeichnend und unterscheidend ist nun der Umstand, daß *mit zunehmender Streckenlänge die Zeitlinie immer weiter steigt*, während die Geschwindigkeitslinie für jeden Bahnhof mit Halt nach 0 zurückkehrt. Sie würde also schließlich das Zeichenbrett verlassen; man schützt sich davor, indem man z. B. für $T = 60$ min sprungweise zur Abszissenachse heruntergeht — gleich einer geologischen Verwerfungsspalte —

und von da ab wieder weiter nach oben konstruiert; tg τ bei Erreichung der 60 min für den ersten Teil der Zeitlinie ist also dasselbe, wie beim Einsetzen des zweiten Teils.

Die Schablonenverfahren vermeiden diesen übrigens zeitlich wenig aufhaltenden Bruch. Um immerhin einen Eindruck davon zu vermitteln, sei kurz der *Zeitkeil* von UNREIN gebracht, der die Geschwindigkeitslinie zuvor durch *schaukelndes Drehen* des durchsichtigen s-V-Diagramms (Pergamentpapier) um abwechselnde Drehpunkte, eine jeweils eingesteckte Zirkelspitze, gewonnen hat. Dabei entspricht die eine Schar

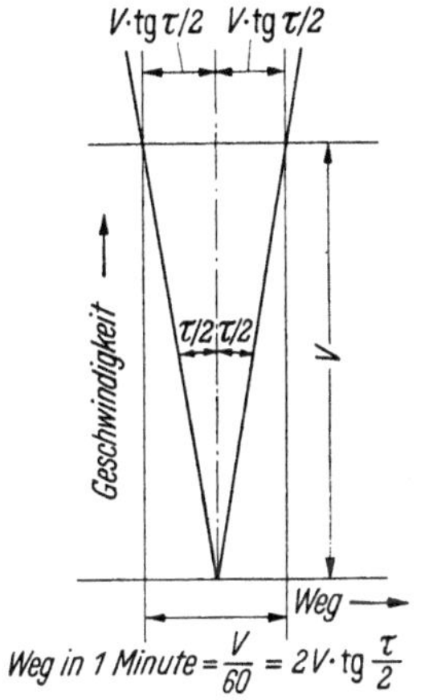

Abb. 33. Zeitkeil nach UNREIN bei konstanter Geschwindigkeit.

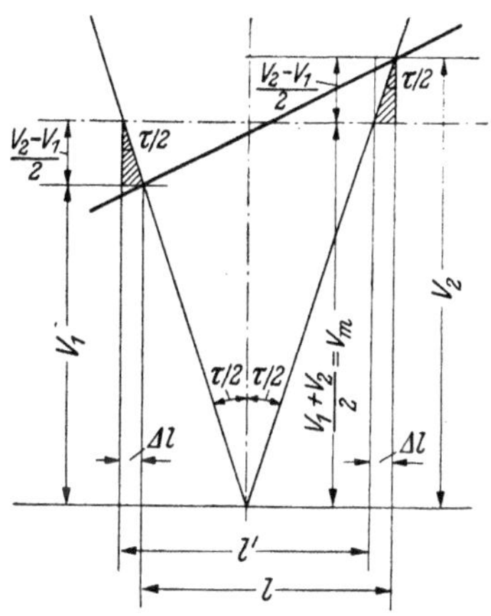

Abb. 34. UNREINscher Zeitkeil bei stetig veränderlicher Geschwindigkeit.

der Drehpunkte den oberen Ordinaten derselben V_m Punkte, die STRAHL zur Festlegung der Fahrstrahlen benutzt. Der UNREINsche Zeitkeil mit dem Öffnungswinkel τ wird so verschoben, daß immer die Winkelhalbierende spitz senkrecht auf der Abszissenachse (der Wegeslänge) steht, und der je eine ganze Minute auf der Geschwindigkeitslinie abschneiden soll. Für zunächst konstante Geschwindigkeit ist $l/2$, die Wegeslänge während einer halben Minute — noch ohne Berücksichtigung der Maßstäbe $l/2 = V \cdot \text{tg}\,\tau/2$, vgl. Abb. 33. Diese Weglänge ist aber natürlich gleich $V/120$, und es wäre, wenn l und V in gleichem Maßstab gezeichnet würden, tg $\tau/2 = 1/120$. In Wirklichkeit wird jedoch nach den erörterten Maßstäben die Wegeinheit (1 km) im 20fachen Maßstab des V dargestellt; deshalb muß also zeichnerisch tg $\tau/2 = 1/6$ sein. Für die in Regel veränderliche Geschwindigkeit wird nun vereinfachend angenommen, das Kurvenstück $V_1\,V_2$ während des Verlaufs einer Minute sei eine Gerade. Die durch $V_m = 1/2\,(V_1 + V_2)$ gelegte Horizontale ist dann die *vertretende* Linie konstanter Geschwindigkeit und schneidet also mit zweimal $\tau/2$ von der senkrechten Winkelhalbierenden aus die Strecke l' auf der Abszissenachse ab (Abb. 34). Die beiden kleinen schraffierten Dreiecke sind nun kongruent, nämlich beide rechtwinklig, von gleichem Spitzenwinkel $\tau/2$ und gleicher längerer Kathete $1/2\,(V_1 + V_2)$. Damit ist $l = l'$, und der Zeitkeil schneidet auf der Geschwindigkeitslinie für veränderliches V ebenso eine Minute Zeitaufwand ab, wie auf der Linie konstanter *mittlerer* Geschwindigkeit. Daraus folgt nun freilich auch die Genauigkeitsbedingung: nur dann bleibt der Fehler geringfügig, wenn der Verlauf der Geschwindigkeitslinie innerhalb des jeweiligen Intervalls $V_1\,V_2$ von einer Geraden nicht sehr abweicht. BRETSCHNEIDER[1] erklärt, es lasse sich geometrisch nachweisen, daß für die Genauigkeit der Zeitwinkelmethode ein *parabolischer* Verlauf der Geschwindigkeitslinie zwischen V_1 und V_2 Bedingung sei. Er bringt den Nachweis aber nicht, und ich vermag, bei Zustimmung zu einem *absoluten* wahrscheinlichen derartigen Verlauf, keinen Fehler in der oben gegebenen geometrischen Herleitung aus einem *linearen* Verlauf zu erblicken. In seinem Endergebnis stimme ich ihm aber zu:

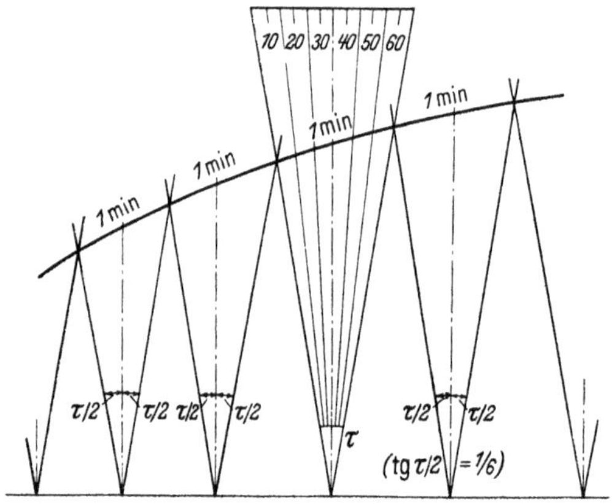

Abb. 35. Handhabung des UNREINschen Zeitkeils.

„*Unter keinen Umständen dürfen in den Bereich der Zeitwinkelablesung schroffe Wechsel der Geschwindigkeit fallen*“.

Für Brechpunkte der V-Linie ist die Zwischenzeit abzulesen, und dann neu mit der Winkelanlegung zu beginnen.

Die Handhabung geschieht dann einfach nach Abb. 35 derart, daß man den Zeitkeil immer so weiter verschiebt, daß der rechte Winkelschenkel für die nächste Minute zum linken durch den gleichen Punkt der Geschwindigkeitslinie wird. Die Zahl der benötigten Minuten ist einfach die Zahl der Keilanlegungen; Minutenteile sind auf der oberen Basis des Zeitkeils eingeteilt. Am Anfangspunkt ergibt der Zeitkeil

[1] BRETSCHNEIDER: Elektrische Bahnen, Ergänzungsheft 1941, S. 131.

einen nicht sehr sicher erkennbaren Schnittpunkt für die erste Minute, weil der Anstiegswinkel der Geschwindigkeitslinie oft nicht sehr von $(90 - \tau/_2)^\circ$ abweicht; hier soll der Zeitkeil — ohne näheren Beweis — liegend benutzt werden; man kann sonst auch die erste Minute nach STRAHL behandeln. Hinsichtlich des gesamten Verfahrens sei auf das Schrifttum verwiesen[1]. Dort wäre auch über das Verfahren von MÜLLER nachzulesen[2]. Die deutsche Praxis hat sich bisher vorwiegend der Methoden von UNREIN und STRAHL bedient.

Obwohl es sich bei der zeichnerischen Fahrzeitermittlung nur um eine gute bewährte Annäherung handelt, bleibt die Durchführung ziemlich zeitraubend, weil es sich ja bei größeren Eisenbahnverwaltungen oder Bezirken nicht nur um einzelne Züge auf einer Strecke, sondern um ein Netz mit verschiedenartigen Zügen nach Gattung und Gewicht handelt. Deshalb wäre es auch kaum möglich, einen Gesamtfahrplan auf einmal gründlich umzuwerfen, wogegen auch andere, im nächsten Kapitel behandelte Gesichtspunkte sprechen. Aber schon die Tatsache des nicht unerheblichen Zeitbedarfs für einen Einzelfahrplan über eine lange Strecke läßt den Wunsch verständlich erscheinen, *Sondergeräte* zu entwickeln, welche die behandelten Integrationen, die es ja doch im Grunde sind, *maschinell* vollziehen. Selbstverständlich wird ein solches Gerät immer ziemlich verwickelt und teuer ausfallen müssen; es bedarf für jede Lokomotivtype eines Schablonenkörpers, der das s-V-Diagramm wiedergibt, und eines Streckenbandes, das bei jedem Neigungswechsel in die Integration eingreift, gleich wie man dabei den Pol für die Fahrstrahlen wechseln muß. Außerdem müssen sich noch die nötigen Geschwindigkeitsbegrenzungen einstellen lassen. Zur Zeit, da diese Zeilen geschrieben werden, ist ein solches Gerät in Deutschland in aussichtsreicher Entwicklung; universeller, aber freilich auch verwickelter dadurch, daß es zugleich die *maschinelle* Ermittlung der zur Zugförderung benötigten Energiemenge übernehmen soll.

IX. Ergänzungen

Gewichts-Zeitlinien, Vorspann- und Schiebelokomotiven, graphischer Fahrplan und Fahrplanbuch, Betriebsmeßfahrten.

1. Gewichts-Zeitlinien.

Die vorangehenden Ausführungen behandelten einerseits die ganze Schar der Zuggewichte im s-V-Diagramm, mußten aber anderseits naturgemäß für die Aufstellung eines bestimmten Fahrplans aus dieser

[1] DITTMANN: Anweisung für die Ermittlung der Fahrzeiten . . ., Organ 1924.

[2] Wenigstens das ältere. Das neuere des gleichen Verf. siehe z. B. in SCHLEICHER: „Taschenbuch für Bauingenieure“, Bericht. Neudruck. Berlin/Göttingen/Heidelberg: Springer 1949, S. 677.

Schar von Kurven diejenige für das in Aussicht genommene Zuggewicht herausgreifen. Nun kann für eine neue Fahrplanperiode für den gleichen Zug auf gleicher Strecke ein verändertes Zuggewicht sich als zweckmäßig herausstellen, das etwas veränderte Fahrzeiten bei der gleichen Lokomotivgattung bedingt. Man kann in Fortsetzung dieses Gedankengangs geradezu die notwendige Fahrzeit als Funktion des Zuggewichts darstellen. Als kleinstes, mehr ideelles Zuggewicht tritt dann noch dasjenige hinzu, das der kürzesten Fahrzeit im Verspätungsfall zugrunde gelegt wird, für Reisezüge häufig 100 t. Auch dieser, bei dem leichten Zuge sehr *flotte* Fahrplan unterliegt natürlich den grundsätzlichen Geschwindigkeitsbeschränkungen, z. B. in schärferen Krümmungen und nach dem Streckenzustand oder auch nach den Fahrzeuggattungen. Er wird bei schweren Zügen selbst bei beträchtlicher Steigerung der Lokomotivanstrengung (z. B. $b > 57\ \text{kg/m}^2\text{h}$) oft nicht innezuhalten sein, soll aber verhüten, daß die kürzesten Fahrzeiten als untere Grenzwerte *willkürlich* gegriffen werden; sie unterliegen vielmehr gleichfalls einer systematischen Fahrplankonstruktion, eben nur für einen sehr leichten Zug.

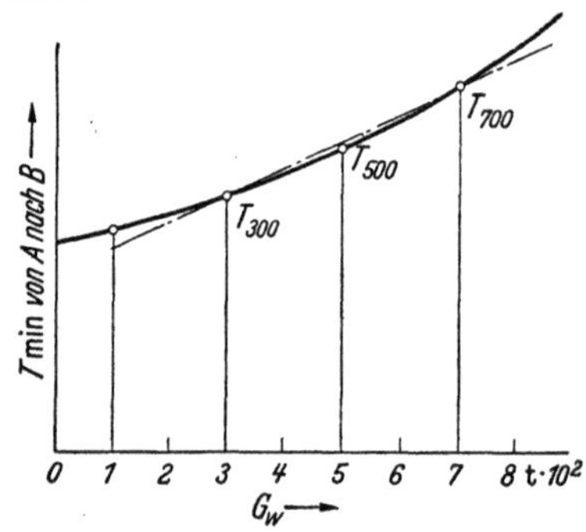

Abb. 36.
Schema einer Gewichts-Zeitlinie.

Die Gewichts-Zeitlinien (EHRENSBERGER), deren Schema Abb. 36 zeigt, verlaufen im Gebiet der größeren Zuglasten erfahrungsgemäß beim Aufbau auf 3 nicht zu wenig auseinander liegenden Gewichten praktisch geradlinig, so daß sie als brauchbares *Interpolationsmittel* für Zwischenlasten benutzt werden können. Freilich darf man eins nicht außer acht lassen. Schon auf einer einzelnen Strecke wird man den Fahrplan eines bestimmten Zuges ungern erheblich ändern mit Rücksicht auf Überholungen, bei eingleisigen Bahnen auch Kreuzungen, und auf die Eingewöhnung des verkehrstreibenden Publikums, es handele sich denn um eine Verkürzung der Fahrzeiten, die gefühlsmäßig als Fortschritt empfunden würde. Denkt man an ein ganzes Eisenbahnnetz mit Zuganschlüssen für andere Strecken, so erscheint es noch mißlicher, dieses kunstvolle Geflecht zu zerstören. Man muß also einem gewissen Konservativismus der Fahrzeiten Rechnung tragen, und das ist am einfachsten möglich, wenn man das Zuggewicht der Fahrplankonstruktion jeweils gleich so groß ansetzt, daß eine Überschreitung für die nähere Zukunft nicht angenommen zu werden braucht, es sei denn, daß man — eben in dieser nahen Zukunft — mit der Beistellung noch leistungsfähigerer Lokomotiven rechnen könne. Diese Erwägung beeinträchtigt die an sich interessante Erscheinung der Gewichts-Zeitlinien zweifellos in ihrer Bedeutung.

2. Vorspann- und Schiebelokomotiven.

Die gebrachte Fahrzeitermittlung setzte die Beförderung des Zuges durch *eine* Lokomotive voraus. Diese Möglichkeit soll man auch, außer bei besonders starken Steigungen, als Regelfall anstreben, mindestens für den Zug in regelmäßiger Stärke. Muß er bei Verkehrsspitzen stärker ausgelastet werden, so kann man, soweit das in mäßigen Grenzen bleibt, ausnahmsweise eine höhere Lokomotivanstrengung bei elastischen Bauformen in Kauf nehmen; bei größeren Überschreitungen muß aber eine *Vorspannlokomotive* gestellt werden. Über die ziemlich ungünstige Ausnutzung dieser Lokomotive muß man sich im klaren sein. Wenn ein Schnellzug etwa die normale Leistungsfähigkeit seiner Lokomotive von z. B. 2000 PS_i für die planmäßige Fahrzeit in Anspruch nimmt, und der verstärkte und womöglich verspätete Zug etwa 2500 PS_i erfordern würde, so wären 500 PS_i = 25 % schon keine tragbare Überlastung mehr. Die Vorspannlokomotive brauchte dann nur 500 PS am Haken herzugeben, wozu freilich noch ihr eigener Leistungsbedarf käme, wovon anderseits indes eine Leistungsminderung dadurch aufträte, daß nun die Zuglokomotive — durch die Vorspannlokomotive wesentlich gedeckt — nicht mehr den vollen Luftwiderstand erfährt. Aber immerhin wäre in diesem Beispiel die Vorspannlokomotive nur mit etwa 1000 PS_i gegenüber 2000 möglichen belastet, und ihre Ausnutzung also bei gleicher Type ungünstig. Rein *fahrplanmäßig* ist die Lage natürlich sogar erleichtert; der Zug stellte, auf eine Lokomotive im *Durchschnitt* bezogen, nur etwa $^3/_4$ des möglichen Beförderungsgewichts dar, und von einer besonderen Fahrzeitermittlung brauchte keine Rede zu sein. Es könnte sogar die Vorspannlokomotive einer etwas schwächeren Gattung angehören, als die Regellokomotive. Da sie aber im allgemeinen eine mangelhaft ausgenutzte Lokomotive ist, sollte die Regellokomotive nicht *zu* kleinen Zuggewichten, womöglich mit einer kleinen Zukunftsreserve gewachsen sein; indes braucht sie auch nicht übergroß gewählt zu werden, damit ihre regelmäßigen Zuglasten nicht zu sehr unter den möglichen liegen.

Die Sache ändert sich *bei starken Steigungen*: hier wird nicht nur die Vorspann- — oder meist dann *Schiebelokomotive* — besser bis voll ausgenutzt, sondern es muß auch die Fahrzeitfrage wenigstens geprüft werden. Um die Notwendigkeit einer zweiten Lokomotive zu veranschaulichen, denke man z. B. an einen Güterzug von 1000 t auf einer Steigung von 25‰. Hierbei ist allein die Schwerkraftkomponente des Zuges am Zughaken 25000 kg, die sich selbst bei einer zunächst unterstellten, denkbar leichten elektrischen $C_0 + C_0$-Rampenlokomotive (E 94) von 120 t noch um 3000 kg erhöht. Setzt man dann noch den durchschnittlichen Lauf- und Krümmungswiderstand der 1120 t mit rd. 3,5 kg/t, also den Zug mit weiteren 3900 kg an, so betrüge die notwendige Reibungskraft 31900 kg. Mit $\mu = 0{,}19$ für die Stundenleistung müßte also die Lokomotive 167 t Reibungsgewicht gegen die 120 t der E 94 haben, die also nicht annähernd ausreicht. (Die Belastungstafel der E 94 sieht übrigens entsprechend diesem μ-Wert 640 t auf $25^0/_{00}$ vor.) Mit einer (nicht existierenden) schwereren Lokomotive oder also vielmehr mit der Summe von 2 Lokomotiven wächst die Schwerkraftkomponente weiter um 3000 kg und erhöht sich die notwendige Reibungskraft noch. Mit einer fünffach gekuppelten Dampflokomotive von 100 t Reibungsgewicht (z. B. R 44) und 180 t Gesamtgewicht mit Tender käme man im ersten Ansatz auf $Z_r = 33600$ kg, die 177 t Reibungsgewicht statt 100 t erheischten. Bei einer also notwendigen Hilfslokomotive gleicher Gattung erhält man $25000 + 2 \cdot 4500 = 34000$ kg als Schwerkraftkomponente des Gesamtzuges, und mit 4760 kg Lauf- und Krümmungswiderstand 38760 kg als Reibungszugkraft. Bei $\mu = 0{,}19$ wären also 204 t Reibungsgewicht notwendig gegen die vorhandenen 200 t. Freilich wäre die 2proz. Überschreitung des μ nicht bedenklich, zumal es sich um eine Dreizylinderlokomotive handelt. Aber, wie man sieht, sind hier nun beide Lokomotiven voll beansprucht; jede übernimmt 500 t vom Zuggewicht, und auch zwei elektrische Lokomotiven E 94 wären noch mit $1000/2 \cdot 640 = 78\,\%$ ausgelastet. Etwas günstiger im Zugkraftaufwand wäre beim Dampfbetrieb das Nachschieben mit einer schweren *Tender*lokomotive etwa der 1 E 1-Bauart, weil dann die Schwerkraftkomponente sich um $50\ \mathrm{t} \cdot 25^0/_{00} = 1250$ kg senken würde; freilich nimmt bei einer Tenderlokomotive das Reibungsgewicht während der Fahrt etwas ab und liegt mit der kleineren Heizfläche die Reibungsgeschwindigkeit etwas tiefer. Bei laufachslosen Tenderlokomotiven ist das letztere noch etwas stärker der Fall, während sich freilich das volle Reibungsgewicht, z. B. bei einer D + D-Lokomotive wesentlich hinauftreiben läßt. Auf der Steilrampe zwischen Würzburg und Aschaffenburg steht auch eine D + D-*Diesel*lokomotive im Betrieb.

Bei Lokomotiven mit Tender *verschiedener* Bauarten werden die Maximalzugkräfte doch ein einigermaßen ähnliches Verhältnis aufweisen wie die Gesamtgewichte, und so kann man näherungsweise das gesamte Wagenzuggewicht in entsprechendem Verhältnis aufteilen und dann den Fahrplan auf der Steilstrecke für das anteilige Zuggewicht der vor dem Zuge verbleibenden Regellokomotive berechnen. Doch gibt es nicht nur für diesen Fall, sondern grundsätzlich ein *genaueres* Verfahren für den von 2 Lokomotiven beförderten Zug. Der Ausgangspunkt des s-V-Diagramms ist ja die Zugkraftlinie $Z_e = f(V)$ auf $1:\infty$, und so müssen also hier die beiden Zugkräfte addiert werden.

$$Z_{\text{ges}} = f_1(V) + f_2(V);$$

mit dieser Summationskurve ist dann das s-V-Diagramm zu ermitteln, entweder für die ganze Schar oder wenigstens für die Standardgewichte, und damit die Fahrzeit festzustellen. Bei gleichartigen Lokomotiven ist das natürlich nicht nötig; sonst wird es zu einer zweimal geknickten Kurvenschar kommen, wenn nämlich die Reibungsgeschwindigkeiten nicht übereinstimmen, und auch das Gefälle der *Zugkrafthyperbeln* kann verschieden sein. Dennoch wird sich das Verfahren in Grenzfällen lohnen, wenn nämlich Vorspann oder Nachschub nicht nur Regel sind, sondern beide Lokomotiven voraussichtlich voll beansprucht werden.

Die Betrachtung zeigt, daß im Steilrampenbetrieb zunächst das Reibungs*gewicht* entscheidet; die Betriebsart wirkt sich auf die Reibungs*geschwindigkeit* aus. Bei höherer *Maschinenleistung* je t Reibungsgewicht (elektrische Lokomotive) spielen sich die behandelten Zugkraftvorgänge bei höheren Geschwindigkeiten ab.

3. Graphischer Fahrplan und Fahrplanbuch.

Die *Grundgedanken des graphischen oder zeichnerischen Fahrplans*, dieses unentbehrlichen Hilfsmittels des Eisenbahnbetriebes, werden meist schon in den Hochschulvorlesungen über Mechanik gebracht, als besonders wichtiges Beispiel der Weg-Zeit-Beziehung eines bewegten Körpers (*Massenpunktes*). In der allgemeinen Mechanik wird die Zeit als Urvariable betrachtet, und es gibt oder gab auch manche Bahnen, die die Zeit als Abszisse und den Weg (also die Strecke) als Ordinate in ihren graphischen Fahrplänen behandelten. Überwiegend wird aber die Strecke als Abszisse und die (Fahr-)Zeit als Ordinate benutzt; und hier scheint es mir von Interesse, auf den nahen Zusammenhang gerade mit der STRAHLschen Fahrzeitermittlung hinzuweisen. Diese zeichnet ja auch den Zeitbedarf als Ordinate über dem Wege auf, nun natürlich bei dem großen Maßstab genau, insofern z. B. für Anfahrt und Bremsung die Zeitlinie größere Steigung aufweist als in der Beharrung (größerer Zeitbedarf für gleiche Wegeslänge) wegen des kleineren mittleren V. Die Verbindungslinie der markanten Zeitpunkte (Bahnhöfe) MN verläuft also nicht als Gerade, wie bei dem kleinen Maßstab des graphischen Fahrplans vereinfachend angenommen wird, sondern als doppelt geschwungene Kurve nach Abb. 37. Was die STRAHLsche Zeitlinie noch etwas von der des graphischen Fahrplans unterscheidet, ist der Umstand, daß die Fahrzeitkonstruktion nur den Zeit*aufwand* feststellt, und erst der graphische Fahrplan sie — wie die Fahrplanbücher und schließlich die Aushangfahrpläne und Kursbücher — in die planmäßigen *Uhrzeiten* des pünktlichen Zuges ummünzt. Für die Angabe der genauen Durchfahrzeiten von Blockstellen ist natürlich von der STRAHLschen Zeitlinie auszugehen; auch der graphische Fahrplan mit seinen vereinfachenden Zeitgeraden darf immer nur *von Bahnhof zu Bahnhof* weitergezeichnet werden und nicht etwa bei einem selten haltenden Schnellzug gleich zwischen den eigentlichen Haltebahnhöfen; bei den wechselnden Steigungsverhältnissen könnten sich sonst erhebliche Fehler für die Zwischenbahnhöfe einstellen.

Daran, daß im zeichnerischen Fahrplan (Weg als Abszisse) die Linien der Schnellzüge ein kleineres, der Güterzüge ein stärkeres Steigungsverhältnis aufweisen, sich bei zweigleisigen Bahnen nur die Linien gleichsinniger Steigung auf den Bahnhofsabszissen schneiden müssen (z. B. Überholen eines Güterzuges durch einen Schnellzug), bei eingleisigen Bahnen dagegen auch die Linien entgegengesetzter Steigung über der Abszisse des Kreuzungsbahnhofes, daß sich die Haltezeiten als ein entsprechendes senkrechtes Hinaufgehen über der Bahnhofsabszisse markieren und daß endlich der zeichnerische Fahrplan eine vorzügliche schnelle Übersicht über die Belastung der Strecke mit Zügen ergibt, braucht hier nur kurz erinnert zu werden. Eine Neueinlegung von Zügen auf schon verkehrsreichen Strecken wäre ohne seine Hilfe bequem und sicher gar nicht möglich; nur hier erkennt man schnell geeignete Lücken und kann sehen, ob gleichwohl noch kleine *Verdrückungen* bestehender Züge nebenher vorgenommen werden müssen.

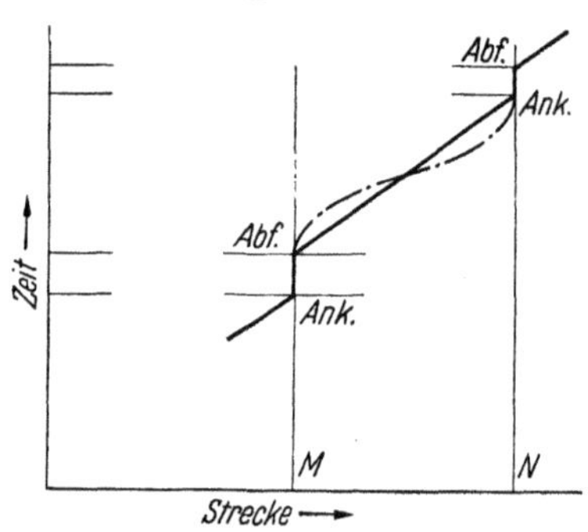

Abb. 37. Beziehung zwischen der geraden Zeit-Weglinie des graphischen Fahrplans zu der genaueren — geschwungenen — Linie nach STRAHL.

Eine eingehendere Art von Fahrplänen, als es Kursbücher und Aushangfahrpläne sind, für das Personal, insbesondere das Lokomotivpersonal, ist hier nochmals zu erwähnen, nämlich das sog. *Fahrplanbuch.* In ihm, oder dem betreffenden der Mehrzahl der Fahrplanbücher einer Eisenbahndirektion (Handlichkeit!) hat jeder Zug seine Seite oder deren zwei; im Kopf erscheinen Zugnummer und Zugart, Zuglast in t, planmäßige Lokomotive, Höchstgeschwindigkeit und Bremsprozente (Kap. XV). In den kilometrierten Vertikalspalten sind nicht nur die Bahnhöfe, sondern auch die Blockstellen verzeichnet, und für diese und die etwa von den Schnellzügen durchfahrenen Bahnhöfe sind die *Durchfahrt-Uhrzeiten* des planmäßigen Zuges vermerkt. Daneben erscheint der *Zeitbedarf* für die Streckenabschnitte (zwischen den Bahnhöfen) gemäß Fahrzeitermittlung; für den verspäteten Zug sind wegen der Unbestimmtheit der Verspätung natürlich keine Uhrzeiten mehr angebbar, sondern nur die Zeitlängen bei kürzester Fahrzeit. Die Bekanntgabe der Durchfahrzeiten ermöglicht dem Lokomotivführer, gerade auch der selten haltenden Züge, sich auf seine Planmäßigkeit zu kontrollieren. Dieser nützliche, ja notwendige Umstand ist auch in einer Mechanik der Zugförderung hervorzuheben, während sonst auf die Fahrdienstvorschriften zu verweisen ist. Die vom Lokomotivführer innezuhaltenden, der Fahrzeitermittlung entnommenen Fahrzeiten sind es nämlich, die die beabsichtigte Lokomotivanstrengung erzwingen oder (beim pünktlichen Zuge) zu überschreiten verhüten, und in die auch die notwendigen Geschwindigkeitsbegrenzungen hineingearbeitet sind. Nicht weil die Lokomotive sozusagen automatisch jene Leistungen entfaltet, stellen sich die Fahrzeiten ein, die wir ermittelten, sondern wir *unterstellen* zunächst die vernünftigen Lokomotivleistungen und schreiben die zugehörigen Zeiten dem Lokomotivführer vor; durch sein pünktliches und richtiges Fahren werden die gewünschten Leistungen erzwungen.

4. Betriebsmeßfahrten.

Zum Schluß dieses Abschnittes wollen wir uns noch mit den sog. *Betriebsmeßfahrten* beschäftigen. Das Ziel der Meßwagenfahrten ist in der Regel die Feststellung der Leistungs- und Verbrauchsverhältnisse nebst ihren bedingenden physikalischen Umständen für die verschiedenen *Beharrungszustände.* Wir wissen anderseits, daß bei der wirklichen Zugförderung ein Beharrungszustand nur selten zustande kommt, etwa bei nicht zu häufig haltenden Schnellzügen auf langen, praktisch waagerechten Streckenabschnitten. Gleichwohl kann man natürlich einen Meßwagen auch in einen Zug des normalen Betriebes einstellen. Man bekommt dann freilich, wie in der Mikrophysik, eine Unschärfe durch die Meßeinrichtung: der Zug wird um das stattliche Meßwagengewicht schwerer, als er in der täglichen Praxis ist. Ist er indes leichter als seine *Berechnungslast* aus dem s-V-Diagramm, so wird man durch Mitführen des Meßwagens vielleicht gerade die Verhältnisse des *programmatischen* Fahrplans treffen; schlimmstenfalls aber kommt eine Überlast zustande, die sich wegen des Einflusses der Lokomotive nur in etwas schwächerem Maße auf deren Anstrengung überträgt, wie die Zunahme des Wagengewichts hinter dem Zughaken ausmacht. Man mißt dann also die Verhältnisse bei Belastungsspitzen, die noch ohne Vorspann erträglich bleiben. Bei schon sehr angespannten Verhältnissen kann man ausnahmsweise auch für den eingestellten Meßwagen einen D-Zug-Wagen auslassen; so haben wir es bei dem seinerzeit schnellsten deutschen F-D-Zug, dem Berlin-Hamburger, an dem notorisch verkehrsschwächsten Wochentage gehalten. Bei den ohnehin schweren Güterzügen bietet sich dieses Mittel der ausgleichenden Zugerleichterung noch zwangloser dar. Solche Fahrten, bei denen der *in einen Zug des normalen Verkehrs eingestellte Meßwagen* die ganzen Zugförderungskomponenten messend zu verfolgen gestattet, gegenüber den primitiveren Feststellungen ohne feinere Organe, haben bei uns die Bezeichnung *Betriebsmeßfahrten* erhalten.

Man kann sie natürlich für alle Verhältnisse und alle Lokomotivarten ausführen. Sie könnten an sich z. B. auch für leichte Züge aufschlußreich sein, freilich mehr nur nach der Verbrauchsseite hin; denn nach der fahrzeitlichen Seite beständen ja dann gar keine Schwierigkeiten. Bei leichten Zügen würde überdies auch der Fehler durch das Meßwagengewicht stärker hervortreten. Wichtiger ist aber die Untersuchung ausgelasteter, womöglich etwas überlasteter Züge, und das ist auch der Ausgangspunkt der Betriebsmeßfahrten bei der alten Reichsbahn gewesen. Ich darf für die ausführlichere Unterrichtung über diesen Gegenstand auf meine Abhandlung verweisen[1]; für eine beträchtliche Anzahl schwerer Schnellzüge und eine geringere von Güterzügen unter Förderung durch planmäßige Dampflokomotiven und das planmäßige Personal wurde dabei untersucht, wieweit sich der unterstellte, nach dem s-V-Diagramm ermittelte Geschwindigkeitsverlauf mit dem tatsächlichen, von dem schreibenden Geschwindigkeitsmesser des Meßwagens aufgezeichneten deckte, wie der — über den Speisewassermesser — festgestellte Dampfverbrauch sich zu demjenigen verhielt, zu dem der PS-Verlauf während der Fahrt auf Grund der gemessenen Beharrungswerte rechnerisch führte, und wie die Lokomotivanstrengung — beim Kessel also das b — verlief. Die Übereinstimmung des nach Übung und Fahrplanbuch fahrenden Lokomotivführers, der eine Geschwindigkeitslinie nicht zur Hand hatte und gar nicht wußte, daß ein genau registrierender Geschwindigkeitsmesser seine Fahrkunst kontrollierte, mit dem vorausberechnetem V, war — namentlich bei den Anfahrten — im allgemeinen durchaus befriedigend, ja mehrfach überraschend genau. Bei der zweiten Frage waren merkliche, aber nicht entscheidende Abweichungen vorhanden (etwa 5 bis 7 %), weil die wirkliche Geschwindigkeit wechselnd verläuft und man, um bei der großen Zahl und Ausdehnung der Fahrten ein Übermaß an Rechnung zu vermeiden, je nur mit einer Anfahrperiode und einer Art durchschnittlicher Beharrungsperiode rechnen mußte, der nur Meßwerte für nach 20 km/h gestaffelte Geschwindigkeiten gegenüberstanden. Auch der Luftpumpen-, Lichtmaschinen- und gegebenenfalls Heizungsdampf, sowie endlich kleine Subjektivismen in der Fahrweise, bringen Abweichungen hinein. Die Betrachtung der Kesselanstrengung endlich ließ erkennen, daß das durchschnittliche b meist wesentlich unter den 57 kg/m²h lag. So waren von 101 untersuchten Schnell- und Eilzügen 43 %, von 26 Güterzügen 19,9 %

[1] Nordmann: Ausführung und Ergebnisse von Betriebsmeßfahrten mit Dampflokomotiven. Glasers Ann. 1939, S. 281 u. 305.

schwerer als die Rechnungslast gewesen; aber nur 5,6 % der Reisezüge hatten bei der Anfahrt und 3,3 % in der Beharrung den üblichen *b*-Wert überschritten; bei den Güterzügen sogar nur 1,3 %. Diese Prozentzahlen bezogen sich übrigens auf die Zahl der einzelnen Fahr*abschnitte*, die natürlich ein Mehrfaches der Zugzahl ist. Die *statistische Durchschnittsanstrengung* — nicht die jedes einzelnen Zuges — lag bei den Reisezügen für den Anfahrabschnitt bei 43 kg/m^2h, für den Beharrungsabschnitt bei 41,5 kg/m^2h, bei den Güterzügen sogar nur bei 36,6 kg/m^2h, das sind 75,5 %, 72,8 % und 64,2 % der sog. Vollanstrengung von 57 kg/m^2h. Die höchsten Einzelwerte gehörten sehr schweren und schnellen *Flachland*-Schnellzügen an; verständlich, weil die Methode des s-V-Diagramms nur eine *Überschreitung* dieses Richtwertes verhütet und der *Durchschnitts*wert bei wechselnder Strecke und durch den Einfluß der kleineren Anfangsgeschwindigkeiten unterhalb V_r darunter bleibt; gerade bei langen Horizontalstrecken fehlt aber dieser Wechsel, und dann ist die Annäherung des Durchschnitts an das Maximum besonders stark.

Dieses Material konnte als Nachweis des Möglichen in einer Periode eingerissener Verspätungen gute Dienste bei deren Bekämpfung leisten. Das die Betriebsmeßfahrten ausführende Lokomotivversuchsamt Berlin-Grunewald hatte außer der Fahrtanalyse auch Zeitfeststellungen über die Aufenthalte gemacht und gefunden, daß diese bei starkem Andrang von Reisenden häufig über den planmäßigen lagen. Dann stehen natürlich dem pünktlichen Zuge für die eigentliche Fahrt nur etwas verkürzte Zeiten zur Verfügung, und die Lokomotive muß stärker angestrengt werden, als vorgesehen. Dem Bedürfnis genügende Aufenthaltszeiten gehören also zu einem auch leistungsmäßig anerkennbaren Fahrplan.

Das Ganze zeigt, daß die Betriebsmeßfahrten ihre Hauptbedeutung in Perioden steigender Fahrplananspannung gewinnen. Als eine häufige bloße Betriebskontrolle waren sie ein viel zu kostspieliger Apparat, der auch den oder die Meßwagen zu sehr ihren Aufgaben systematischer Forschung entzöge, mindestens dann, wenn eine vorausgegangene großzügige Durchführung von Betriebsmeßfahrten zweifellos erst einmal einen tieferen Einblick geschaffen hat. Aber ich hielt die Darlegung dessen, was man neben den Hauptaufgaben der Meßwagen noch mit ihnen leisten kann, doch nicht für überflüssig. Die Methodik ist, wie gesagt, nicht an bestimmte Lokomotivarten gebunden.

Im übrigen kann man dem Begriff der Betriebsmeßfahrten zwanglos auch Fahrten unterordnen, die nicht der Lokomotivprüfung bei schon *bestehenden*, sondern zur Vorbereitung *neuer* Fahrpläne dienen (z. B. für Geschwindigkeitserhöhung von bereits bestehenden Zügen). Auch zur Erprobung neuer oder verbesserter Lokomotiven sind neben der auf den Beharrungszustand zugeschnittenen eigentlichen Systematik Versuche auf schwierigeren Strecken oder in sonst angespannten Fahrplänen mit dem Meßwagen vor Zügen herangezogen, auch bei elektrischen Lokomotiven. Ausführlich ist dieser Parallelismus durch CHAPELON bei der umgebauten 2 D-Vierzylinder-Schnellzuglokomotive der früheren französischen Orléansbahn durchgeführt[1]. Auch die Engländer haben sich der Meßwagen in Zügen bedient, die wechselweise von Lokomotiven der früheren vier Netze befördert wurden, um daraus gegebenenfalls Grundlagen für die zweckmäßigsten Bauformen künftiger Einheitslokomotiven zu gewinnen[2], und haben weitere solche Fahrten im Interesse der Fahrplangestaltung durchgeführt.

Ursprünglich überhaupt die Prüfart für Lokomotiven, aber dann wesentlich durch Methoden verdrängt, die den für systematische Erkenntnisse notwendigen Beharrungszustand besser oder überhaupt erst herzustellen gestatten, hat sich also der Streckenversuch vor dem Zuge doch als Ergänzung im Bedarfsfall wieder eingefunden.

Dritter Abschnitt.

Die Bremsung der Züge.

X. Allgemeines über die Bremsung.

Wenn auch in der Waagerechten (und noch mehr in einer Steigung) ein Zug schließlich unter der Wirkung seines Eigenwiderstandes zum Stillstand käme. so wäre doch das (nach Kap. VI) keine geeignete Art, einen gewollten Haltevorgang zu bewirken. Noch ganz abgesehen vom eigentlichen Gefahrfall gehört zu einem exakten Haltevorgang am Bahnsteig oder überhaupt bei der schließlich beschränkten Gleislänge im Bahnhof eine *Bremse*. Schon seit Jahrzehnten stellt man nun die ganz bestimmte sicherheitliche Forderung an die Bremse, daß es möglich sein muß, den Zug bei voller Bremswirkung aus der größten zulässigen Geschwindigkeit vom Vorsignal bis zum Hauptsignal zum Halten zu bringen. Dieser Signalabstand ist also der größte zulässige *Bremsweg*, mindestens für den vorsichtshalber zu unterstellenden Fall, daß der Lokomotivführer das Vorsignal erst im letzten Augenblick erkennt. Besitzt der Zug nicht die Höchstgeschwindigkeit oder ist das Vorsignal schon von weitem erkennbar, so bedarf es nicht der stärksten Bremswirkung, um am Hauptsignal zum Stehen zu kommen. Man kommt dann mit einer geringeren mittleren Verzögerung aus, und noch mehr ist das der Fall, wenn das Einfahrsignal des Bahnhofs, auf dem gehalten werden soll, freie Fahrt zeigt, denn dann ist der verfügbare Bremsweg

---

[1] CHAPELON: Locomotives à grande vitesse etc. Revue génerale des Chemins de fer, février 1935.

[2] Engineer, July 15th, 1949: „The Locomotive Interchange Trials of 1948".

um die Entfernung vom Einfahrsignal bis zum Standort der Lokomotive im Bahnhof, z. B. am Bahnsteig, größer.

Wenn auch *de jure* der größte Bremsweg vom Vorsignal bis zum Hauptsignal reicht, so darf doch nicht übersehen werden, daß er *energetisch* tatsächlich etwas kürzer ist, wenn das Vorsignal erst im letzten Augenblick erkannt wird, weil die *Schrecksekunde* zwischen dem Erkennen der Bremsnotwendigkeit bis zur Verlegung des Führerbremsventils auf der Lokomotive in die dann oft schon nötige Schnellbremsstellung einen gewissen, noch mit Vollgeschwindigkeit zurückgelegten Weg bedeutet, der vom Signalabstand abzusetzen ist. Aber auch wenn man gleich von dem Vorsichtsakt eines entsprechend verkürzten tatsächlichen Bremsweges ausgeht, darf man nicht hoffen, den Bremsvorgang rein rechnerisch exakt verfolgen zu können. Eine idealisiert angesetzte Arbeitsgleichung wird immer voraussetzen, daß die volle Bremswirkung am Anfang des Bremsweges schlagartig eintritt, während es einer Anzahl von Sekunden bedarf — und zwar bei den langsam wirkenden Güterzugbremsen einer beträchtlichen Anzahl (28 bis 60), um die Bremszylinder bis zum vollen Druck mit Preßluft aufzufüllen. Der erste Teil des Bremsweges wird also mit erst *allmählich* wachsender Bremskraft zurückgelegt. Zwei verschiedenartige Bremsen mit wesentlich abweichender Füllzeit der Bremszylinder ergeben also bei gleicher Endkolbenkraft des Bremszylinders verschiedene Bremswege. In sehr klarer Form hat BESSER[1] nachgewiesen, daß zwischen den beiden Extremfällen, nämlich einem sofort einsetzenden vollen Druck im Bremszylinder (in kg/cm²) und einem linear mit der Zeit bis zum gleichen Druck beim Ende des Bremsvorganges *bei gleichem Bremsweg* die Beziehung besteht, daß im zweiten Fall der Zug den $^8/_3 = 2{,}67$fachen Betrag an *Bremswerten* haben müßte. Natürlich ist hierin noch die Bedingung enthalten, daß der ungünstigere der beiden Bremsvorgänge überhaupt zu verwirklichen ist. Erforderte er einen Bremswert von 100 %, so käme der günstigere Zug mit $^3/_8 = 37{,}5$ % an Bremswerten, z. B. bei sonst gleichartigen Wagen mit nur etwas über $^1/_3$ an gebremsten Fahrzeugen aus.

Nun ist in den älteren Abhandlungen, vor der vollen Erkenntnis der *verwickelten Natur des Reibungskoeffizienten*, insbesondere desjenigen für die Anpreßkraft der Bremsklötze, nämlich von der doppelten Abhängigkeit von der Geschwindigkeit *und* dem Flächendruck, meist mit einfachen Mittelwerten operiert. Tatsächlich ist aber, besonders bei Anwendung höherer Geschwindigkeiten, die Gesamtänderung der Reibungswerte eine so große und in ihrem algebraischen Verlauf unangebbare oder wenigstens nicht integrierbare geworden, daß eine leidlich exakte Voraus*berechnung* des Bremsverlaufs auch aus diesem Grunde nicht mehr möglich ist.

[1] BESSER: Über die Aufstellung von Bremstafeln. Organ 1929, S. 181.

Eine gewisse Unbestimmtheit würde auch durch die *Fortpflanzungsgeschwindigkeit* des Bremsvorgangs durch den Zug hinzutreten, die auch bei den verschiedenen Bremstypen verschieden ist. Dem könnte man auch nicht entgehen, wenn man etwa den Bremsvorgang auf die Zug*mitte* beziehen wollte; dieses Gedankenexperiment würde nur hervorkehren, daß auch die Zuglänge eine Rolle spielt.

Endlich ist eine Voraussage dadurch erschwert, daß das, was man als spezifische Bremskapazität bezeichnen könnte, nämlich das Verhältnis Klotzkraft zum Wagengewicht, recht verschiedene Werte, namentlich bei Güterwagen durch die verschiedene Beladung, annimmt. Müßte es schon bei der an sich feinfühligen Handbremse als praktisch undurchführbar, wenn auch denkbar bezeichnet werden, diese Veränderlichkeit durch eine Konstanz zu ersetzen, so ist das bei den üblichen Druckluftbremsen deshalb nicht möglich, weil nur zwei höchste Bremsklotzkräfte ausgeübt werden können, nämlich für die Stellungen *leer* und *beladen* (entsprechend einer mittleren Nutzlast). Dem *Lastwechsel*, der bei Güterwagen (und älteren Tendern) durch eine Stellvorrichtung von Hand bewirkt wird, trägt bei den neueren Lokomotiv*tendern*, die ja auch im Laufe der Fahrt namentlich durch den Wasseraufbrauch eine starke Gewichtsabnahme erfahren, ein *automatisch* durch den Wasserstand im Tender (Wasserdruck am Boden) gesteuertes Ventil Rechnung[1]. Wohlgemerkt gilt diese Betrachtung über den Lastwechsel nur für die Feststellung des *kürzesten* Bremsweges. Sonst kann man sehr fein abstufen; aber die Bremse als *Sicherheitsorgan* muß natürlich vorwiegend nach ihrer *stärksten* Leistung beurteilt werden, und diese ist es ja auch, die in den Bremstafeln vorgeschrieben wird. Diese allgemeinen Andeutungen zeigen zur Genüge, daß man eine vertiefte Einsicht in die Wirkung nur gewinnen kann, wenn man den einzelnen Komponenten sorgfältig nachgeht und sich weiterhin Kenntnis von den versuchsmäßig festgestellten Bremswegen verschafft. Da den in erster Linie zu betrachtenden stärksten Bremsungen naturgemäß auch die größten Verzögerungen entsprechen, so sind die Erkenntnisse, die wir anstreben, nicht nur von Wichtigkeit für die Einsicht in den Betrieb überhaupt, sondern auch für die Fahrzeitermittlung, für die man natürlich meist nur solche Verzögerungen (m/s^2) in Ansatz bringen wird, die *unterhalb* derer bei stärkster Bremswirkung liegen, zur Schonung der Fahrzeuge und zur größeren Annehmlichkeit für die Fahrgäste.

Gegen Änderungen der signaltechnischen Anschauungen wird man die Bremsbetrachtung grundsätzlich als immun ansehen können. Anfangs sah man in den Signalen nur die Kennzeichen für den erlaubten oder verbotenen *Weg*. Die Vorsignale brachten die *Geschwindigkeit*

[1] Niederstrasser: Leitfaden für Dampflokomotivdienst, 6. Aufl. Leipzig 1941, Verk. Lehrmittel Ges., S. 405.

mindestens insofern hinzu, als der Zug auf dem Signalabstand aus der Höchstgeschwindigkeit gestellt werden können mußte. Das dreibegriffige Vorsignal sicherte dann bei Abzweigstellung des Hauptsignals eine erhöhte Geschwindigkeitsverantwortung des Lokomotivführers — Fahrt mit Geschwindigkeitsbeschränkung. Sollte die Signalentwicklung selbst dahin gehen, den Wegcharakter der Signale *ganz* durch den Geschwindigkeitscharakter zu ersetzen und die Strecke in durch kongruente, zuggesteuerte Signale begrenzte Einzelabschnitte aufzuteilen, so bliebe doch jedes Signal gleichsam das Vorsignal des folgenden, und damit würde also bremstechnisch nichts geändert werden. Zahlenmäßig liegt bei großen Höchstgeschwindigkeiten jedenfalls die Entscheidung über die Signalabstände bei dem möglichen Bremsweg.

Eine Abweichung von dem bisher betrachteten Regelfall der Bremse mit dem Ziel der Geschwindigkeitsverminderung oder -vernichtung stellt die *Senkbremsung in stärkeren Gefällen* dar, in denen die Schwerkraftkomponente größer ist als der Zugwiderstand. Hier will man die Geschwindigkeit, wenigstens hinsichtlich eines nicht zu großen Wertes, gar nicht senken, sondern konstant lassen, d. h. kinetische Energie nicht vernichten, sondern nur nicht zunehmen lassen. Da es aber in einem irgendwie hinzutretenden Gefahrfall obendrein möglich sein muß, den Zug im Gefälle zum Halten zu bringen, so erhellt, daß die Senkbremsung schwächer bleiben muß, als die Schnellbremsung zum Halten. Wenn wir also unseren Betrachtungen vornehmlich die letztere zugrunde legen, können wir beruhigt sein, daß auch die Senkbremsung damit gedeckt ist.

Ein Teil der hier angedeuteten Schwierigkeiten wird uns in genauerer analytischer Form nochmals begegnen (S. 124).

XI. Die Reibungsverhältnisse beim Bremsen.

Summarisch ausgedrückt besteht der Bremsvorgang darin, daß die kinetische Energie des Zuges ganz — oder wenn nicht gehalten zu werden braucht, zum größten Teil — durch die Reibung von Bremsklötzen an den Rädern vernichtet wird, wobei die Reibungsarbeit den Verschleiß (Zerspanung) des Klotz- und Reifenmaterials und eine meist erhebliche Wärmeentwicklung im Gefolge hat. Von der Reibungs*arbeit* muß man natürlich entsprechend der physikalischen Dimension der Bewegungsenergie sprechen.

Genauer besehen besteht das Wesen der üblichen Bremsung in einer Drehmomentgleichung für die gebremsten Räder im Zusammenspiel von *zwei* Reibungskoeffizienten, nämlich für die gleitende Reibung zwischen Klotz und Rad und für die Haftreibung zwischen Rad und Schiene. Mindestens ist dies der normale, gewünschte Vorgang. Der gebremste Zuganteil sei nun nach Abb. 38 durch eine Achse symbolisiert, die mit G t einschl. ihres Eigengewichts belastet ist, und an die je Rad zwei Bremsklötze mit je $P/4$ t Klotzanpreßkraft — meist, aber dimensionsmäßig nicht richtig, als Klotzdruck bezeichnet — angedrückt werden. Bewegungsrichtung und Drehsinn sind durch Pfeile gekennzeichnet. μ_k sei die Reibungsziffer zwischen Klotz und Rad, μ_s die zwischen Rad und Schiene mit der oberen Grenze μ_h als Reibungsziffer der Haftreibung. Die zum Bremsen gewünschte Klotzreibung stellt dann mit dem Raddurchmesser D in m ein Drehmoment

$$M_k = 1000\, P \cdot \mu_k \cdot D/2 \text{ mkg}$$

dar, das durch die Reibung zwischen Rad und Schiene ermöglicht werden muß. Haftet die Achse mit dem Höchstwert $G \cdot \mu_h$ auf der Schiene, so steht als *größtes* Drehmoment für das Durchziehen der Räder zwischen den angedrückten Klötzen zur Verfügung:

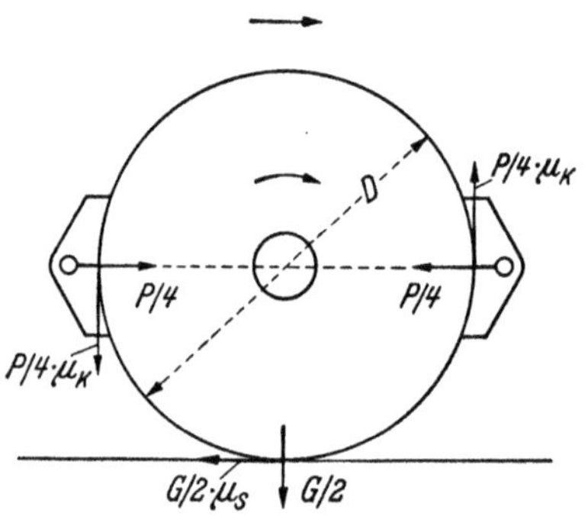

Abb. 38. Die Kräfte am gebremsten Rad.

$$M_h = 1000\, G \cdot \mu_h \cdot D/2 \text{ mkg},$$

und zwischen diesen beiden Momenten besteht die Beziehung

$$P \cdot \mu_k \cdot D/2 = G \cdot \mu_s \cdot D/2 \leqq G \cdot \mu_h \cdot D/2,$$

oder nach dem *Klotzdruck* aufgelöst:

$$P = \frac{\mu_s}{\mu_k} G \leqq \frac{\mu_h}{\mu_k} G.$$

Wird nicht die größte Bremswirkung angewandt, so tritt zwischen Rad und Schiene natürlich nicht die volle Haftreibung auf, sondern nur der kleinere, aber vieldeutige Wert μ_s, der das Ungleichheitszeichen verschwinden läßt.

Dadurch ist übrigens auch die *Senkbremsung* (S. 111) *mit* der *Klotzbremse* gedeckt. Läßt man den Ton auf dem Drehmoment, so umgreift die Ungleichung auch die Senkbremsung mit der *Gegendruckbremse*, also der Lokomotivmaschine als Kompressor, oder der *elektrischen Bremsung* mit Energievernichtung in Widerständen oder Stromrückleitung in das Netz, wobei das Drehmoment der Bremsklotzreibung durch die Drehmomentsumme der als Generatoren laufenden Motoren ersetzt ist, in beiden Fällen freilich dann auf die Lokomotive allein bezogen.

Streng genommen bedarf die grundlegende Gleichung oder Ungleichung noch einer kleinen Korrektur. Das Haftreibungsmoment muß nämlich nicht nur das Drehmoment der Bremsklotzreibung, sondern auch das der Achslager und äußerstenfalls das der Rollreibung bestreiten. Nun sahen wir oben beim Zugwiderstand, daß diese beiden Reibungsanteile rd. 1,5 kg/t ausmachen. Nehmen wir hier einmal kurz vorweg, daß nach METZKOW mit $\mu_s = 0{,}15 = 150$ kg/t betrieblich (also etwas unterhalb μ_h) gerechnet werden kann, so macht also der normale Bewegungswiderstand nur 1% der Bremskraft aus. Betrachtet man die Lage — als wahrscheinlicher — so. daß *beim Bremsen* die rollende Reibung mit in dem μ_s steckt und nicht als Rollwiderstand noch einmal besonders in Ansatz zu bringen ist, so bleibt nur die reine Achslagerreibung mit $\leq {}^1/_3$% der Haftreibung, als Drehmoment ausgedrückt. Selbst 1% wäre aber ein Fehler, der gegenüber den Schwankungen der Klotzreibung völlig in den Hintergrund tritt, und *wir können deshalb praktisch bei dem bremsenden Drehmoment auf die Berücksichtigung der Lagerreibung verzichten.*

Auch ein anderer Umstand ist noch hervorzuheben: Schon wegen der Geschwindigkeitsabhängigkeit der μ_k-Werte muß zu ihrer zuverlässigen Ermittlung jeweils bei *konstanter* Geschwindigkeit gemessen werden. Es handelt sich dann also um einen von einer Lokomotive *gezogenen* Versuchswagen (S. 134), nicht um einen Bremsvorgang mit abnehmender Geschwindigkeit. Der letztere Vorgang ist nur mit einer *Arbeitsgleichung* unter Benutzung von μ_k als *Funktion* zu verfolgen.

Aus der obigen Formel geht schon grundsätzlich hervor, daß es eine größte Klotzkraft gibt, die nicht überschritten werden darf. Sonst vermöchte die Haftreibung das entsprechende Drehmoment nicht mehr zu sichern; die Räder würden zwischen den Klötzen festgeklemmt, und an die Stelle der Haftreibung träte die Gleitreibung zwischen Rad und Schiene. Sie wäre, außer wegen ihres geringen Betrages (S. 118), noch deshalb unerwünscht, weil die Räder durch Schleifstellen unrund würden, indem ein lokalisierter Verschleiß an Stelle des gleichmäßig auf den ganzen Radumfang verteilten träte.

Das Verhalten der Reibungsziffern ist selbstverständlich nur durch Versuche festzustellen. In Parallele zum zweiten Abschnitt des Buches würde man deshalb vor der Erörterung der Versuchs*ergebnisse* vielleicht erst eine solche der Versuchs*methodik*, also z. B. der Bremsversuchswagen, erwarten. Es besteht aber doch ein erheblicher Unterschied, der mir pädagogisch einen abweichenden Weg als zweckmäßig erscheinen läßt. Die sozusagen *aktive* Zugdynamik kommt nämlich, wie wir sahen, erst als Synthese zweier Erkenntniskreise zustande, die zunächst je für sich zu behandeln waren. Ihre versuchsmäßige Grundlage liefert aber in beiden Fällen der Meßwagen, dessen Erörterung also vorausgeschickt wurde. Der Bremsvorgang ist dagegen eine einheitliche Erscheinung, deren Theorie am besten gleich unter Benutzung der durch Versuche gewonnenen Erkenntnisse zusammenhängend behandelt wird, und der dann die Beschreibung der Meßmethoden folgt. Die Darstellung wirkt so zweifellos lebendiger.

Oben wurde schon die Abhängigkeit der Klotzreibung von der Geschwindigkeit *und* dem Flächendruck erwähnt. Die erstere Erkenntnis ist die ältere. Sie entstammt den seinerzeit viel beachteten Versuchen von GALTON in England 1878 und bestand darin, daß μ_k mit der Geschwindigkeit sehr stark abnimmt. Diese Tatsache könnte man insofern betrüblich nennen, als gerade bei den hohen Geschwindigkeiten, wo man sich das μ_k groß wünschen möchte, es tatsächlich klein ist. Indes wurden konstruktive Folgerungen, wie später von KUNZE-KNORR in Gestalt des Bremsdruckreglers der Schnellzugbremse, noch nicht gezogen; die geringeren Ansprüche, die man bis etwa 1915 an die Schnellzugbremse stellte, erlaubten das Verbleiben im Erkenntnistheoretischen.

Abb. 39, die einer Aachener T.-H.-Festschrift von 1902 entstammt, in der SOMMERFELD das Bremsproblem auf damaliger Grundlage behandelte, zeigt seine Auswertung der GALTONschen Versuche mit ihren eingrenzenden Kurven für die günstigsten und ungünstigsten Reibungsverhältnisse, und zwar für gußeiserne Bremsklötze auf stählernen Radreifen. Insgesamt tritt also ein *Band*, nicht eine Einzelkurve auf. Übrigens decken sich diese Grenzkurven ganz gut mit den hineinpunktierten Werten nach WICHERT, die dieser mit Stahlgußbremsklötzen auf Stahlreifen auf einer großen Drehbank erhielt, während GALTON einen wirklichen Eisenbahnwagen unter Einschaltung eines Dynamometers geschleppt hatte.

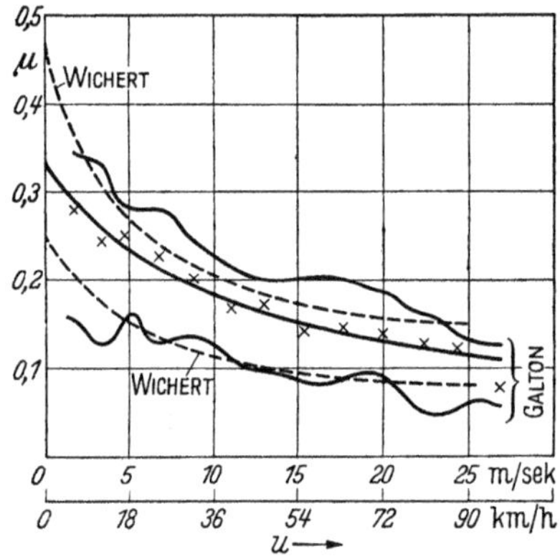

Abb. 39.
Verlauf des Bremsklotz-Reibungswertes nach GALTON und WICHERT. (Nach Festschrift der T. H. Aachen zur Düsseldorfer Ausstellung 1902.)

Die durch Kreuze bezeichneten, von SOMMERFELD zu einer Mittelkurve benutzten Werte sind die in den technischen Handbüchern tabellarisch wiedergegebenen. Die Kurven wissen noch nichts vom Einfluß des spezifischen Anpreßdrucks der Bremsklötze und erblicken den Grund der Streuung in der günstigeren Reibung bei trockenen und der ungünstigeren bei nassen Schienen, sie geben den charakteristischen starken Abfall des μ_k mit zunehmendem V wieder und sind nicht nur aus historischem Interesse an der ersten *Feinanalyse* des μ_k gebracht, sondern auch, weil die Mittelwerte in ihrer Größenordnung noch heute gar nicht schlecht zutreffen.

Heute wissen wir also durch die Versuche von METZKOW, daß das μ_k nicht nur — noch gleiche Oberflächenbeschaffenheit und gleiche Werkstoffe vorausgesetzt — die Funktion *einer* Veränderlichen, nämlich der Geschwindigkeit, ist, sondern auch von dem spezifischen Klotzdruck abhängt[1]. Auch die vorausgesetzten Umstände sind also eigentlich noch kurvenändernde Parameter, und man muß sich schon, um nicht ein hoffnungsloses Gewirr zu erhalten, auf Mittelwerte oder besonders häufige Verhältnisse beschränken. Selbst für diese gibt es also nicht nur *eine* Kurve $\mu_k = f(V)$, sondern eine ganze *Schar* von Kurven, die im Bildfeld um so höher, also günstiger liegen, je kleiner der spezifische Klotzdruck als zweitwichtiges Bestimmungsstück ist. METZKOW stellte

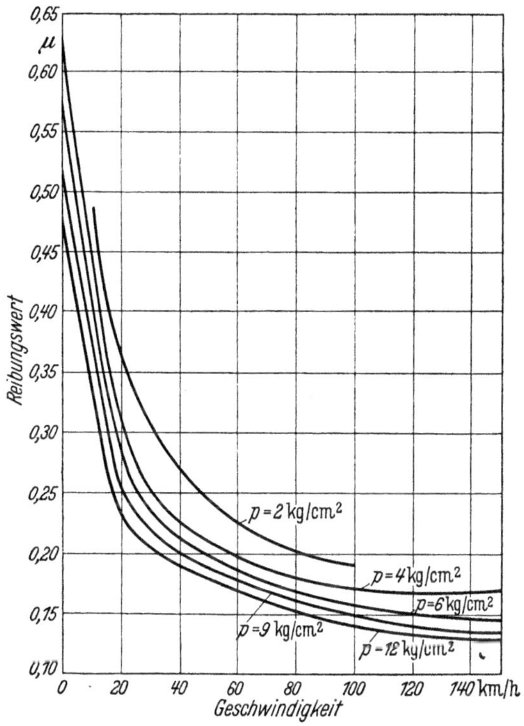

Abb. 40.
Doppelabhängigkeit der Bremsklotzreibung von Geschwindigkeit und spez. Anpreßdruck nach Prüfstandsversuchen von METZKOW. (Nach Glasers Ann. Festschrift 1927.)

diese Kurven an einer stationären Versuchseinrichtung fest, die auf S. 136 noch erwähnt wird; seine Ergebnisse sind in Abb. 40 wiedergegeben, die sich auf die Ordinaten Geschwindigkeit und Reibungswert mit dem spezifischen Druck p als Parameter aufbaut. Wir werden unten noch sehen, daß diese Kurven nur *artmäßig*, nicht zahlenmäßig für die Wirklichkeit zu werten sind. Die Kurvendarstellung ist dem Brems*betrieb* angepaßt: Bei einer Bremsung mit gleichbleibendem Brems-

[1] METZKOW: Weitere Ergebnisse der Versuche für die Ermittlung des Reibungswertes zwischen Rad und Bremsklotz. Glasers Ann., Jubiläums-Sonderheft 1927, S. 137.

zylinderdruck, also auch gleichbleibendem p, verläuft der Reibungswert zunehmend nach der entsprechenden Kurve der Abb. 40. Bremst man in Stufen, indem man den zunächst niedrigeren Druck im Bremszylinder durch erneute Betätigung des Führerbremsventils erhöht, so springt der p-Wert bei der Geschwindigkeit im Augenblick dieser Betriebshandlung nach unten auf eine andere Kurve, also auf ein kleineres μ_k. Wir sehen, daß die Druckzunahme im Bremszylinder und die dadurch gegebene Klotzkraft P soweit gesteigert werden muß, daß die Abnahme des μ_k im Enderfolg $P \cdot \mu_k$ mehr als ausgeglichen wird. Ein zu schwächliches Hochgehen mit der Kolbenkraft des Bremszylinders wäre also wirkungslos, weil es die resultierende Bremskraft $P \cdot \mu_k$ nicht, wie beabsichtigt, erhöhen würde.

Die niedrigen μ_k-Werte bei großen Geschwindigkeiten zeigen, daß eine große Bremskraft nur erhältlich ist, wenn man sehr große Klotzkräfte P anwendet, weil das Entscheidende das Produkt $P \cdot \mu_k$ ist. Man gleitet dann nun aber mit sinkender Geschwindigkeit auf der Kurve des entsprechenden p mit dem μ_k nach oben, und es fragt sich, ob man dabei nicht schließlich mit der wachsenden Bremskraft $P \cdot \mu_k$ das mögliche Maximum $G \cdot \mu_h$ überschreitet. Das ist in der Tat bei den ausgesprochenen Schnellzugbremsen der Fall, und man muß um so mehr bei einer gewissen, schon relativ kleinen Geschwindigkeit die große anfängliche Klotzkraft P wieder herabmindern, als mit sinkendem P das kleinere p auf ein höher liegendes μ_k hinaufführt. Hierfür wählte die KUNZE-KNORR-Schnellzugbremse (KKS) den Weg, die Kräfte $P \cdot \mu_k$ an einem Rade mit einem doppelarmigen Hebel, an dem die beiden Bremsklotzgehänge angreifen, zu einer Reibungswaage zu gestalten, deren Gegenmoment durch eine doppelseitige, vorgespannte Feder gebildet wird. Sobald diese Vorspannung durch das Moment der wachsenden Reibungskräfte überwunden wird, stellt sich der Hebel schräg und betätigt ein Entlüftungsventil des Bremszylinders zur Druckminderung. Man kann natürlich aber auch unmittelbar auf die Geschwindigkeitsabhängigkeit des μ_k zurückgreifen und bei einer kleineren Geschwindigkeit (z. B. 50 km/h), die noch sicher über der *Klemmgeschwindigkeit* der Räder liegt, einfach mit einem kleinen Zentrifugalregler in einer Achsbuchse ein Relais steuern, das die Kraft des Bremskolbens senkt (HILDEBRAND-KNORR-*Bremse*, HiKSS).

Auch die *Druckabhängigkeit* der Klotzreibungsziffer hat zu baulichen Folgerungen geführt. Im ersten Augenblick erschien die Lösung einfach, nämlich da, wo bisher der spezifische Klotzdruck zu groß und also zu ungünstig erschien, zu größeren Bremsklötzen, sozusagen mit längerer Sohle überzugehen. Bei gleichem P gelangte man dann also über die größere Anlagefläche vermeintlich zu kleineren Anpreßdrücken. Aber die Rechnung war ohne den Wirt gemacht: durch die Erwärmung und elastische Verformung der Klötze beim Bremsen, *bäumten* sich die Klotzenden auf und lagen nicht mehr oder nur mit schwachem Druck an. Da nun offenbar die Formänderung eines Bremsklotzes mit dem Zentriwinkel abnimmt, ging man zu *mehrteiligen* Bremsklötzen über; der große ursprüngliche Bremsklotz wurde zum Träger zweier (oder versuchsmäßig vorübergehend dreier) leicht auswechselbarer kleinerer Bremsklötze, die *einzeln* für sich wesentlich kleinere Zentriwinkel als der Ausgangsklotz aufwiesen, aber mit ihrer *Summierung* die angestrebte große Anlagefläche repräsentieren. Der geteilte Bremsklotz mit auswechselbarer einfacher Sohle war zunächst der Absicht besserer Materialausnutzung entsprungen; er zeigte als Nebenwirkung auch eine geringere Temperaturverformung mit schon merkbar kürzerem Bremsweg. BREEST

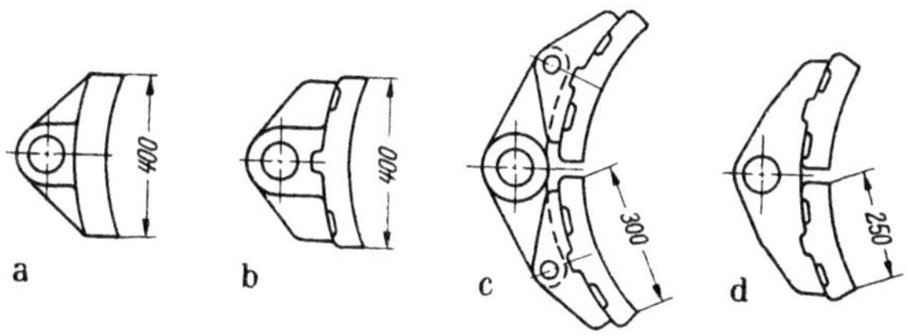

Abb. 41. Entwicklung der Bremsklotzformen für kleine effektive Anpreßdrücke. (Nach Niederschrift des Deutsch. Brems-Aussch. 1938.)

berichtete darüber in der 15. Sitzung des Deutschen Bremsausschusses 1938. Die Abb. 41 zeigt einen gewöhnlichen Bremsklotz, einen geteilten mit auswechselbarer einfacher Sohle und einen geteilten Bremsklotz mit zweifach unterteilter Sohle (Doppelbremsklotz) in zwei Spielarten. Versuche mit verschiedenen Klötzen bei einem D-Zug mit KKS-Bremse zeigten einen geringen Bremsweggewinn schon durch die bessere Wärmeableitung des geteilten Klotzes, sodann das scheinbare Paradoxon einer noch etwas größeren Bremswegverkürzung durch den Übergang zu geringerer Sohlenlänge (350 statt 450 mm), erklärlich durch die geringere Verformung infolge des kleineren Zentriwinkels, und endlich den größten Sprung durch Anwendung der Doppelbremsklötze. Bei Bremsung aus 120 km/h betrug der Bremsweggewinn gegenüber dem *Urklotz* 100 m. Außerhalb der langsamer wirkenden Güterzugbremse beherrscht heute der Doppelbremsklotz das Feld.

Etwas kürzer läßt sich nach den Versuchen von METZKOW[1] das entscheidende μ_h, der Haftwert, behandeln. METZKOW benutzte zu seiner Feststellung den Schleppversuch, der weiter unten näher behandelt wird. Er unterschied dabei einerseits zwischen *trocknen*, nassen, d. h. vom Regen *abgespülten* und anderseits *schlüpfrigen* Schienen, diese durch

[1] METZKOW: Untersuchung der Haftreibungsverhältnisse zwischen Rad und Schiene. Organ 1934, S. 147.

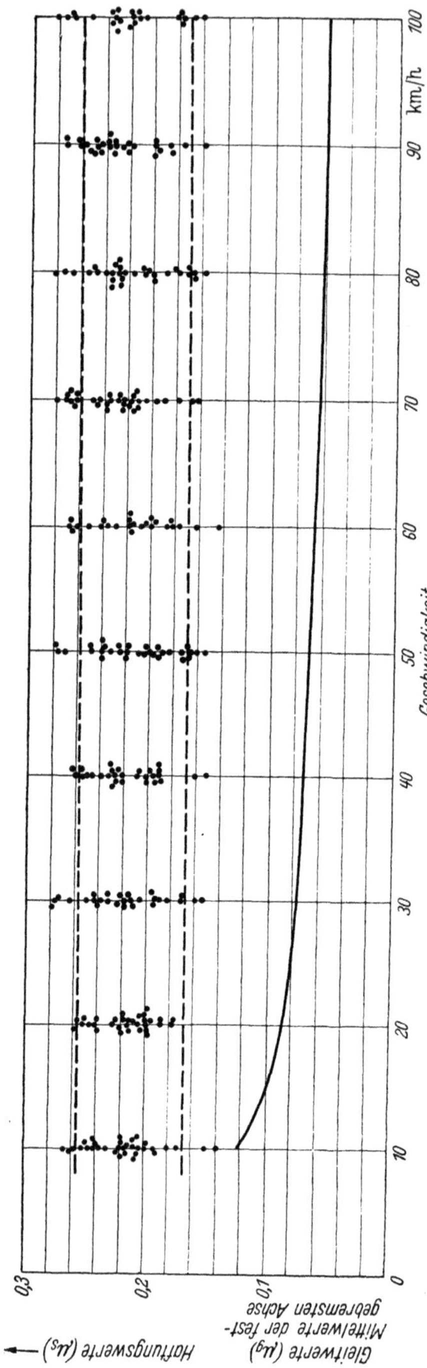

Abb. 42. Haftwertband eines gebremsten Rades für mäßigen Achsdruck und trockene Schienen nach METZKOW. (Aus Organ 1934.)

künstliche, leichte Benässung, entsprechend beginnendem Regen verwirklicht; endlich noch — gegenüber diesem ungünstigen Extrem als günstigstem — *gesandeten* trocknen Schienen. Anschließend wurde noch der *Gleitreibungswert* μ_g der kurzzeitig festgebremsten Achse festgestellt.

In Abb. 42 sind die Ergebnisse bei leichter belasteter Achse aus METZKOWS grundlegender Arbeit wiedergegeben. Wir sehen, daß die Vielzahl der einzelnen Versuchswerte μ_h ein *Band* darstellen, das METZKOW so gelegt hat, daß nur einige Extremwerte nach oben und unten nicht berücksichtigt sind. Die Bildung einer Mittelwertkurve lehnt er vor allem deshalb ab, weil man bei der Bremse als Sicherheitsorgan mit den *ungünstigeren*, kleineren Werten rechnen müsse. METZKOW hat übrigens nicht in allen Fällen den Grundsatz der Herauslassung nur vereinzelter Punkte aus der Bildung des *Bandes* gleichmäßig befolgt; bei der Bremsung auf gesandeten Schienen für kleinere Achslast und auf nassen Schienen für größere Achslast müßte im ersteren Falle das unterstellte Band namentlich nach oben und auch etwas nach unten, im zweiten Falle nach oben verbreitert werden. Auf jeden Fall aber zeigen die von

METZKOW gegebenen Streubänder für μ_h durch ihren fast ausnahmslos waagerechten Verlauf, *daß die Größe der Haftreibung bis* 100 *km/h von der Geschwindigkeit unabhängig ist.* Nur bei gesandeten trockenen Schienen, freilich einer ungewöhnlich starken, dem normalen Betrieb nicht unterlegbaren Bremsart, würde doch wohl ein wesentlich breiteres und etwas fallendes Band den einzelnen Meßpunkten besser entsprechen.

Besonders bemerkenswert ist, daß — abgesehen von den schlüpfrigen Schienen einerseits und den gesandeten Schienen anderseits — *die untere Begrenzung der Bänder übereinstimmend, mit nur kleinen Abweichungen nach oben und unten, bei* $\mu_h = 0{,}17$ *liegt, gleichgültig, ob es sich um größere oder kleinere Achslasten und um trockne oder wirklich nasse Schienen handelt.* Für das Bremsen tritt also scheinbar der Unterschied zwischen trocknen und nassen Schienen — solange nur keine Schlüpfrigkeit vorliegt — nicht so hervor, wie wir es oben beim Antriebsvorgang sahen. Auch nach oben hin sind die Unterschiede bei den METZKOWschen Bändern nicht erheblich: bei trocknen Schienen etwa $\mu_h = 0{,}23$ bis 0,26, bei nassen $\mu_h = 0{,}22$ bis 0,24. Nicht zwischen trocken und naß, sondern zwischen trocken und leicht genäßt, *schlüpfrig,* ist — so betont es METZKOW — zu unterscheiden. Und hier sind nun allerdings wirklich die μ_h-Werte wesentlich kleiner; der *obere* Rand des Bandes liegt mit $\mu_h = 0{,}18$ nur wenig höher, als der *untere* Rand bei trockenen und eigentlich nassen Schienen. Die *untere* Bandbegrenzung bei schlüpfrigen Schienen liegt unter 0,1, etwa bei 0,095. Und das sind, bei der Art der Erzeugung der Schlüpfrigkeit nicht einmal die ungünstigsten Fälle: Laubfall und Glatteis, deren niedrige Reibungslage ja längst bekannt ist.

Festgestellt wurden auch die μ_g-Werte, wenn auch nicht in einem Umfang, daß ein μ_g-*Band* aufgestellt werden konnte. Die Lage ist also nicht so sicher, wie beim Haftwert, und kann mehr nur größenordnungsmäßig ausgewertet werden. Sie beginnt für 10 km/h, zunächst stärker fallend mit etwa $\mu_g = 0{,}1$ und sinkt bis zu 100 km/h auf 0,04 bis 0,06. Das genügt aber zum einwandfreien Nachweis, *daß eine Achse beim Festbremsen auf einen sehr niedrigen Gleitwiderstand abfällt, der z. T. noch unter der Grenze der Haftreibung schlüpfriger Schienen liegt.* Dies ist also ein weiterer Nachweis für die Notwendigkeit von Einrichtungen, die ein Festbremsen verhüten. Übrigens könnte man im ersten Augenblick μ_g für identisch mit μ_k halten; die Abhängigkeit vom Flächendruck, der bei der kleinen Aufstandsfläche des Rades sehr groß ist, hat aber die Folge, daß $\mu_g < \mu_k$ ist.

Die wichtigste Forderung METZKOWS in seiner Abhandlung ist die, *daß man im Betrieb mit keinem höheren Haftreibungswert als* $\mu = 0{,}15$ *rechnen darf.* Der vorhin als untere Grenze bei trocknen und sauberen nassen Schienen erkannte μ_h-Wert von rd. 0,17 war ja bereits durch beginnenden Schlupf festgestellt; einen kleinen Sicherheitsabstand muß man also schon in Anwendung bringen. Die untere Grenze bei schlüpfrigen Schienen mit kaum $\mu = 0{,}1$ könnte sogar gegen einen Betriebswert von 0,15 bedenklich stimmen, aber hier wird man mit dem *Sandstreuer* eingreifen. Der höchste μ_h-Wert bei allerdings trocknen, *gesandeten* Schienen betrug sogar 0,48, der niedrigste 0,25; jedenfalls ist die Reibungssteigerung durch das Sanden so bedeutend, daß wir das Bedenken, $\mu_s = 0{,}15$ sei vielleicht nicht einmal vorsichtig genug, fallen lassen können.

Und dieser Wert bringt nun noch eine wichtige Erkenntnis: $1000\,\mu_s\,G$ ist ja die verzögernde Reibungskraft in kg; das Gewicht $1000\,G$ kg als Kraft erteilt der zugehörigen Masse bekanntlich die Beschleunigung $g = 9{,}81 \sim 10$ m/s²; *die größte betrieblich zulässige Haftreibungskraft gestattet also keine größere Verzögerung als* $0{,}15 \cdot 10 = 1{,}5$ m/s². Vergleichsweise sei erwähnt, daß hier der Kraftwagen, mindestens bei *Trockenheit*, mit seinem wesentlich größeren $\mu_h \geqq 0{,}35$ für Gummi auf Asphalt im Vorteil ist. Für den *gesamten* Bremsvorgang eines Eisenbahnzuges wäre die Verzögerung von 1,5 m/s² aber nur bei sofortigem Einsetzen und dauerndem Durchhalten des vollen Bremsdrehmoments $P \cdot \mu_h \cdot D/2 = 0{,}15\; G\,D/2$ zu erzielen, was praktisch nicht voll durchführbar ist.

Ob das Streuband der μ_h-Werte seinen waagerechten Verlauf auch jenseits $V = 100$ km/h fortsetzt, dafür fehlen leider noch die wirklichen Versuche. Pflanz glaubt bei $V > 100$ km/h ein Abnehmen der Reibung, also ein Sichsenken des Metzkowschen Bandes voraussagen zu können[1]. Übrigens führt das $\mu_s = 0{,}15$ zu einer bemerkenswerten Feststellung: In Abb. 40, die Metzkows μ_k-Werte von einem kleinen stationären Prüfstand wiedergab, ist z. B. für den spezifischen Klotzdruck von 11 kg/cm² (D-Zug-Wagen mit KKS-Bremse) bei 100 km/h $\mu_k = 0{,}14$. Nach der Gleichung $P \cdot \mu_k = G \cdot \mu_s$ würde also in diesem Falle $P = G \cdot 0{,}15/0{,}14 = 1{,}07\,G$ sein dürfen. Tatsächlich wird aber bei den hochprozentigen Schnellzugbremsen (z. B. $P/G = 1{,}8$) der große Bremszylinderdruck erst bei 50 bis 55 km/h fortgenommen, wo ein größeres μ_k nach Metzkows Kurven erwartet werden müßte. Dieser Widerspruch ist nur durch die Annahme auszuschalten, daß die stationären, *nicht maßstabtreuen* Versuche das Verhalten der Reibung nur qualitativ, nicht quantitativ wiedergeben; ohnehin ist ja der spezifische Klotzdruck rein geometrisch auf die Klotzprojektion in der Kraftrichtung bezogen und also gleichmäßig verausgesetzt. Das *kraftschlüssige* Verhalten kann durch die elastisch-thermische Klotzverformung dagegen ungleichmäßig, und bei *Modell* und *Naturgröße* auch noch verschieden

[1] Pflanz: Rad und Schiene als Reibungsgetriebe. Elektrische Bahnen 1944, S. 24.

sein. Den μ_k-Werten der Figur wohnt daher eine nicht unerhebliche Unsicherheit inne. Greift man einmal probeweise auf die Zahlen der GALTONschen Tabelle, z. B. in der *Hütte* zurück, so erscheint dort für $V = 96$ km/h ein $\mu_k = 0{,}074$. Für 100 km/h würde bei der fallenden Tendenz der μ_k-Werte mit V das μ_k sogar noch geringfügig tiefer liegen. Stellen wir diesen Wert dem $\mu_s = 0{,}15$ gegenüber, so kommt $P/G \geq 2{,}03$. Bis zu 220% Abbremsung, also $P/G = 2{,}2$ ist aber in der Tat die HILDEBRAND-Schnellzugbremse mit dem bei $V \sim 50$ km/h entlüftenden Fliehkraftregler ohne Festbremsen fortgeschritten[1]. Auch RECKEL hat übrigens

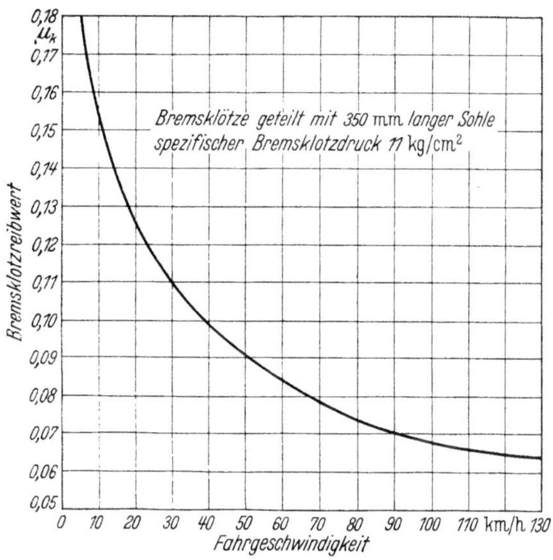

Abb. 43. Veränderlichkeit der betriebsmäßigen Bremsklotzreibung mit der Geschwindigkeit nach RECKEL. (Nach Z. VDI. 1936.)

1935 eine gegenüber METZKOW wesentlich tiefer liegende μ_k-Kurve nach Abb. 43 für $p = 11$ kg/cm² gebracht[2]. p ist eben sozusagen nur ein idealisierter geometrischer Projektionswert.

Es muß aber gerechterweise bemerkt werden, daß METZKOW, ohne die eben gebrachte Betrachtung schon anzustellen, selbst darauf hinweist, daß seine Prüfstandswerte (μ_k) nicht ohne weiteres zur Durchführung praktischer Bremsberechnungen verwendet werden können[3].

Eine Verbesserung der Bremsung in Richtung größerer Verzögerungen und kleinerer Bremswege durch Verbesserung des oberen Grenzwertes

[1] HILDEBRAND: Die Entwicklung der selbsttätigen Einkammer-Druckluftbremse. Erg.-Bd., Berlin: Springer 1939, S. 67.

[2] RECKEL: Verbesserungen an der Klotzbremse. Z. VDI 1935, S. 1244.

[3] METZKOW: Glasers Ann., Jubiläums-Sonderheft 1927, S. 197.

($\mu_s = 0{,}15$) *ist bei allen Bremsen ausgeschlossen, die ihren Antrieb vom Haftwert der Räder auf den Schienen herleiten.* Das ist gleichsam die Kehrseite des geringen Rollwiderstandes, den die Stahlreifen auf den Stahlschienen als Komponente des üblichen Zugwiderstandes darbieten. So würden etwa Scheibenbremsen, Wirbelstrombremsen oder andere Werkstoffe für die Bremsklötze, wie Holz oder Asbestbeläge, im Grunde nichts ändern. Allerdings könnten Verbesserungen zustande kommen, wenn die Klotzreibungsziffer solcher anderen Werkstoffe nicht so stark von der Geschwindigkeit abhängig ist, wie bei gußeisernen Bremsklötzen. Wenn dem betrieblich konstanten $\mu_s \leqq \mu_h$ ein konstantes μ_k gegenübergestellt werden könnte, so wäre es leicht, ein *dauerndes* Gleichgewicht der beiden maßgeblichen Drehmomente herzustellen, und wir werden im nächsten Kapitel noch sehen, wie günstig das für die Ausnutzung der maximalen Reibungsarbeit wäre. *Das Ideal wäre jedenfalls eine selbsttätige Regeleinrichtung, die das bremsende Klotzdrehmoment dem Drehmoment der Haftreibung anpaßt* (vgl. S. 128).

Der Charakter der Haftreibung als oberer Grenze spielt auch für die *Gegendruckbremse* und die *elektrische* (*Generator*-)*Bremsung* seine Rolle. Auch deren widerstehende Drehmomente gehen auf Kosten des größtmöglichen Drehmoments aus der Haftreibung $1000\, G_r \cdot \mu_h \cdot D/2$, worin G_r das Reibungsgewicht der Lokomotive in t, D ihren Treibraddurchmesser in m bezeichnen. Ebendeshalb ist ihre Stellung zum Drehmoment der Klotzreibung die eines Entweder-Oder; man kann *nicht beide zugleich* voll aus dem Drehmoment $1000\, G_r \cdot \mu_h \cdot D/2$ bestreiten. Übrigens ist die Widerstandskraft $1000\, G_r \cdot \mu_h$ so erheblich, daß z. B. eine Lokomotive mit Gegendruckbremse noch einen Teil des Wagenzuges auf dem größten Gefälle der Reibungsbahnen ($s \sim 25^0/_{00}$) mit übernehmen kann.

Da die Veränderlichkeit des μ_k bei den üblichen Bremsklötzen mit der Geschwindigkeitsspanne wächst, ist es auch aus diesem Grunde erklärlich, daß die Deutsche Reichsbahn in der ersten Hälfte der dreißiger Jahre eine Arbeitsgemeinschaft für Bremsen an besonders schnell fahrenden Zügen eingesetzt hatte. Diese kam indes durch ihre Untersuchungen zu dem Ergebnis, daß der so robust erscheinende, mit großen Kräften angedrückte Bremsklotz nach wie vor das Verläßlichste ist, nachdem auch ein zunächst aussichtsreicher Bremsbelag mit — trocken — wenig streuendem μ_k (und bei kleinen Drehmomenten, z. B. der Kraftwagen, bei gekapselter Ausführung erfolgreich) sich gegen Nässe nach der ungünstigen Seite empfindlich gezeigt hatte. Da an sich ohnehin vorerst mit den üblichen Bremsen, einschl. der Kunze-Knorr-Schnellzugbremse gerechnet werden mußte, kam die Arbeitsgemeinschaft schon bald zu dem Ergebnis, daß wenn man wesentliche Steigerungen der Geschwindigkeit anstrebte, eine Hinausschiebung der Vorsignale auf 1000 m unvermeidlich sei, die dann auch verfügt wurde.

Eine Form der Bremse gibt es allerdings, die — auf der normalen Eisenbahn — von der Haftreibung der Räder unabhängig macht: die *Magnetschienenbremse*, bei der sich von Wicklungsspulen erregte Bremsmagnete an den Schienen sozusagen festsaugen und vom Drehgestell unter zusätzlichem Gleitwiderstand mitgeschleppt werden müssen. Natürlich kommt man damit in das Gebiet der kleinen Reibungsziffern etwa zwischen μ_k und μ_g, von denen die letzteren oben als untragbar für die *normale* Bremsung schon behandelt wurden, während hier der Vorwurf von Schleifstellen an den Radreifen natürlich fortfällt. In der Tat berichtet RECKEL[1] über die Verwandtschaft zu METZKOWS Gleitwerten; für ungeteilte Polschuhe nennt er für 90/50/10 km/h die μ_g-Werte 0,04/0,07/0,13 und für lamellierte Polstücke 0,06/0,09/0,155. Als Ausgleich müssen natürlich große Anpressungskräfte gewählt werden, die wieder große Polschuhe bedingen. So gehört zu der Kraft von 10 t ein Polschuh von 1,28 m Länge und 0,15 m Breite. Der *Fliegende Hamburger* hatte in jedem Maschinendrehgestell 4 solcher Polschuhe. Die schwere, verwickelte (Hebevorrichtung für normale Fahrt auf das in der Umgrenzungslinie vorgeschriebene Maß), teure und sperrige, mit zusätzlichem Schienenverschleiß verknüpfte Magnetschienenbremse ist daher als Zusatzbremse auf Sonderfahrzeuge für besonders hohe Geschwindigkeiten (oder als Bremse für besonders steile elektrische Straßenbahnen) beschränkt.

Eine *zweite Form* der Unabhängigkeit der Bremswirkung von $G_r \cdot \mu_h$ besteht noch, allerdings *nur für Zahnstangenbahnen.* Hier wird das Drehmoment der Zahnräder unabhängig von der Schienenreibung *kinematisch erzwungen*, und die Abbremsung der Zahnräder wird denn auch, mindestens bei der Lokomotive, stets angewandt; als Senkbremse in Gestalt der Gegendruck- oder Generatorbremse, als zusätzliche Reibungsbremse durch ein Bremsrad mit Bandbremse auf der Zahnradwelle. Hier könnte man sogar beide widerstehenden Drehmomente addieren, bis zur Grenze der Festigkeit der Zähne. Bei wohl den meisten Zahnbahnen langt diese auf der Lokomotive konzentrierte Bremskapazität sogar aus, um noch einen erheblichen Teil der Bremskraft an den Zug abgeben zu können. Bei besonders steilen Zahnbahnen haben öfters auch die dauernd auf der Strecke verkehrenden Personenwagen lose auf den Tragachsen sitzende Zahnräder mit Band- oder Klotzbremse.

Unabhängig von der Haftreibung wäre an sich noch die Heranziehung *zusätzlicher Luftwiderstandsflächen.* Auch diese Möglichkeit hat die erwähnte Arbeitsgemeinschaft s. Z. erörtert und einen entsprechenden Versuch im damaligen Windkanal der T.H. Berlin (VOGELPOHL) angestellt. Die im Rahmen der Umgrenzungslinie noch möglichen

[1] RECKEL: Die Magnetschienenbremse.... Glasers Ann. 1935, II, S. 98.

Zusatzflächen erwiesen sich aber als Äquivalentflächen als so klein, daß die damit errechnete Verminderung des Bremsweges völlig unerheblich blieb. Die *allgemeine* Erörterung des Bremsproblems muß also die Klotzbremse unterstellen.

XII. Ist der Bremsweg oder die notwendige Bremskapazität berechenbar?

Wir wollen nun, auf die vorbehandelten Erkenntnisse gestützt, den Bremsvorgang analytisch behandeln. Das kann nur in Form einer Arbeitsgleichung geschehen und zwar in *vorläufigem* Überschlag unter der Fiktion von *mittleren* Reibungs- und Widerstandswerten.

Zu vernichten ist beim Haltevorgang des G t schweren Zuges aus der Geschwindigkeit v_1 m/s oder V_1 km/h und mit einem mittleren Zuschlag ζ für die rotierenden Massen (Anteil des ζ bei elektrischen Lokomotiven ein Mehrfaches des allgemeinen Durchschnittswerts von 6%) die kinetische Energie

$$E_{kin} = \frac{1000\,G}{g}\,(1+\zeta)\,\frac{v_1^2}{2} = \frac{1000\,G\,(1+\zeta)\,V_1^2}{2\cdot 9{,}81\cdot 12{,}96} = 3{,}93\,G\,V_1^2(1+\zeta),$$

da G t $= 1000\,G/g$ technischen Masseneinheiten sind. Die zur Vernichtung notwendige Arbeit ist das Produkt aus der mittleren widerstehenden Kraft und dem Bremsweg. Die erstere setzt sich bei einer gesamten Klotzkraft ΣP t, einer mittleren Geschwindigkeit V_m km/h während des Bremsvorgangs und einer Steigung s (oder einem Gefälle $-s$) kg/t, wenn man weiterhin die einfache Form des spezifischen Zugwiderstandes w kg/t $= a + b\,V^2$ unterlegt, aus dem Bremswiderstand $R_{br} = 1000\mu_m \Sigma P$ und dem Lauf- und Steigungswiderstand $R_{l+s} = G\,(a + b\,V^2 \mp s)$ zusammen, wobei namentlich in der Waagerechten mit $s = 0$ der erstere völlig überwiegt. Beim Bremsweg muß man die erwähnte Vorsicht begehen, den signaltechnisch zugelassenen Weg $L m$ durch einen Abzug auf $l\,m$ zu verkleinern, um den Wegausfall vom Erkennen des Vorsignals im letzten Augenblick bis zur Schnellbremsstellung des Führerventils, ja eigentlich bis zum Anliegen der Bremsklötze zu berücksichtigen. Die keineswegs unerhebliche, noch annähernd mit der Vollgeschwindigkeit V_1 zurückgelegte Strecke $L - l$ ist bei den Bremsversuchskurven der Reichsbahn (S. 138) für 1000 m Vorsignalabstand mit 130 m, für 700 m Vorsignalabstand mit 70 m angenommen. Vor Niederschreiben der Arbeitsgleichung sei noch vermerkt, daß, wenn beim Zuge der Zeiger L für die Lokomotive, W für den Wagenzug gesetzt wird, sein muß

$$G(a + b\,V_m^2) = G_L(a_L + b_L\,V_m^2) + G_W(a_W + b_W\,V_m^2).$$

Die Arbeitsgleichung selbst lautet nunmehr für mkg:

$$3{,}93\, G\, V_1^2\,(1+\zeta) = l\,[1000\, \Sigma\, \mu_m P + G(a + b\, V_m^2 \pm s)]$$

mit der Auflösung nach dem Bremsweg:

$$l = 3{,}93\, \frac{V_1^2\,(1+\zeta)}{1000\, \mu_m \frac{\Sigma P}{G} + a + b\, V_m^2 \mp s}. \tag{1}$$

Dabei ist schon vereinfachend das μ_m vor das Σ gesetzt, obgleich die verschiedenen Fahrzeuge an sich noch verschiedenes μ haben können, aber sonst absichtlich $\frac{\Sigma P}{G}$ und nicht $\sum \frac{P}{G}$ geschrieben, weil G das Gesamtgewicht, nicht etwa nur das zu den gebremsten Achsen gehörige Gewicht ist. Sind sämtliche Achsen gebremst, so decken sich beide Ausdrücke. Der Faktor 1000 überführt wieder die Bremskraft in kg, da P ursprünglich als in t gegeben angenommen war. *Vor allem aber ist die Gleichung eine unzulässige Vereinfachung, weil sie den sofortigen Einsatz des vollen P-Wertes unterstellt, während er der namentlich bei Güterzügen erheblichen Diagrammentwicklungszeit bedarf, um sich einzustellen*[1].

Handelt es sich nicht um eine Haltbremsung, sondern nur um eine Geschwindigkeitssenkung von V_1 auf V_2 km/h auf dem etwas kürzeren Weg $l_{1/2}$, so ist entsprechend (mit V_m nunmehr als effektivem Mittelwert zwischen V_1 und V_2)

$$l_{1/2} = 3{,}93\, \frac{(V_1^2 - V_2^2)\,(1+\zeta)}{1000\, \mu_m \frac{\Sigma P}{G} + a + b\, V_m^2 \mp s}.$$

In ähnlicher, etwas abgekürzter Form [unter Fortlassung des $(1+\zeta)$] steht die Bremswegformel auch in der *Hütte*.

Das Ziel sollte freilich im sicherheitlichen Sinne das sein, das ΣP oder die *Bremsprozente* festzustellen, die ein Zug führen muß, um den Bremsweg l nicht zu überschreiten. So ging z. B. 1929 BESSER vor[2], der noch auf die Auflösung des Laufwiderstandes und auf $(1+\zeta)$ verzichtet und einfach mit einem mittleren Wert w_m kg/t rechnet; mit b sind dann die notwendigen Bremsprozente bezeichnet. BESSER rechnet weiterhin nicht mit der Summe aller Bremskräfte P, sondern mit dem Verhältnis zwischen dem *Bremsklotzdruck Kl* je Rad und dem Raddruck G, also gewissermaßen der spezifischen Bremskraft je t eines gebremsten Rades, $\varkappa = Kl/G$. Dann wäre also der mittlere Bremswiderstand bei Bremsung des *gesamten*, aus kongruenten Wagen zusammen-

[1] Das beruht auf der Absicht, ein zu starkes Auflaufen des Zuges mit nachfolgenden Zerrungen zu vermeiden. Die schnellwirkenden Bremsen, insbesondere die SS-Bremsen, haben *kurze* Druckentwicklungszeiten, wobei die Auflaufvorgänge durch *Reibungspuffer* praktisch unschädlich gemacht werden.

[2] BESSER: Über die Aufstellung von Bremstafeln. Organ 1929, S. 181.

gesetzt unterstellten Zuggewichts $R_m = 1000\,G \cdot \mu_m$ (Kl/G). Da jedoch nur $b/100$ des Zuggewichts gebremst sind, so wird

$$R_m = \frac{b}{100} \cdot 1000 G \cdot \mu_m \cdot \varkappa = 10 b \mu_m \varkappa G;$$

dazu tritt noch der mittlere Laufwiderstand $G \cdot w_m$ und der Steigungswiderstand $\mp Gs$. Dann lautet die Arbeitsgleichung, gleich unter Kürzung mit G:

$$3{,}9\,V^2 = 10 b \mu_m \varkappa l + w_m \cdot l \mp s l$$

mit der Lösung

$$b = \frac{1}{\varkappa \cdot \mu_m}\left(\frac{0{,}39\,V^2}{l} - 0{,}1\,w_m \pm 0{,}1 \cdot s\right). \qquad (2)$$

In dieser Beziehung ist also gleichfalls noch unterstellt, daß die Bremswirkung nach $(L - l)$ m *Vorbereitungsweg sofort voll einsetzt* und der ganze Bremsweg in der Steigung liegt; wegen des ersteren Umstandes ergibt die Formel ein viel zu geringes b, wenn man bei der μ_m-Bildung nicht genügend vorsichtig ist und 0,39 nicht vergrößert, weil ja die *volle* Bremswirkung sich auf einen Weg $< l$ beschränkt. Der Verein Deutscher Eisenbahnverwaltungen hatte schon vorher, um an die kompliziertere Wirklichkeit anzuschließen, unbestimmter geschrieben

$$b = \frac{1/\varkappa}{\mu_m}\left(\frac{x\,V^2}{l} - 0{,}1\,w_m \pm y s\right).$$

Besser, der 1929 über die 1934er Versuche von Metzkow noch nicht verfügte, ist sich gleichwohl des Annäherungscharakters bewußt. Er will, indem er sein Näherungsverfahren zur Aufstellung von Bremstafeln noch weiter ausbaut — wir kommen auf S. 151 noch einmal darauf zurück — einen tieferen Einblick in die *Abhängigkeiten* geben; seine Ausführungen beanspruchen nicht, einen Ersatz für die Bremsversuche zu schaffen, die jederzeit endgültig als maßgebend anzusehen sind.

Nun ist die Bremsweggleichung leicht in die Differentialform überzuführen, wobei $l_{1/2}$ zum Wegdifferential wird, $V_1^2 - V_2^2$ in $-V\,dV$ übergeht und die Mittelwerte durch die Augenblickswerte zu ersetzen sind, die sich mit den Versuchswerten des vorigen Kapitels decken. Das Minuszeichen ist erforderlich, weil mit zunehmendem Weg die Geschwindigkeit abnimmt. Damit lautet also die Differentialgleichung für den Bremsweg

$$dl = -3{,}93\,\frac{V\,dV\,(1+\zeta)}{1000\,\mu_k \dfrac{\Sigma P}{G} + a + b\,V^2 \mp s}.$$

Streng genommen müßte, da oft nicht alle Fahrzeuge mit ihren Einzelbremsen übereinstimmen werden, das erste Glied im Nenner

$$\text{statt } 1000\,\mu_k \frac{\Sigma P}{G} \text{ lauten } 1000\,\frac{\Sigma \mu_k P}{G}.$$

Aber selbst bei Kongruenz der Fahrzeuge würde die Integration höchstens möglich sein, wenn μ_k nur von V abhängig wäre, und zwar müßte das μ_k eine verhältnismäßig einfache Funktion von V sein. Tatsächlich ändert sich ja aber das μ_k noch in algebraisch unbekannter Form mit dem spezifischen Klotzdruck. Man müßte dann schon für jede Bremsklotztype, um die Druckabhängigkeit auszuschalten, durch Versuche gleich eine annähernde Funktion $\mu_k = f(V)$ zu ermitteln und mit einem algebraisch einfachen Ausdruck abzubilden suchen. Endlich ist auch der *volle* P-Wert nicht sofort und bei allen Wagen gleichzeitig vorhanden, sondern P erreicht ihn erst in einer gewissen Abhängigkeit von der Zeit und also mittelbar von V.

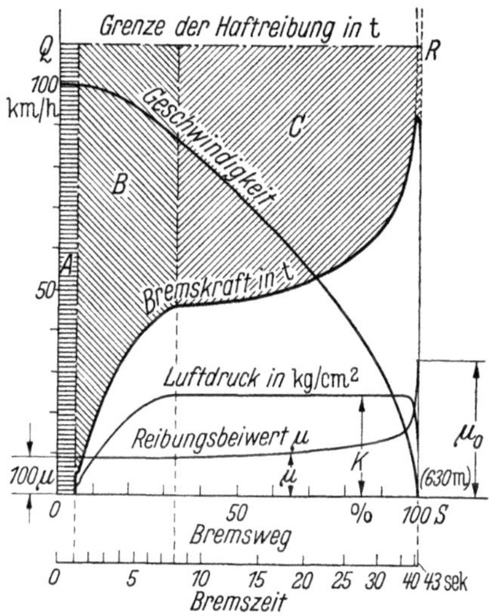

Abb. 44. Die Reibungsarbeiten beim Bremsvorgang (unvollkommene Ausnutzung der Reibung). (Nach BESSER.)

Allgemein erweist sich also die Ausführung der Integration und die Auflösung der Gleichung nach $\sum P$ *bei gefordertem Bremsweg als nicht möglich*, und damit läßt sich auch analytisch keine verläßliche Aussage über den Mittelwert μ_m machen, der für die Berechnung der Bremsprozente nach Gl. (2) notwendig wäre.

Einen guten grundsätzlichen Einblick in den Ablauf des Bremsvorgangs gibt die zeichnerische Darstellung — Abb. 44 — nach BESSER[1], die einer Schnellbremsung mit der (älteren) WESTINGHOUSE-Bremse entspricht und den Weg als Abszisse benutzt, daneben aber auch die umgerechnete Zeitabszisse bringt. Als Ordinaten weist sie den Reibungswert μ der Klötze — eigentlich ja eine Funktion der *Geschwindigkeit*, aber auf den Wegverlauf umgerechnet — auf, weiter den Luftdruck p im Bremszylinder, dessen Anstieg an sich eine Funktion der Zeit ist, die Bremskraft R, die dem Produkt $p \cdot \mu$ proportional ist, die Geschwindigkeit, und endlich als obere Begrenzung des Rechtecks die höchstmögliche Bremskraft R_{max} aus der Haftreibung. Die größte mögliche Reibungsarbeit ist als Produkt Bremskraft mal Weg durch die Rechteckfläche repräsentiert. Die schraffierten Flächen sind nicht verwertbare, verloren gehende Arbeiten, und zwar vom Augenblick der vollendeten Verlegung des Führerbremsventils in die Schnell-

[1] BESSER: Über die Grenzen der Bremswirkung bei Schienenbahnen. Z. ges. Eisenbahn-Sicherungswesen 1939, S. 29.

bremsstellung. Den Einfluß der *Durchschlagzeit*, gerechnet bis zur Zugmitte mit 1 sec, gibt die Fläche A wieder; die Fläche B ist durch den hier erst nach weiteren 7 sec vollendeten Druckanstieg im Bremszylinder bis zum vollen Wert verursacht, und C durch das Verbleiben der Bremskraft unterhalb derjenigen für volle Haftreibung auch bei vollem Bremszylinderdruck, wobei die Differenz gegen Ende der Bremsung mit wachsendem μ_k stark abnimmt. Da die rechte Spitze der Bremskraft unter $p \cdot \mu_h$ bleiben muß, man andererseits für die besonders hochgezüchtete Schnellzugbremse schon zu Beginn des vollen Drucks im Zylinder näher an die obere Grenze herankommen möchte, so erkennt man auch hier wieder die Notwendigkeit, im Gebiet der kleineren Geschwindigkeiten zu einer verminderten Klotzkraft, z. B. von $P/G = 1{,}8$ auf 0,8, überzugehen, damit die rechte Spitze der nun im Verhältnis 0,8:1,8 durch den Bremsdruckregler zackenförmig abgesenkten Bremskraftkurve sicher nicht über das bisherige Maß hinaufschnellt.

Abb. 44 läßt sehr anschaulich erkennen, daß die „Verlustfläche" an Reibungsarbeit (Anteile A und B) um so kleiner wird, je größer die Durchschlaggeschwindigkeit ist und je schneller der Druckanstieg im Bremszylinder vor sich geht. In dieser Richtung haben sich denn auch die erfolgreichen Bemühungen der Bremskonstrukteure bewegt. Weitere Fortschritte wären mit einem recht komplizierten Bremskraftregler denkbar, der den *Bremsvorgang automatisch an der oberen betrieblichen* μ_s*-Begrenzung entlangführte.*

Einen sehr hoffnungsreichen Ansatz in dieser Richtung bedeutet der Gleitschutzregler von MÖLLER (Knorrbremse)[1], der freilich nach einem größeren Einleitungsversuch durch den Krieg nicht mehr wirklich zur Auswirkung kam. Der schon oben erwähnte Achsbuchs-Fliehkraftregler steuert dabei pneumatisch über einen „Zeitbehälter" ein Auslaßventil derart um, daß das Hauptsteuerventil, bzw. der Druckübersetzer vom Bremszylinder abgeschaltet und letzterer über große Querschnitte schnell ins Freie entlüftet wird. Eingeleitet durch Überbremsen des betr. Rades ließ sich *zeitlich* die Schlupfstelle mit Drucksenkung und Wiederanstieg im Bremszylinder auf 1 Sekunde beschränken. Ein abgehängter Zug aus Leichtbau-D-Zug-Wagen konnte aus 150 km/h optimal auf 650 m gestellt werden (Verzögerung 1,33 m/s²). Zu Versuchen mit einem ganzen Zug *mit* Lokomotive kam es nicht mehr.

Der Inhalt des bisher Gesagten läßt sich jedenfalls in den lapidaren Satz zusammenfassen: *Eine sichere Vorausberechnung des Bremsweges*

---

[1] MÖLLER: Gleitschutz, ein Weg zur Hochleistungsbremse, Glas. Ann., Märzheft 1941, und SCHRÖDER: Der Gleitschutzregler eine Voraussetzung für Hochleistungsbremsen, Organ 1942, S. 394.

und seiner Begleitumstände ist nicht möglich. Wir sind auf den Versuch angewiesen.

Aber ein paar *grundsätzliche Erkenntnisse* gestattet die im Aufbau natürlich richtige Bremswegformel gleichwohl: Der Bremsweg ist um so größer, je kleiner der Nenner des Bruches ist, den die Formel ja darstellt. Nun enthält der Nenner bei Gefälle ein Minuszeichen ($-s$): starkes Gefälle verkleinert ihn an sich, und da ein bestimmter Bremsweg ja nicht überschritten werden darf, so muß zum Ausgleich $\sum P$ möglichst groß gemacht werden. Das findet aber eine Grenze: $\sum P$ muß auch mit seinem größten Augenblickswert unter dem Betrag $G \cdot \mu_s/\mu_k - \mu_s$ etwas unter μ_h — bleiben. Ist dieser Punkt erreicht, so ist damit die größte Geschwindigkeit gegeben — V^2 im Zähler —, die noch sicher innerhalb des zulässigen Bremswegs beherrscht werden kann. *Daher sind die Bremstafeln* (Kap. XV) *nach dem Gefälle abzustufen, und oberhalb des genannten Zusammenhanges zwischen* $\sum P$ *und* $-s$ *hören die erlaubten Geschwindigkeiten auf.*

Endlich gestattet die Bremswegformel auf S. 125 die Angabe desjenigen Gefälles, unter dem man bei Reibungsbremsen unbedingt verbleiben muß. Setzt man nämlich den Nenner $= 0$, so wird der Bremsweg ∞, d. h. der Zug rutscht ab, ohne ihn halten zu können. Für mäßige Geschwindigkeiten setzen wir $w_m = 3{,}5$ kg/t (um einen gewissen Zuschlag für Krümmungen für solche steileren Strecken einzuschließen). Es folgt dann bei durchweg gebremsten Fahrzeugen aus

$$1000\,\mu_k \frac{\sum P}{G} + w_m - s = 1000\,\mu_s + w_m - s = 0$$

für günstigere Reibungsfälle mit $\mu_s = 0{,}15$ das Maximalgefälle $s = -153{,}5^0/_{00}$. Das wäre eine sehr steile Strecke, schon im unbedingten Bereich der *Zahnradbahnen*; aber da es gerade bei solchen starken Gefällen um die Sicherheit geht, sollte man für μ_s METZKOWS niedrigsten Wert für *schlüpfrige* Schienen, auch ohne Sand für den Versagerfall, wählen. Dieses niedrige μ_s beträgt nach seiner Veröffentlichung $\mu_{s_{\min}} = 0{,}075$, was zu $s = 78{,}5^0/_{00}$ führt. Nun gibt es wesentlich steilere Zahnradbahnen, und wenn wir lokomotivtechnisch deren Notwendigkeit etwa bei $70^0/_{00}$ für beginnend halten[1], so sehen wir, weil $78^0/_{00}$ bremstechnisch auf der Grundlage der Haftreibung — wenigstens ohne unbedingten Verlaß auf den Sandstreuer — nicht überschritten werden sollten, man zur Bremsung die Zahnstange vermöge der besonderen Lokomotivbremse zweckmäßig sofort, also ab $70^0/_{00}$, mit heranzieht. Man hat das schon früher vorsichtshalber bei den schwächeren Gefällen von $55^0/_{00}$ der Höllentalbahn und von $60^0/_{00}$ der Harzbahn — beide heute

[1] NORDMANN: Der Eisenbahnbetrieb auf Steilrampen mit Zahnrad- oder Reibungslokomotiven. Organ 1924, S. 100—103.

im reinen Reibungsbetrieb mit schweren Lokomotiven — getan; hier erkennen wir also, *daß es bei steileren Zahnradstrecken nicht nur ein Akt der Vorsicht, sondern der Notwendigkeit ist, sich mit der Bremse nicht auf die Haftreibung der „glatten" Laufräder zu beschränken.* Im übrigen spricht für die Heranziehung der Zahnradbremse noch der Umstand, daß längere Rampen eine zeitlich ausgedehnte *Senkbremsung* mit sonst hohem Bremsklotzverschleiß erfordern. Und noch ein letzter Umstand ist zu betonen: Die eben ermittelten Grenzfälle sind eigentlich schon nicht mehr erlaubt; sie bedeuteten ein Abrutschen, solange das starke Gefälle währt, wenn auch ohne Geschwindigkeitszunahme. Aber der Betrieb muß immer verlangen, daß die Bremskraft der Senkbremsung durch die einer Haltebremsung überboten werden kann (vgl. S. 111), damit man den Zug im Gefahrfall obendrein *verzögern* kann. Diese Erwägung unterstreicht noch die vorangehenden Ausführungen.

XIII. Meßeinrichtungen für Bremsversuche, Bremsmeßwagen.

Die beiden vorangehenden Kapitel haben uns neben der funktionellen Einsicht in die Vorgänge beim Bremsen die Erkenntnis vermittelt, daß die entscheidenden Werte *Versuchen* entnommen werden müssen. Diese wurden zum größten Teil mit besonderen *Meßwagen*[1] durchgeführt, die neben dem Bruttowert des Bremsweges auch die feineren, den Erfolg mitbedingenden Komponenten zu untersuchen gestatten. Diese Komponenten, wie die Druckbildung im Bremszylinder nach Zeit und Größe, ihre Beeinflussung durch die Steuerventile nach Funktion und Kanalquerschnitten, die Durchschlaggeschwindigkeit und die Reibungsziffern, an deren Erkenntnis auch ortsfeste Prüfstände beteiligt sind, sind nun zwar von größter Wichtigkeit für die Bremstechnik und ihre Fortentwicklung. Für den *Betrieb* muß man aber in der Regel die *vorhandenen* Bremsen erst einmal als gegeben hinnehmen; die auf Grund der Versuchsfeinheiten etwa erzielbaren Fortschritte kommen erst einem späteren Betriebsstadium zugute. Es ist genau wie bei den Lokomotivmeßwagen, wo die Versuchsergebnisse auch eine absolute und eine relative Seite hatten. So interessant also auch die wohldurchdachten Einrichtungen der Bremsmeßwagen in ihrer Gesamtheit sind, so muß sich für die *Zugförderung* die Betrachtung auf diejenigen Apparate beschränken, die zur Ermittlung der Bremswege und Reibungsziffern dienen.

Nun könnte man gewiß bei den Bremsversuchen, die stets mit besonderen, ganz dem Studium der Bremse zur Verfügung stehenden Versuchszügen erfolgen, auch eine elektrisch aufgenommene Statistik der wenigen, aber bisweilen wegmäßig schon gewichtigen *Schrecksekunden*

[1] Metzkow: Meßeinrichtungen für Bremsversuche. Glasers Ann. 1925, I, S. 137.

vorsehen, die zum Umlegen des Führerbremsventils aus der Fahrt- in die Schnellbremstellung am Vorsignal nötig sind. *Von diesem Zeit- und Wegpunkt an,* der durch einen für den Versuch am Führerbremsventil angebauten elektrischen Kontakt vermittelt wird, *beginnt „energetisch“ der Bremsvorgang*; erst von diesem Zeitpunkt an verläuft der Vorgang eindeutig, d. h. eigentlich streng auch nur, soweit nicht die Bremszylinderdrücke (bei verschiedenen Versuchszügen oder den einzelnen Wagen im Zuge) durch die Bremsklotzabnutzung (also verschiedenen Kolbenhub) nennenswert verschieden sind, die spezifischen Klotzdrücke und die Oberflächenbeschaffenheit von Schiene, Rad und Klotz, sowie die Wirkungsgrade der Bremsgestänge übereinstimmen und andere Zufälligkeiten mehr (z. B. Wind). Die einzelnen Fahrten werden so gestaltet, daß die eigentlichen Bremsstrecken gleichmäßig verlaufen — ohne nennenswerte Krümmungen, waagerecht oder mit konstantem Gefälle — und daß sie weit genug auseinander liegen, um je auf dem Zwischenabschnitt den Zug auf die beabsichtigte Ausgangsgeschwindigkeit der nächsten Bremsung beschleunigen zu können; die ganze Fahrt besteht also aus einer Folge von Anläufen und Schnellbremsungen. Selbstverständlich kann man auch jede beliebige stufenweise Betriebsbremsung mittels der gegebenenfalls geringfügig abgeänderten Meßapparatur verfolgen; aber der Sicherheitscharakter ist durch die *Schnellbremsung* gegeben.

Verliefe die Bremsung mit gleichbleibender Verzögerung, so wäre die Darstellung des Bremsweges in Abhängigkeit von der Geschwindigkeit $l = f(V)$ einfach eine Parabel mit lotrechter Achse. Durch den zeitfordernden Druckanstieg im Zylinder und die Veränderlichkeit der Klotzreibung weicht aber das Gesetz des Bremsweges vom parabolischen ab; die wirkliche Kurve $l = f(V)$ bleibt im Aussehen indes der Parabel verwandt, und so spricht man öfter, nicht korrekt, aber anschaulich von einer *Bremsparabel*. Ohne die mancherlei Zufälligkeiten müßten die Versuche für einen gegebenen Zug mit bestimmter Bremstype zu einer Lage der einzelnen Versuchspunkte führen, durch die *eine stetige* Kurve hindurchläuft; gegenüber einem solchen Idealzustand kann man praktisch eine stetige Kurve nur so unter Verwendung der Einzelpunkte aufzeichnen, daß deren Streuung über und unter dieser Kurve möglichst gering und gleichmäßig ist. Diese *Mittelkurve* wird also in ihrer Lage um so sicherer, je mehr Versuchspunkte zur Verfügung stehen; man muß also z. B. aus jeder beabsichtigten Ausgangsgeschwindigkeit oder deren Nähe *mehrere* Bremsungen durchführen, wie es denn auch meist geschieht.

Die *Meßeinrichtung für den Bremsweg*, naturgemäß angetrieben von einer Meßwagenachse, muß also in *dem* Augenblick eingeschaltet werden, wo das Führerbremsventil in die Schnellbremsstellung gelegt ist. Wir werden gleich sehen, wie das geschieht. Zuvor ist indes noch die Bemerkung nötig, daß diese Achse eine *ungebremste* sein muß, weil Meßfehler durch Schlupf oder gar Festbremsen vermieden werden müssen, wenn auch die Bremsstärke bis in dieses Gebiet im allgemeinen nicht hinaufgehen soll. Die Herausnahme einer Achse aus der Bremsung bedeutet an sich natürlich einen Fehler, besonders für die Züge mit Schnellzugbremse, die sonst wegen ihrer hohen Geschwindigkeit mit *allen* Achsen gebremst sind. Der Fehler liegt aber sozusagen *nach der sicheren Seite*, denn mit einer Bremsachse mehr gegenüber dem Versuchszug würde der Bremsweg tatsächlich eine kleine Verkürzung erfahren, während es anderseits bedenklich wäre, wenn Schlupf oder vorübergehendes Festbremsen einen zu kleinen Bremsweg vortäuschten. Ein weiterer Fehler liegt an sich auch dann vor, wenn z. B. der Meßwagen eine Schnellzugbremse von 130% Abbremsung der Achslast der gebremsten Achsen besitzt (einer der früheren Grunewalder Meßwagen), man aber eine verstärkte Bremse mit 180% Abbremsung damit studiert; auch dieser Fehler geht aber natürlich nach der sicheren Seite, und man wird überdies nicht immer gleich den Meßwagen umbauen wollen. Tatsächlich sind nun die Reichsbahnversuche meist mit verhältnismäßig langen Zügen (z. B. 60 Achsen = 15 vierachsigen Wagen) gefahren worden. Dann würde der Meßwagen als 15. mit einer ausfallenden Achse bei gleicher Bremstype unter Voraussetzung etwa gleicher Achslast, beim Zuge allein eine Minderung der Bremskapazität von nur $^1/_{60} = 1{,}67\%$ bringen, und das ist eigentlich noch etwas zu ungünstig, weil die Bremsung der schweren Lokomotive ja nicht gleichzeitig auch reduziert wird. Wir können uns also mit der Versuchsmethodik wohl zufrieden geben. Bei Versuchen mit Güterzügen, die häufig nicht mit allen Achsen abgebremst zu werden brauchen, läßt sich der Meßwagenfehler nahezu ausschalten; der dabei benutzte Meßwagen hat überdies natürlich keine Schnellzugbremse.

Der Bremswegmesser ist theoretisch eine sehr einfache Einrichtung; es braucht nur ein drehbarer Zeiger in dem Augenblick mit der ungebremsten Wagenachse gekuppelt zu werden, wo das Führerbremsventil in die Schnellbremsstellung gelegt ist. Ein großes Zifferblatt ist auch für Demonstrationsfahrten zweckmäßig, und man wird gern noch zwei ergänzende Forderungen hinzufügen, nämlich einmal, daß die Anzeige auch des größten Bremsweges eine volle Zeigerumdrehung nicht überschreitet, und zweitens, daß die Drehrichtung von der Nullstellung aus von der Fahrtrichtung des Meßwagens unabhängig ist, man also den Wagen für die Rückfahrt nicht zu drehen braucht. Die beiden früheren Grunewalder Meßwagen, gebaut zu einer Zeit, als noch 700 m als deutscher Hauptbahn-Bremsweg galten, hatten vorsichtshalber gleichwohl bereits eine Bremsweganzeige bis 1000 m erhalten. Die antreibende Wagenachse hat rd. 1 m Raddurchmesser, also 3,14 m Radumfang; es ist daher eine Übersetzung zur Zeigerwelle von 3,14:1000 = ~ 1:315 notwendig. Dieses Übersetzungsverhältnis darf aber für zuverlässige Messungen kein konstanter Wert sein, denn es muß der Durchmesserabnutzung des antreibenden Rades Rechnung getragen werden; mit einer Spanne von 995 bis 924 mm taten es die Grunewalder Meßwagen (Übersetzungsgebiet 1:320 bis 1:344,8). Das Triebwerk im einzelnen enthält dazu als Korrekturstelle ein Kompensationsgetriebe mit einer Übersetzungsänderung von 120/126 bis 120/117 Zähnen und ein selbsttätiges Wendegetriebe (AMSLER) für die Änderung der Fahrtrichtung. Daß in einem so großen Übersetzungsverhältnis auch eine Schnecke einbegriffen ist, braucht nicht zu verwundern. Die *Trennstelle* zwischen dem Antrieb und der Zeigerwelle bildet eine kleine Magnetkupplung, deren Strom durch jenen schon erwähnten Kontakt am Führerbremsventil eingeschaltet wird. Sie liegt naturgemäß *unmittelbar vor dem Wegmesser* — die ganze Antriebsvorrichtung läuft während der Fahrt mit —, um beim plötzlichen Einschalten nur die kleine Masse des unmittelbaren Zeigerantriebs in Bewegung setzen zu müssen. Beim Halten nach der Bremsung bleibt der Zeiger auf seinem Ablesewert stehen und wird dann für den nächsten Bremsversuch in die Nullstellung zurückgeführt.

Bei dem Meßwagen für die Schnellzugversuche, also die größten Klotzkräfte, wurde noch ein gleichartiges Getriebe von der Bremsachse des gleichen Drehgestells vorgesehen, das ein *Differentialschreibwerk* betätigte, um etwaigen *Schlupf* der Bremsachse gegen die reine Laufachse feststellen zu können.

Selbstverständlich gehört zur Ausstattung, da ja der Bremsweg eine Funktion der Geschwindigkeit ist, ein schreibender und anzeigender *Geschwindigkeitsmesser*; bei den deutschen Meßwagen hat man die bewährte, auf dem Wirbelstromprinzip beruhende Bauart *Deuta* gewählt; als anzeigendes Instrument ist die Type mit dem großen Zifferblatt, die auch die Lokomotivmeßwagen besitzen, benutzt. Auch Versuche mit besonderen *Verzögerungsmessern* sind durchgeführt.

Während die Feinheiten der Steuerventilfunktion mit Druckmessern indikatorischer Bauart beobachtet werden, z. B. der zeitliche Druckanstieg im Bremszylinder, dessen Rolle für die Bremswirkung wir oben schon streiften, läßt sich eine Erscheinung von elementarer Wichtigkeit auch im Rahmen des Meßdrehgestells verfolgen: man kann mindestens einen der Bremsklötze unter Zwischenschaltung einer Meßdose anpressen und sein Gehänge nicht unmittelbar am Drehgestell, sondern erst vermittels einer zweiten Meßdose aufhängen. Im Wesen damit übereinstimmend ist die AMSLER-Einrichtung des schweizerischen Dynamometerwagens. Man mißt dergestalt sowohl das P am Klotz, wie das

$\mu_k P$ am Gehänge und erhält also Aufschluß über die *Reibungsziffer der Klotzreibung*, aber freilich in Verbindung mit der Feststellung der Bremswege nicht jeweils für konstante, sondern für veränderliche, absinkende Geschwindigkeit, $\mu_k = f(V)$; jeder von Zufälligkeiten nicht freie μ_k-Wert nur einen Augenblick auftretend. Der für die stärkste Bremsung entscheidende Haftreibungswert μ_h war systematisch überhaupt nicht meßbar.

Mit Recht hat deshalb METZKOW für das Studium der Reibungswerte den Weg der konstanten Geschwindigkeiten gewählt, wobei der Bremswiderstand durch die Zugkraft der Lokomotive überwunden wurde, und die zugehörige, z. T. abweichende Apparatur in einem besonderen, zweiachsigen Meßwagen untergebracht. Diese Abweichung wird vor allem durch die Flüssigkeits-(Membran-)Meßdose zur Feststellung der Zugkraft repräsentiert; die Fahrweise war so, daß zwischen Lokomotive und Meßwagen mehrere D-Zug-Wagen und eine elastische Kupplung eingeschaltet wurden, die als Dämpfung für die Zugkraftpendelungen der Lokomotive dienten. Jede Achse des in Abb. 45 dargestellten Versuchswagens trägt die gleiche Bremsausrüstung, nämlich je eine Klotz- und eine Scheibenbremse, die natürlich nur wechselweise prüfbar sind, und eine elektrische Kontakteinrichtung zur Schlupfmessung. Die beiden Achsen waren ungleich belastet, nämlich mit 8,2 und 9,9 t, um auch den Einfluß der Achslast auf die Haftreibung untersuchen zu können. Dazu wurde noch gelegentlich ein Güterwagen mit 15,5 t Achslast beigegeben, dessen Versuchsachse eine ähnliche Apparatur trug. Er war freilich nur bis 80 km/h brauchbar, während der Meßwagen mit seinem längeren Achsstand 100 km/h gestattete. Gebremst wurde auch bei ihm immer nur die eine Achse; die andere diente dann als bloße Laufachse mit ihrer Kontakteinrichtung zur Feststellung des Schlupfes und gegebenenfalls des Festbremsens der Bremsachse. Zur Vermeidung von Schleifstellen wurde dann sogleich das Auslöseventil betätigt. Die Aufschreibungen der Zugkraft, der Geschwindigkeit, der Zeit und des Schlupfes waren auf einem kleinen Meßtisch zusammengefaßt. Dem Schlupf wohnte hier eine viel größere Bedeutung inne, als bei den oben behandelten Meßwagen für den Bremsweg; dort nur eine Kontrolle, ob der Bremsweg infolge des Auftretens von Schlupf als anormal anzusehen sei, hier stets *absichtlich* herbeigeführt, weil man ja gerade das μ_h durch eintretenden Schlupf und nachfolgendes Festbremsen bestimmen wollte. METZKOW wählte experimentell noch die logische Genauigkeit, zuvor den Eigenwiderstand E des *ungebremsten* Wagens festzustellen, also wenn Z als Zugkraft für den gebremsten Wagen mit G t als Last der Bremsachse gemessen wurde, für μ_h die Gleichung

$$Z = G \cdot \mu_h + E$$

zugrunde zu legen. Hier wird aber also eigentlich — da der Luftwiderstand ja in beiden Fällen vorhanden — die Achslager- und Rollreibung

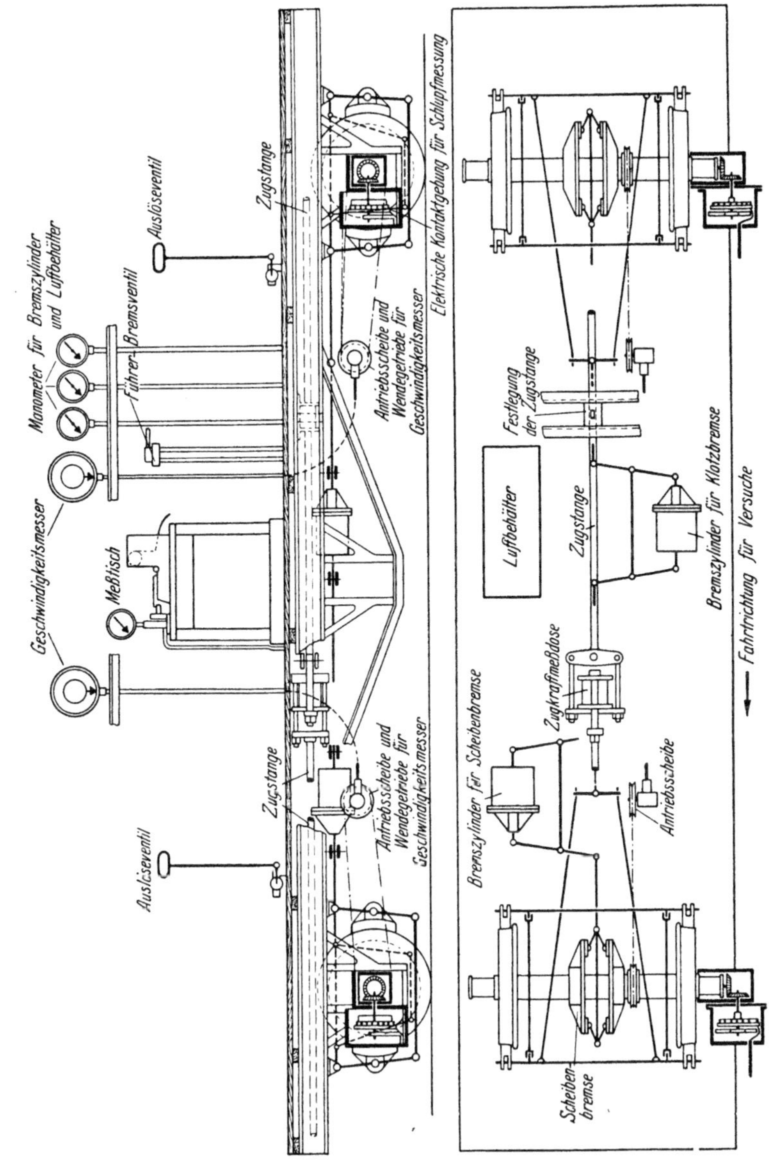

Abb. 45. Meßwagen zur Bestimmung der Brems-Reibungswerte nach METZKOW. (Aus Organ 1934.)

einer Einzelachse für meßbar gehalten, während nach verschiedenen Beobachtungen mit dem Lokomotivmeßwagen über Ungenauigkeiten in der Messung relativ besonders kleiner Zugkräfte mir die numerische Zuverlässigkeit doch skeptisch erscheint.

Bei der Wichtigkeit der *Oberflächenbeschaffenheit* mußten, wie oben gezeigt, nasse und schlüpfrige Schienen einbezogen werden. Bei der zeitlichen Ausdehnung der ganzen Versuchsreihe konnte man auch auf gelegentlichen Regen rechnen; bei den Sonderversuchen mit schlüpfrigen Schienen und Besandung wurde eine leichte Benässung der Schienen vom Meßwagen aus künstlich vorgenommen, ebenso wie von hier aus die Sandstreuung geregelt wurde.

Solange kein Schlupf vorhanden ist, weisen die Zeitkontaktausschläge der beiden Meßwagenachsen (10 je Radumdrehung) gleichen Rhythmus auf. Bei Schlupf fällt die Bremsachse mit weiter auseinandergezogenen Kontakten aus dem Tritt; bei kurzzeitigem Festbremsen hören überhaupt die Zeitzacken vorübergehend auf. Diese kurze Zeitspanne wird benutzt, um in Gestalt der abgelesenen Zugkraft der *Gleitreibung* μ_g *der festgebremsten Achse* festzustellen. Der Verlauf einer solchen sehr tief liegenden, bei den verschiedenen Versuchen nicht eindeutig verlaufenden Kurve ist in Abb. 42 mit aufgenommen.

Die *ortsfesten Versuche* zur Feststellung des Geschwindigkeits- und Flächendruckeinflusses auf die Klotzreibung wurden mit einer verhältnismäßig einfachen Einrichtung gewonnen, die in mancher Beziehung an einen PRONYschen Zaum erinnert. Während aber bei diesem nur das Drehmoment (und die Winkelgeschwindigkeit) durch die so stark angeklemmten Bremsbacken gemessen wird, daß der durch Tariergewichte belastete Hebel sich waagerecht einspielt, ohne daß nach den beiden Faktoren des Drehmoments, Klotzkraft und Reibungswert, gefragt wird, muß hier gerade die z. B. durch einen kleinen Bremszylinder meßbare Anpreßkraft des Versuchs-Bremsklotzes mit dem anderen Bremsklotz als Gegenkraft im gleichen Rahmen gesondert gemessen werden, während das Drehmoment nicht durch Austarieren des Belastungshebels, sondern durch seine Abstützung auf eine geeichte Feder — mit einer Durchbiegung proportional dem Drehmoment — gemessen wird. Ist F diese Federkraft und l ihr Hebelarm zu der motorisch gedrehten Prüfstandsachse, so ist bei der Einzelklotzkraft P am Radhalbmesser r die Momentgleichung $2\,P\,\mu_k \cdot r = F \cdot l$ erfüllt, die mit dem bekannten Hebelarm bzw. Halbmesser und der abgelesenen Kraft F zu dem gesuchten μ_k führt. Daß ein solcher nicht maßstabtreuer Versuch wohl die Rangordnung der μ_k-Kurven verschiedener Parameter, aber nicht mit unbedingter Sicherheit ihre Zahlenwerte wiedergibt, wurde oben schon erwähnt.

XIV. Ergebnisse von Bremsversuchsfahrten.

Zunächst sind in Abb. 46 die Messungsergebnisse für *leere und beladene Güterzüge mit* KUNZE-KNORR- *und Einkammerbremse*[1] in der üblichen Weise mit der Geschwindigkeit als Abszisse und dem Bremsweg als Ordinate wiedergegeben, und zwar die *wirklichen Bremswege* vom Verlegen des Führerbremsventils in die Schnellbremsstellung, ohne die *Vorbereitungszeit.* Bei diesen, wie schon bemerkt, parabelähnlichen Kurven war $^1/_3$ der Wagen gebremst, doch kann man, wie im nächsten Kapitel noch erörtert, damit nicht schon ohne weiteres von $33^1/_3$ Bremshundertsteln sprechen. Andere Bremsanteile geben natürlich auch andere Bremsweg-Schaulinien; doch hielt man wegen der erhöhten Abbremsung

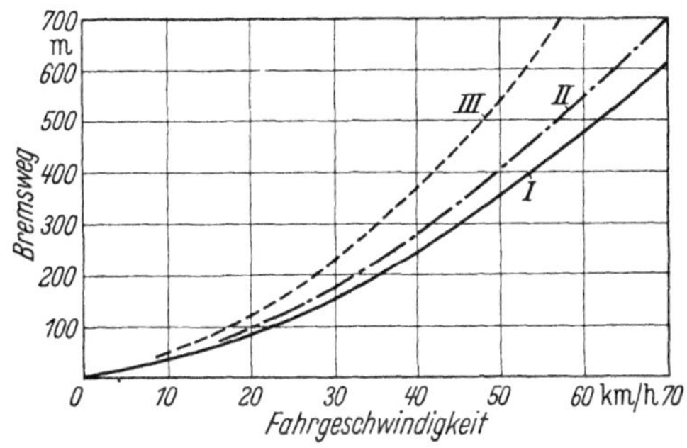

Abb. 46. Güterzug-Bremsweglinien für Einkammerbremsen bei leeren (I) und beladenen (III) Zügen und KUNZE-KNORR-Bremse mit Lastabbremsung (II). (Aus: Deutsch. Eisenb.-Wes. d. Gegenwart, 2. Aufl., 1923.)

der beladenen Wagen bei den Streckenverhältnissen der Deutschen Reichsbahn nach vollendeter Einführung der KUNZE-KNORR-Bremse ein Drittel des Bestandes an Güterwagen als Bremswagen damals erneut für ausreichend. Während für Leerzüge ein Fortschritt nicht auftrat und bei der ohnehin günstigsten — tiefliegendsten — der 3 Kurven nicht erforderlich schien, zeigt die Kurve III, wie ungünstig der Bremsweg dadurch beeinflußt wird, daß der Einkammer-Bremsapparat ja nicht kräftiger sein durfte, als daß die Räder des *Leer*wagens noch nicht festgebremst werden können. Dieser eindeutig funktionierende Bremsapparat kann also den schwereren Zug aus beladenen Wagen erst auf längerem Wege zum Halten bringen. Dagegen bringt die Stellung *beladen* bei der KUNZE-KNORR-Bremse nun auch größere Klotzdrücke, und die Bremswegkurve II liegt wesentlich tiefer, erreicht allerdings nicht die Leerwagenlage, weil man nur eine *mittlere* Last abbremsen darf, das $\sum P/G$ sich also bei stärkerer Beladung ungünstiger stellt, als beim Leerwagen, wo $\sum P/G$ bis in die Nähe der Haftreibungsgrenze

[1] Das Deutsche Eisenbahnwesen der Gegenwart, 2. Aufl. 1923, S. 236.

herangeführt werden kann. Die Bremsungen stammen von waagerechten Streckenabschnitten; vermöge des im nächsten Kapitel entwickelten Bremsgewichts-Begriffs können die Fahrtergebnisse der eben behandelten Art für die Ermittlung der nötigen Bremshundertstel herangezogen werden. Zu bemerken bleibt noch, daß die wiedergegebenen Kurven natürlich so gut wie möglich durch die etwas streuend anfallenden Einzelpunkte gelegt sind.

Das wichtigste Material an neueren Bremsversuchen stellen die *Bremswegtafeln für Fahrzeuge der Deutschen Reichsbahn* vom September 1935 dar, die bereits einerseits die neuen Schnellfahrlokomotiven und

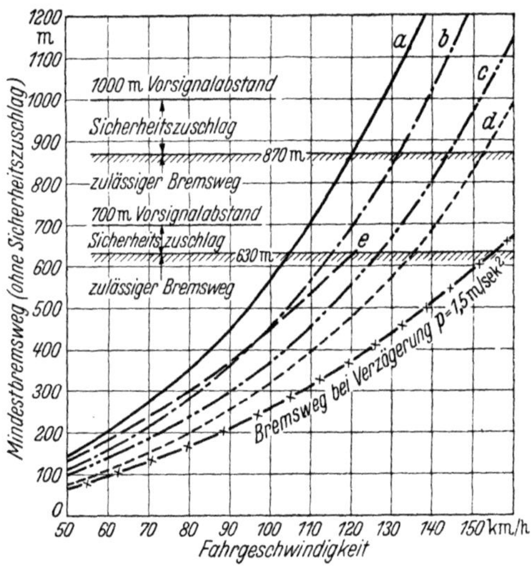

Abb. 47. Bremsweglinien schnellfahrender Züge bei verschiedenen Bremstypen. a) D-Zug 60 Achsen mit 01-Lok, Klotz-P-Bremse mit 80% Wagenabbremsung; b) desgl. mit S-Bremse u. 130%; c) desgl. mit SS-Bremse, 130% und gek. Beschleunigern; d) desgl. mit gek. Beschleunigern 180% u. g. B.; e) Eilzug 60 Achsen mit 03-Lok u. Trommelbremse.
(Nach Bremswegtafeln für Fahrzeuge der Deutsch. Reichsb. 1935.)

Schnelltriebwagen, anderseits die hochprozentigen Bremsen bis zur Hildebrand - Knorr-Schnellzugbremse mit gekoppelten Beschleunigern, wenn auch noch nicht mit ihrer konstruktiven Endlösung, aber doch in gleichwirkender Versuchsanordnung, enthalten. Abb. 47 zeigt, aus Blatt 1 der 6 von Tabellen begleiteten Tafeln der *Bremsparabeln* entnommen, die Bremsparabeln von D-Zügen. Ich habe auch aus den Tafeln in Gestalt der beiden nachfolgenden Tabellen die erzielten mittleren Bremsverzögerungen errechnet, und zwar sowohl die tatsächlichen, energetischen, auf die zulässigen Bremswege von 870 und 630 m, wie auch die scheinbaren, auf die Vorsignalabstände von 1000 bzw. 700 m bezogenen. Die Zusammenstellungen vermitteln folgende Erkenntnisse:

1. Wenn auch für die meisten heutigen deutschen Hauptbahnen der Signalabstand von 1000 m entscheidend ist, so ist doch der Vergleich mit dem alten Bremsweg von 700 m (oder eigentlich zwischen 870 und 630 m) deshalb besonders sicher, weil er *denselben Bremsparabeln* entnommen ist. Und da sehen wir nun, daß die auf den kürzeren Bremsweg bezogenen mittleren Verzögerungen im großen Durchschnitt um knapp 6% höher liegen, als die für den längeren. Darin äußert sich offenbar schon der günstige Einfluß der kleineren Geschwindigkeiten auf das μ_k.

2. Den *Ausschlag für die kürzeren Bremswege* oder höheren Ausgangsgeschwindigkeiten bei gleichen Bremswegen haben erst die *hochprozentigen Bremsen* (als Klotzbremsen) und die zusätzlichen Einrichtungen für *schnellste Durchschlaggeschwindigkeit und kurze Diagrammentwicklungszeit gebracht.* Der unter a) verzeichnete D-Zug mit *P*-Stellung der Knorr-Bremse ergab nur 0,65 m/s² an Verzögerung, und vergrößern wir diese selbst nach Punkt 1. um rd. 6% auf 0,69, um sie mit dem aus geschichtlichem Interesse am Ende der Zusammenstellung 2) gebrachten alten Schnellzug mit der Westinghouse-Einkammerbremse vergleichen zu können, so sehen wir, daß ein wesentlicher Unterschied gegen dessen 0,68 m/s² nicht vorhanden ist. Selbst die 130% Abbremsung als ältere Form der ausgesprochenen Schnellzugbremse bringt uns von 0,65 erst auf 0,78 m/s². Die Zutat der gekoppelten Beschleuniger bringt freilich bei gleicher Abbremsung einen größeren Sprung auf 0,94 m/s², aber erst die Erhöhung der Abbremsung auf 180% läßt beim HiKSS-Zug 1,05 m/s² erreichen.

3. Die *Lokomotiven allein* bleiben ein wenig hinter den Gesamtzügen zurück. Die Lokomotivbremsform noch vor den letzten Schnellbremsausführungen entspricht trotz der nur 69proz. Abbremsung mit 0,77 m/s² noch sehr nahe dem D-Zug (*b*) mit 0,78 m/s², wozu offenbar der größere Reibungs- und Luftwiderstand der Lokomotive wesentlich mithilft. Die Stromlinien-Dampflokomotive 05 allein übertrifft sogar den D-Zug zu (*c*) etwas, erreicht indes mit 0,96 m/s² nicht den am stärksten und schnellsten gebremsten Zug zu (*d*). Die elektrische Schnellzuglokomotive E 18 bleibt aber hinter dem Zug (*c*) etwas und hinter dem zu (*d*) sogar fühlbar zurück; ihre an sich noch etwas höhere Klotzabbremsung als die der Dampflokomotive (168 gegen 159%) wird offensichtlich durch den großen Anteil schnell rotierender Massen (ζ) mehr als paralysiert.

Bei den elektrischen Lokomotiven sind z. T. auch *elektrische Bremsen* vorgesehen und zwar nicht zur Stromrückgewinnung, sondern nur zur Energievernichtung in Widerständen. Sie werden neben der Klotzbremse benutzt. Bei der Schnellzuglokomotive E 19 sollte trotz ihrer vorgesehenen Höchstgeschwindigkeit von 180 km/h ein Bremsweg von 1000 m möglichst nicht überschritten werden, obwohl die umlaufenden

Tabelle 1. *Mittlere Verzögerungen bei 870 m Bremsweg, bzw. 1000 m Vorsignalabstand.*

Schaulinie der Bremswegtafeln	Zugart	Bremsbauart	Wagenabbremsung in %	Anfangsgeschwindigkeit V km/h	Mittlere Verzögerung m/s² (abger.) für 870 m	für 1000 m
a	D-Zug mit 01-Lok 60 Achsen	Ksbr (P), Klötze Bg	80	121	0,65	0,57
b	D-Zug mit 01-Lok 60 Achsen	KKsbr (S), Klötze Bg	130	132,5	0,78	0,68
c	D-Zug mit 01-Lok 60 Achsen	KKsbr (SS), Klötze Bg D gek. Beschleuniger	130	145,5	0,94	0,82
d	D-Zug mit 01-Lok 60 Achsen	HiKsbr (SS), Klötze Bg D, gek. Beschleuniger, Zusatzbremse Lok.	180	153,5	1,05	0,91
i	Schnelltriebwagen 877 a/b (Fliegender Hamburger) Betriebswerte	Ksbr. Trommel- und Magnetschienenbremse	24 (für Trommelbr.)	159,5	1,12	0,98
o	03-Schnellzuglok mit Tender, allein	Kbr, verstärkte Klotzbremse, zweiseitig, Laufradbremse	69	132	0,77	0,67
p	05-Stromlinien-Schnellzuglok mit Tender, allein	Kssbr, verstärkte zweiseitige Klotzbremse, Fliehkraftregler	159	147,5	0,96	0,84
q	Elektrische Schnellzuglok E 18, allein	HiKssbr, sonst wie *p*	168	143,5	0,91	0,79
—	Ohne nähere Definition Nach Besser entspricht der 1000-m-Bremstafel der neuen F. V.	*P*	—	125	0,69	0,6
—	Langsam wirkende Güterzugbremse nach Besser	*G*	—	100	0,44	0,39

Tabelle 2. *Mittlere Bremsverzögerungen für 630 m Bremsweg, bzw. 700 m Vorsignalabstand.*

Schaulinie der Bremswegtafeln	Zugart	Bremsbauart	Abbremsung in %	Anfangsgeschwindigkeit km/h	Mittlere Verzögerung m/s² für 630 m	Mittlere Verzögerung m/s² für 700 m
c	D-Zug mit 01-Lok 60 Achsen	Kksbr *Klotz* ,gek.Beschl.	130	128	1,0	0,9
d	D-Zug mit 01-Lok 60 Achsen	Hikssbr, gek. Beschleuniger, *Klotz*, Zusatzbr.	180	136	1,13	1,02
e	C 4 i-Wagenzug mit 03-Lokomotive, 60 Achsen	Hikpbr, *Trommel*bremse	35	122	0,91	0,82
h	Schnelltriebwagen 877 a/b (Fliegender Hamburger) Versuchswerte	Ksbr, *Trommel-* und *Magnet-Schienenbr.*	28 (Tr)	144,5	1,28	1,15
i	Wie *h*, aber Betriebwserte	Ksbr, *Trommel-* und *Magnet-Schienenbr.*	24 (Tr)	138,5	1,18	1,06
k	Schnelltriebwagen Hamburg 137 149 a/b	Hikpbr, *Trommel-* und verstärkte *Magnetbr.*	23	151,5	1,41	1,27
o	03-Schnellzuglokomotive mit Tender, allein	Kbr, verstärkte zweiseitige *Klotzbremse*	69	115	0,81	0,73
p	Dampf-Stromlinienlok 05001 + Tender, allein	Kssbr, *Klotz*bremse, erhöhte Abbr., Fliehkraftregler	159	126	0,97	0,87
q	Elektrische Schnellzuglok E 18, allein	Hikssbr, *Klotz*bremse, erhöhte Abbr., Fliehkraftregler	168	123	0,93	0,83
r	Dieselelektrischer Triebwagen, 410 PS	Hikpt *Klotz*bremse	61	105	0,68	0,61
Ältere Verhältnisse	Beladener Güterzug, 1550 t mit 2 Lok, nach *Deutsches Eisenbahnwesen*, 2. Aufl.	Kkg *Klotz*bremse $^1/_3$ der Wagen gebremst	—	65	0,26	0,23
Historischer Vergleich	Zug aus 11 vierachsigen Abteilwagen (414 t) und zwei 2 B-Schnellzuglok, gl. Quelle	Alte WESTINGHOUSE-bremse, *Klotz*	—	102	0,64	0,57

Massen hier einen Zuschlag von 13,7% darstellen. Im Gebiet der hohen Geschwindigkeiten wird dann die verhältnismäßig kleine Klotzreibung angenehm ergänzt durch die gerade bei hoher Drehzahl besonders wirksame elektrische Bremsung, die mit 9800 kg Bremskraft bei 180 km/h einsetzt; sinkt die Geschwindigkeit, so nimmt die elektrische Bremskraft ab, die der Klotzbremse mit wachsendem μ_k aber zu, bis bei 55 km/h sogar die behandelte Schwächung des Klotzdrucks einsetzen muß. Die zunächst noch überschrittenen 1000 m hoffte man durch Erhöhung der Anfangskraft zu unterschreiten; doch ist es die Frage, ob wegen der Wagenbremsen so hohe Geschwindigkeiten überhaupt in nächster Zeit zu verwirklichen sind.

Bei den Ellok der Baureihen 44 und 94 sind elektrische Zusatzbremsen zugunsten häufigen Befahrens längerer Gefälle vorgesehen; die Widerstandsbremse der Reihe 44 gestattet im Gebiet von 44 bis 70 km/h 370 kW auf der Talfahrt zu vernichten. Bei der größeren E 94 ist eine größte Bremsleistung von 675 kW vorgesehen, die bis zu 37 km/h herab eine Bremskraft von 7800 kg aufbringt[1].

Wenn man früher die Bremsprozente nur auf den eigentlichen Zug bezog, in der Voraussetzung, daß die Lokomotive allein mit mindestens gleicher Intensität abgebremst sei, so muß man heute — wie auch vorgeschrieben — die Bremsgewichte (Kap. XV) immer für den *ganzen* Zug addieren, daraus die Bremsprozente ermitteln und diese mit den jeweils geforderten vergleichen. Gewisse gegenseitige *Anleihen* an Bremskapazität zwischen Lokomotive und Zug sind in § 55 (4) und (5) der B. O. von 1928, Ausgabe 1934, auch ausdrücklich vorgesehen. Eine erhebliche Anleihe des Zuges an die Lokomotive, freilich nicht für die Halt-, sondern die *Senkbremsung*, stellt die *Gegendruckbremse* der Lokomotive für starke Gefälle dar, wobei die Lokomotivmaschine als Kompressor arbeitet[2]. Für Hauptbahnen hat ihre Bedeutung mit der stärkeren Ausrüstung mit durchgehenden Güterzugbremsen — bei Reisezügen war ihre Anwendung ohnehin unnötig — allerdings sehr nachgelassen.

4. Sogar der stärkst gebremste Zug (*d*) überschreitet mit seiner Verzögerung nur bescheiden das Maß von 1,0 m/s², obgleich theoretisch 1,5 m/s² — bei genauerem Einsatz des g mit 9,81 m/s²:1,53 m/s² — erreichbar erscheinen. Sonst geht das ausgesprochene Schnellzuggebiet bis zu 0,78 m/s² zurück. Dagegen werden von den Schnelltriebwagen höhere Werte erreicht, selbst im Betriebsdurchschnitt, und im Falle (*k*) mit 1,4 sogar beinahe METZKOWS 1,5 m/s² bei Bremsung aus 151,5 km/h

[1] KLEINOW u. Mitarb.: Elektrische Bahnen, Ergänzungsheft 1941, S. 116—122.

[2] NORDMANN: Die Lokomotiv-Gegendruckbremse im Hauptbahnbetrieb. Organ 1925, S. 234 und „Der Eisenbahnbetrieb auf Steilrampen usw.“, Organ 1924, S. 70, 93.

auf 630 m Weg. Das ist nun freilich nicht die angenäherte Verwirklichung des ideellen Grenzwertes, sondern es mußte zur Haftreibung der Wagenräder noch die von ihr unabhängige *Magnetschienenbremse* herangezogen werden. Der Zug (*c*) mit der wesentlich niedriger abgebremsten (größeres μ), aber auch von der Haftreibung der Räder abhängigen *Trommelbremse* liegt zwischen dem unteren und oberen Grenzwert der Schnellzug-Klotzbremsen und zeigt damit bis zu einem gewissen Grade, daß nicht das Bremsysstem, sondern eben der übereinstimmende Ausgangspunkt, die Haftreibung, entscheidet.

Gering sind die Bremsverzögerungen der Güterzüge ($< 0{,}5\ \mathrm{m/s^2}$). Die $0{,}26\ \mathrm{m/s^2}$ beziehen sich freilich auf einen Zug mit nur $^1/_3$ gebremster Wagen (früheres Verhältnis der Bremswagen zum Gesamtpark). Ist das Bremsgewicht eines O-Wagens etwa die Hälfte des Gewichts des vollbeladenen Wagens (vgl. Kap. XV), so würden dem $^1/_3$ nur 17 Bremsprozente entsprechen. Bei dem alten Bremsweg von 700 m gehörten dazu 52 km/h in der Ebene oder 45 km/h auf 1 : 200; es war also eine Bremsung für recht *milde* Bedingungen.

5. Wenn auch rein *sicherheitlich* nur der *Bremsweg mit der zugehörigen Ausgangsgeschwindigkeit* entscheidet, so sind doch die Bremsverzögerungen nicht nur ein Maßstab der *Bremsintensität*, sondern auch noch zu einer Annäherungslösung für die Frage zu gebrauchen: Wenn für die Waagerechte die Verzögerung p_0 für die Ausgangsgeschwindigkeit V_0 versuchsmäßig bekannt ist, auf welchen Wert muß dann die Ausgangsgeschwindigkeit V im Gefälle $-s$ gesenkt werden, um mit der gleichen Abbremsung den gleichen Bremsweg innezuhalten? Man muß dazu die mittlere Bremsverzögerung p_0 durch die Bremse allein vorerst beidemal als gleich unterstellen; im Gefälle $-s$ vermindert sich diese Verzögerung um die Komponente der Schwerebeschleunigung, um $9{,}81\,s$, nun aber s nicht in $^0/_{00}$, sondern im absoluten Maß, also z. B. für $s = 10^0/_{00}$ $s = {}^1/_{100}$, d. h. $p_s = p_0 - 9{,}81 \cdot s$. Der Bremsweg ist dann einmal $V_0^2/2 \cdot 12{,}96 \cdot p_0$, das andere Mal $V^2/2 \cdot 12{,}96\,(p_0 - 9{,}81\,s)$, mit der einfachen Auflösung

$$V = V_0 \sqrt{\frac{p_0 - 9{,}81\,s}{p_0}}.$$

Wendet man diese Formel z. B. auf die 1000-m-Bremstafel an, wobei die gleiche Abbremsung an den gleichen Bremsgewichten erkennbar wird, so stimmt sie, wenigstens für die größeren Geschwindigkeiten, mit der Tafel ganz gut überein. So werden für 125 km/h und $s = 0$: 100 Bremsprozente gefordert; das bedeutet eine mittlere Verzögerung (auf 870 m bezogen) von $0{,}69\ \mathrm{m/s^2}$. Auf den Gefällen 1 : 250 und 1 : 50 verringern sich dann die Verzögerungen auf $0{,}69 - 9{,}81/250 = 0{,}65\ \mathrm{m/s^2}$, bzw. $0{,}69 - 9{,}81/50 = 0{,}45\ \mathrm{m/s^2}$ und die zulässigen Geschwindigkeiten auf $V = 125\sqrt{0{,}65/0{,}69} = 121$ km/h, bzw. $V = 125\sqrt{0{,}45/0{,}69} = 105$ km/h.

In den ja auch etwas abgerundeten Bremstafeln treten 100 Bremsprozente bei 120 km/h und 99 Bremsprozente bei 105 km/h wieder auf. Noch bei 90 km/h mit $p_0 = 0{,}355$ m/s² bei 46 Bremsprozenten ist die Übereinstimmung für $s = 1/250$ gleichfalls gut: 84,6 statt 85 km/h der Bremstafel; für $s = 1/50$ führt aber die Näherungsformel nur zu 59,4 statt 65 km/h der Tafel; hier macht sich offenbar die günstigere Lage des μ_k im Gebiet der kleineren Geschwindigkeiten geltend.

Über die Bremsgewichte selbst vermögen freilich weder die gemessenen Verzögerungen noch die Näherungsformel unmittelbar etwas auszusagen. Dagegen läßt sich eine grundlegende Bedingung der Bremstafeln noch erkennen: *Die aus deren oberster Reihe (für $s = 0$) für die verschiedenen Geschwindigkeiten hervorgehenden Verzögerungen dürfen keinesfalls die aus den Versuchen abgeleiteten Werte der Zusammenstellungen überschreiten.* Insbesondere folgt z. B. aus einem notwendigen oder geforderten Wert $p_0 > 0{,}65$ m/s² für 1000 m Vorsignalabstand und 870 m eigentlichen Bremsweg, daß Wagen mit *P*-Bremse für die Zugbildung dann nicht mehr in Betracht kommen, sondern nur solche mit der hochprozentigen Schnellzugbremse.

Nun noch eine Bemerkung zu der *Bremsverzögerung*, wie sie *für die Fahrzeitermittlung* anzusetzen ist. Wir sahen oben schon, daß man im normalen Betrieb die verhältnismäßig große Verzögerung der Schnellbremsung zugunsten der — u. U. stehenden — Fahrgäste nicht zur Anwendung bringt, sondern rückwärts vom Haltebahnhof aus eine Betriebs-Bremsparabel mit *kleinerer Verzögerung* konstruiert (vgl. S. 96). Diese ist aber auch leicht deshalb zu verwirklichen, weil der verfügbare Bremsweg jetzt wesentlich größer ist. Die Schnellbremsung muß den Zug spätestens bis zu dem auf Halt stehenden Einfahrsignal zum Stehen bringen; die Bremsung bei *Fahrt frei* soll aber die Lokomotive bis zu dem der Einfahrt *abgekehrten* Bahnsteigende führen. Dieser Zuwachs an Bremsweg hat zwar kein vorgeschriebenes Maß, beträgt aber auch bei kleineren Bahnhöfen der Hauptbahnen mehr als 300 m. Geht man für eine wichtigere Bahn wieder von $l = 870$ m aus, so entsteht ein Reduktionsfaktor von $\leq 870:(870 + 300) = 0{,}74$ für die Verzögerung. Diese braucht also für den Zug (a) der Zusammenstellung nur $\leq 0{,}48$ m/s² aus 120 km/h zu betragen. Aus 135 km/h als der höchsten derzeit zugelassenen Geschwindigkeit bedarf es für $l = 870$ m der Verzögerung von 0,81 m/s²; da diese bevorzugten Züge indes nur auf größeren Bahnhöfen planmäßig halten, wird man die 300 m zu vergrößern haben; wählt man einmal 430 m, so wird der Reduktionsfaktor $870:1300 = 0{,}67$, und die fahrplanmäßige Verzögerung, auch wieder bei Erkennung des Vorsignals erst im letzten Augenblick, braucht nur 0,54 m/s² zu betragen. Man braucht also *für die Fahrzeitermittlung die Verzögerung der Bremsparabeln* in der Regel höchstens mit 0,48 bis 0,54 m/s² anzusetzen.

Als letzte Abb. 48 bringt dieses Kapitel noch die vergleichweisen Druckansprünge und Diagrammentwicklungszeiten für Güterzugbremsen, mit dem Meßwagen aufgenommen, für 28 und 60 s, je bei kleinerem und größerem Druckansprung. Die Rolle dieser Größen wurde bereits erwähnt und tritt im nächsten Kapitel noch einmal besonders hervor.

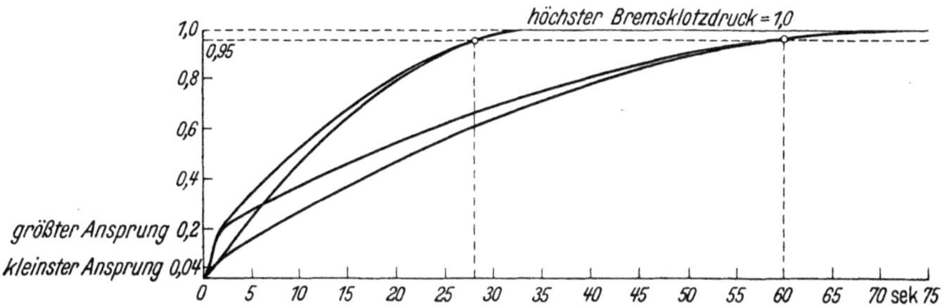

Abb. 48.
Zeitliche Druckentwicklung im Bremszylinder der Güterzugbremsen nach „Ansprung" und „Diagrammzeit". (Nach Niederschrift des Deutsch. Brems-Aussch. 1938.)

Diese Eingrenzung der Entwicklungszeiten und die — vorsichtige — Beschränkung auf 95% des höchsten Klotzdrucks genügen Punkt 11 der 33 Bedingungen des Internationalen Eisenbahnverbandes (I. E. V.) für durchgehende Güterzugbremsen.

XV. Die Bremstafeln des Betriebes.

Die ganzen vorausgegangenen Erörterungen über das Verhalten der Bremsen hatten die Aufgabe, eine eingehende Einsicht in alle beteiligten Faktoren zu vermitteln und zu zeigen, wie die Zuverlässigkeit der benutzten Zahlenwerte durch ihre experimentelle Feststellung gesichert wird. Zum Schluß muß nun aber noch *das praktische Ziel* besprochen werden, nämlich dem Betrieb Hilfsmittel — *Bremstafeln* — an die Hand zu geben, aus denen man schnell erkennen kann, wie die Ausstattung der einzelnen Züge mit Bremsen zu bemessen ist, die eine bestimmte Höchstgeschwindigkeit entwickeln sollen, oder welche Höchstgeschwindigkeit ihnen nach der Bremsausstattung in stärkeren Gefällen erlaubt werden kann, um keinesfalls den zulässigen Bremsweg zu überschreiten. Dieser Sicherheitscharakter der Bremsen gab und gibt ihnen auch eine stark betonte Stellung in den Betriebsvorschriften, so in Deutschland in der *Eisenbahn-Bau- und Betriebsordnung* (B. O.) und in den *Fahrdienstvorschriften.* Darüber hinaus gibt es Festsetzungen *internationaler* Art, die gestatten, daß die Bremse gleichsam als Kontinuum mit über die Grenze gehen kann. Dabei ist für unseren deutschen

Entwicklungsgang zu vermerken, daß bis auf die jüngste Auflage der B. O. die Bremstafeln selbst Bestandteile des Gesetzestextes gewesen sind, und also bei erheblichen Fortschritten der Bremstechnik Ergänzungsblätter nötig wurden. Die neueste B. O. beschränkte sich deshalb in dieser Beziehung darauf, Mantelgesetz zu sein und das Zahlenmaterial besonderen Verfügungen des Verkehrsministeriums zuzuweisen.

Das *Schema* solcher Bremstafeln, die es grundsätzlich seit Jahrzehnten gibt, ist einfach die Angabe sog. *Bremsprozente* oder *Bremshundertstel.* Dabei denkt man vorwiegend an Werte, die unter 100% liegen; bei den früher niedrigeren Höchstgeschwindigkeiten, den nicht großen Geschwindigkeiten der Güterzüge und dem bescheidenen Anteil besonders starker Gefälle an der gesamten Streckenlänge der meisten Eisenbahnnetze brauchte man vielfach längst nicht alle Achsen zu bremsen; für Güterzüge in mittleren Gefällen (1:100) und z. B. $V = 45$ km/h gingen bei 700 m Bremsweg die allerdings nicht als Brems*achs*prozente definierten Bremshundertstel bis 25% herunter.

Ursprünglich sind, wie sich leicht denken läßt, die Bremsprozente in der Tat als das Hundertfache der *Verhältniszahl der gebremsten Achsen eines Zuges zu den Achsen insgesamt* definiert; zweifellos ein Verfahren von unübertrefflicher Anschaulichkeit. Energetisch wäre das aber selbst bei ein und derselben Bremstype nur bei einer bremstechnischen Kongruenz aller Achsen zulässig. In Wirklichkeit streuen aber die Achslasten der Wagen selbst leer nach ihrer Bauart, und im Betriebe nach dem Grad ihrer gewichtsmäßigen Beladung sehr erheblich, und selbst wenn man zwischen leeren und beladenen Wagen unterscheidet, wie man es auch häufig tut, so genügt das nicht, um eine Streuung aus der Welt zu schaffen, die für leidlich genaue Bremsberechnungen noch zu groß ist. Die *Technischen Vereinbarungen* des Vereins Deutscher Eisenbahnverwaltungen sahen 1909 die Bemessung der Bremsung statt nach Achsprozenten nach *Gewichtsprozenten* vor. Aber auch dabei war *stillschweigend vorausgesetzt, daß zwischen der Gesamtkraft, die auf die Bremsklötze eines Wagens wirkt, und dem Gewicht des Wagens im Durchschnitt ein bestimmtes Verhältnis besteht* (Besser, 1926). Das geht auch aus der Bremswegformel hervor: nur bei einer Kongruenz der Bremsachsen wäre $\sum P/G = \sum (P/G)$. Bei den neueren, schwereren Güterwagen kam noch dazu, daß bei Handbremsung — und die war ja nicht nur 1926, als die *Novelle* zum Bremsparagraphen (55) der B. O. herauskam, wegen der noch nicht beendeten Einführung der Kunze-Knorr-Bremse, sondern *für den Notfall überhaupt* (z. B. bei Ausfall der Luftpumpe) zu berücksichtigen — mit einer oberen Grenze der durchschnittlichen Kraftanstrengung eines Bremsers zu rechnen war, die in Wagengewicht umgerechnet bei rd. 25 t lag. Ein beladener 20-t-Wagen mit rd. 10t Eigengewicht (mit Bremse) stellte daher zwar scheinbar ein Bremsgewicht von 30 t dar; in Wirklichkeit waren jedoch bei Handbremsung davon 5 t nicht ausnutzbar. Bei der ausschlaggebenden Rolle der *Bremsklotzkraft P* hätte nun deren Einführung auch in die Bremstafelpraxis scheinbar die genannten Mängel beseitigen können, und in der Tat wurden kurzzeitig an deutschen Wagen die *Klotzdrücke* angeschrieben. Aber es verblieb dann immer noch die schon oben in Kap. X behandelte, ganz erhebliche Ungleichartigkeit durch die verschiedene Füllzeit der Bremszylinder bis zum Volldruck, auch wenn die endgültige Kolbenkraft die gleiche war. Ein charakteristischer Ausdruck für die sozusagen *energetische* Wertigkeit der Bremse eines Wagens mußte also auch noch Rücksicht auf die zeitliche Diagrammentwicklung nehmen. Wenn man also jedem Wagen einen *Bremswert* beilegte — *jedem* natürlich nicht individuell, sondern als *Type* verstanden — so ließ sich dieser voraussichtlich so bemessen, daß er jenen wichtigen Umstand, ja darüber hinaus auch die Reibungsziffer für verschiedene spezifische Klotzdrücke oder selbst verschiedene Baustoffe einbezog. Es leuchtet aber wohl schon von vornherein ein, daß ein solcher Bremswert sich der spekulativen Vorausberechnung entzieht und nur auf *Versuchswerten*, unter Verwertung und Interpolation durch erfahrene Bremsfachleute, aufgebaut werden kann.

Nun kam noch ein freilich die Lage sogar etwas erleichternder Umstand hinzu: Die auf den *Bremswerten* aufgebauten Tabellen der *Bremsprozente* sollten keine völlige Neuschöpfung, unter beliebiger Wahl einer Einheit, werden, sondern einen *Anschluß an die bestehenden Bremstafeln* gestatten, die — dem Personal bis zu einem gewissen Grade geläufig — nicht radikal umgeworfen werden sollten, nachdem sie sich doch im großen und ganzen bewährt hatten. Die ganze geschichtliche Entwicklung dieser Gedankengänge darzustellen, ginge natürlich zu weit; hierzu wird auf die Arbeiten von Besser und — weil auch wesentlich das internationale Zusammenwirken in der Bremsfrage betonend — die Ausführungen von Schröder auf der 15. Beratung des Deutschen Bremsausschusses 1938 zu verweisen sein. Aber ganz lassen sich einige historische Bemerkungen zum näheren Verständnis nicht vermeiden:

Die ursprüngliche B. O. hatte 4 *Bremstafeln* enthalten, nämlich 2 für *Hauptbahnen* mit 700 m Bremsweg je für durchgehende und Handbremse, und 2 für *Nebenbahnen* mit 400 m Bremsweg mit gleichartiger Unterscheidung. Es waren Tafeln nach Achsprozenten gewesen, und hier entstammte namentlich die für die zunächst noch handgebremsten Güterzüge eingehenden Versuchen mit beladenen Wagen von 25 t Gewicht. Hieraus ließ sich, da aus dem bekannten Drehmoment eines Durchschnittsbremsers an der Bremskurbel und der bekannten Hebelübersetzung bis zu den Bremsklötzen eine gesamte Bremsklotzkraft von 18 t folgte, ableiten, daß eine rd. 70proz. Abbremsung (18/25 = 0,72) des Wagengewichts vorlag. Beim Übergang der Reichsbahn zur Kunze-

KNORR-*Bremse* wurde auf Grund der Versuchsfahrten eine Bremstafel für luftgebremste Güterzüge aufgestellt. Die Fahrten hatten mit beladenen Wagen von 30,4 t Gewicht stattgefunden; der ins Auge gefaßte Bremswert als Rechnungswert war zahlenmäßig noch nicht bekannt, wohl aber der *Klotzdruck* P, und wenn man auch die bisherige Handbremstafel in Klotzdruck umrechnete, ließen sich die beiden Tafeln vergleichen. *Der Bremswert des handgebremsten Wagens, der mit seinem Gewicht identifiziert wurde, war* $B = P:0{,}7 = 10\,P/7$ *gewesen*; der Vergleich der Tafeln führte indes zu guter Übereinstimmung nur, wenn man den Luftbremswert noch mit 0,823 als *Bremsbewertungszahl* verkleinerte:

$$B = \frac{10\,P}{7} \cdot 0{,}823 .$$

Unter Heranziehung der oben erwähnten Gründe gab das Verkehrsministerium im Februar 1926 die Achsprozente als zu ungenau auf und ging zur Berechnung der Bremsprozente b nach den Bremswerten über, also nach der Beziehung

$$\sum (B) = \frac{b}{100} \sum (G) .$$

Im gleichen Jahr hatten *Vergleichsversuche zwischen der* KUNZE-KNORR- *und der* WESTINGHOUSE-*Bremse* gezeigt, daß bei gleichem Gesamtklotzdruck $\sum P$ für den Zug die WESTINGHOUSE-Bremse kürzere Bremswege ergab.

Von diesem, auf der geringeren Füllzeit bei WESTINGHOUSE beruhenden Ergebnis machte 1928 auch der *Bremsunterausschuß des Internationalen Eisenbahnverbandes* (I. E. V.)[1] Gebrauch, der in Ermangelung einer genaueren formelmäßigen Beziehung zwischen Füllzeit und Bremsweg die Bremsbewertungszahl gegenüber der Handbremse allgemein als γ bezeichnete (für die Handbremse $\gamma = 1$) und damit dem *Bremswert* eines Wagens den Betrag

$$B = \frac{10}{7} P \cdot \gamma$$

zuschrieb. Ebenfalls gleich 1 sollte γ bei der am schnellsten füllenden Güterzugbremse (WESTINGHOUSE) sein — 28 s Füllzeit, während für die langsamstfüllende (60 s), $\gamma = 0{,}85$ möglichst nicht unterschreiten sollte; es war das die elfte der 33 Bedingungen des Internationalen Eisenbahnverbandes für eine durchgehende Güterzugbremse[2]. Das für die KUNZE-KNORR-Bremse ursprünglich nur gefundene $\gamma = 0{,}823$ ließ sich bei weiteren Versuchen auch auf 0,85 verbessern, und der Verband stellte schließlich, gestützt auf umfangreiches Versuchsmaterial, Zahlentafeln

[1] Auch U. I. C. = Union Internat. des Chemins de fer genannt.

[2] Offenbar in früherer Fassung; die von HILDEBRAND 1939 zitierte Form enthält die Zahlen nicht mehr.

für die verschiedenen Klotzdrücke, Druckansprünge (vgl. S. 145) und Diagrammfüllzeiten auf, die in feinen Abstufungen von einem kleinsten Bremsklotzdruck von 800 kg während der Fahrt, 28 s Füllzeit und 20% Ansprung mit $\gamma = 1{,}291$ als größtem Wert bis zu 3000 kg Klotzdruck, 60 s Füllzeit und nur 3% Ansprung mit $\gamma = 0{,}662$ als kleinstem Wert sich erstreckten. Die Reichsbahn lieferte dazu sehr erhebliche Versuchsbeiträge, namentlich in Gestalt von Abstoßversuchen von Güterwagengruppen in der Waagerechten, mit je nur einem *aktiven* Bremswagen, um festzustellen, wieviel t Wagengewicht er für gewisse Abstufungen von Füllzeit und Druckansprung, je nach der Abstoßgeschwindigkeit bei sofort durchgeführter Bremsung auf sich zu nehmen vermöge, ohne die Bremswege von 400 und 700 m zu überschreiten. Das Bremsgewicht des Güterwagens wurde schließlich mit p als Druck (Druckkraft, nicht spezifischer Druck) auf einen einzelnen Bremsklotz während der Fahrt ($= {}^9/_8$ des Klotzdrucks im Stand und ohne Klopfen gegen das Bremsgestänge) und n als Zahl der Bremsklötze durch die Formel wiedergegeben

$$B = p \cdot n \frac{10}{7} \cdot \gamma .$$

Anderseits zeigte sich um 1930 auch, daß die *in Deutschland* für sehr *schnelle Züge* der Hauptbahnen ($V \geqq 100$ km/h) bisher vorgeschriebenen Bremsprozente zu knapp waren; man geht wohl kaum fehl in der Vermutung, daß das Absinken des μ_k mit der Geschwindigkeit noch nicht ausreichend berücksichtigt und das mit dem spezifischen Klotzdruck überhaupt noch unbekannt war. So wurden in Deutschland durch eine Verordnung des Reichsverkehrsministers vom Juli 1932 die Bremshundertstel für große V heraufgesetzt, z. B. in der Waagerechten für 110 km/h von 91 auf 104%. Auch das Gewicht der Reisenden mit ihrem Gepäck sollte berücksichtigt werden; da bei gleicher Bremsapparatur $\sum P$ nicht, wohl aber das gesamte Zuggewicht G mit der Besatzung wächst, würde der ausschlaggebende Quotient $\sum P/G$ bei Außerachtlassung der Besetzung einen zu günstigen Bremsweg vortäuschen. Die Bezeichnungen *schnellwirkende Bremsen* (S) und *langsamwirkende* (L) traten an die Stelle der *Personenzugbremsen* und *Güterzugbremsen*; auch die *besonders stark und schnell wirkende Bremse* (SS) erschien zum ersten Male. Die beiden Hauptbahn-Bremstafeln und die beiden Nebenbahn-Bremstafeln wurden zu je einer Bremstafel (I und II) zusammengefaßt, die sogar für jede Geschwindigkeit und jedes Gefälle 3 Werte anführten, nämlich für die S-, die L- und noch die Handbremse (H). Indes brachte schon das Jahr 1933 eine weitere Änderung; die Bremsprozente der L-Bremsen wurden im Gefolge internationaler Vereinbarungen über die Bewertung der langsam wirkenden Bremssysteme etwa im Verhältnis 15:13 heraufgesetzt, und die oben entwickelte Formel $B = \frac{P}{0{,}7}\,\gamma$ als maßgebend für den Bremswert erklärt. Die heraufgesetzten L-Werte kamen so nahezu in Deckung mit den H-Werten, die nun als besondere Reihe aufgegeben wurden[1]. Die große Spanne der überhaupt durchgerechneten γ-Werte von 1,291 bis 0,662 verkleinert sich übrigens für die deutsche Güterzugpraxis auf etwa 0,95 bis 0,70.

Die beiden Bremstafeln I und II für Haupt- und Nebenbahnen mit 700 und 400 m Bremsweg erhielten bei den lebhaften Bestrebungen nach Geschwindigkeitssteigerung noch zwei *vorläufig zugelassene* Bremstafeln für 1000 und 1200 m Bremsweg als Ergänzung. Die erstere Bremswegvergrößerung wurde schon 1934 zur endgültigen für die wichtigeren Schnellzugstrecken; die 1200 m wurden bisher nur einmal auf der Berlin-Hamburger Strecke verwirklicht; es stellte sich dann aber heraus, daß der *Fliegende Hamburger* mit Magnetschienenbremse auch aus 160 km/h gerade noch mit dem 1000-m-Bremsweg auskam. Die letzte Ausgabe der B. O. von 1943 führt, wie wir schon sahen, die Bremstafeln selbst nicht mehr; die *Fahrdienstvorschriften* von 1944 weisen, ohne die Stichworte Haupt- und Nebenbahn noch zu gebrauchen, einfach 3 Bremstafeln für 400, 700 und 1000 m Bremsweg auf, die in jedem *Karo* zwischen den Bremsprozenten der schnellwirkenden Bremsen I und den langsam wirkenden, einschl. der Handbremse II unterscheiden, und bis zu 90, 120 und 135 km/h Höchstgeschwindigkeit ausgewertet sind, nachdem diese letztere Geschwindigkeit in § 66 der letzten B.-O. Ausgabe vorerst als zahlenmäßig genanntes Maximum erschien (ohne Erwähnung der Schnelltriebwagen mit ihrer allerdings einfacheren Bremslage).

Das *Bremsgewicht* erfordert nun zweifellos noch einige zusätzliche Bemerkungen. Weil es ein etwas abstrakter Begriff ohne eigentliche Anschaulichkeit ist, könnte man sich versucht fühlen, um ihm vielleicht formal noch eine nähere Einsicht abzugewinnen, es in die freilich auch schon problematische Bremsweggleichung einzuarbeiten. Ausgehend von den Beziehungen $\sum P = \frac{(b)}{100} \cdot G^2$ und $\sum B = \frac{10}{7} \sum P \cdot \gamma$ läßt sich der zahlenmäßig gesuchte Nenner der Bremswegformel (für kongruente Wagen) unschwer umformen in

$$1000 \cdot \frac{7}{10} \frac{\mu_m}{\gamma} \frac{\sum B}{G} + a + b\,V_m^2 \mp s$$

oder

$$7\,b \frac{\mu_m}{\gamma} + a + b\,V_m^2 \mp s.$$

---

[1] Dies erscheint als ein gewisser Widerspruch zu S. 148, wo diese Identität schon einige Jahre zuvor postuliert zu sein schien. Die verschiedenen benutzten Quellen gestatteten keine Klarstellung.

[2] Die Bremsprozente sind hier vorübergehend als (*b*) bezeichnet, um nicht mit dem *b* der Widerstandsformel verwechselt zu werden.

Aber damit wäre die Sache nur schlimmer geworden, denn nun tritt neben das funktionell variable μ_m noch das tafelmäßig veränderliche γ; und hätten wir selbst $\sum B$ ermittelt, müßte doch erst wieder ein Übergang zu den eigentlichen Bremsabmessungen gefunden werden. Auch die zunächst rein zahlenmäßigen Bremsprozente würden ohne Kenntnis dessen, worauf sie sich beziehen, nichts helfen[1]. *Es bleibt eben doch nur die Feststellung übrig, daß B für jedes Fahrzeug eine gewisse Beziehung zum Klotzdruck darstellt,* aber nicht eine absolute, sondern unter Wahl einer an sich willkürlichen Einheit, die wieder durch den Anschluß an früher bewährte Bremstafeln bedingt ist. In seinem mehrfach angezogenen Organaufsatz von 1929 kommt schon BESSER, S. 184, zu der Feststellung, daß der Bremswert eines Wagens

$$G_0 = \frac{\psi}{\psi_1 \cdot k} \cdot Kl_{\max}$$

ist, worin ψ der Diagrammentwicklungszeit Rechnung trägt, k das Verhältnis zwischen Bremsklotzdruck und Raddruck bezeichnet, und ψ_1 einen Faktor bedeutet, der den Anschluß an die alten Formeln oder Tafeln vermittelt.

Gegenüber dem *Unbehagen*, das solche Erwägungen hinterlassen, ist es erklärlich, daß noch Definitionsversuche anderer Art für das *Bremsgewicht* gemacht worden sind. So BESSER in seinem Kommentar[2]. Er läßt den Begriff gewissermaßen hervorwachsen: bei z. B. 700 m Bremsweg möge man sich einen Versuchswagen mit verschieden starken Bremsen (auswechselbar) ausgestattet denken und ihn jedesmal mit derselben Geschwindigkeit ablaufen lassen, dann muß man ihn mit verschieden großen Gewichten belasten, um trotz der verschieden starken Bremsen jedesmal den Bremsweg innezuhalten. Bei einer kräftigen Bremse müssen viel Zusatzgewichte genommen werden, sonst wird der Bremsweg zu kurz; bei schwächerer oder langsam wirkender Bremse muß der Wagen wieder entlastet werden, sonst wird der Weg zu lang. Dasjenige Gesamtgewicht, das zu dem beabsichtigten Bremsweg führt, ist dann das Bremsgewicht; eine Eigenschaft also der *Bremse*, nicht des Wagens. Und damit die Definition: *Das Bremsgewicht eines Fahrzeuges*

---

1 Allerdings kann man mit der zweiten Gleichung, wenn für die Waagerechte $(b) = b_0$ *bereits bekannt* ist, für gleiche Ausgangsgeschwindigkeit, also auch gleichen Laufwiderstand, die notwendigen Bremsprozente b im Gefälle $-s$ berechnen. Denn dann ist

$$7b\frac{\mu_m}{\gamma} + a + b\,V_m^2 - s = 7b_0\frac{\mu_m}{\gamma} + a + b\,V_m^2,$$

woraus nach kurzer Umformung folgt:

$$(b) = b_0 + \frac{s}{7} \cdot \frac{\gamma}{\mu_m}.$$

2 BESSER: 4. Aufl., S. 160.

gibt an, wieviel t die Bremse des Fahrzeuges auf 700 m Weg abzubremsen vermag, vorausgesetzt, daß das Fahrzeug auf waagerechter Strecke mit einer Geschwindigkeit fährt, bei welcher die Bremstafeln für Hauptbahnen 100 Bremsprozente verlangen. Wo nicht 100 Bremsprozente verlangt werden, können die abbremsbaren t natürlich ungebremsten Nachbarwagen angehören. In der Neuauflage seines Kommentars gibt BESSER noch eine andere Definition[1]: *Die Größe des Bremsgewichts läßt sich nicht ausschließlich auf Grund physikalischer Gesetze berechnen. Der Begriff hat nur Sinn in Verbindung mit einer Bremstafel ....* Sucht man in einer Bremstafel, z. B. für $L = 1000$ m die Geschwindigkeit $V = 125$ km/h $= 34{,}7$ m/s auf, bei der in der Waagerechten 100 Bremshundertstel vorgeschrieben sind, so wird für diesen Fall Bremsgewicht = Zuggewicht. Die *mittlere* Verzögerung berechnet sich aus

$$p_m = \frac{v^2}{2L} = \sim \frac{1200}{2000} = 0{,}6\ m/s^2.$$

Man kann also das Bremsgewicht als dasjenige Gewicht definieren, das die Bremse aus einer Fahrgeschwindigkeit von 125 km/h mit 0,6 m/s² im Mittel zu verzögern vermag.

Vor der immer sich so leicht aufdrängenden Vorstellung der Achs-Bremsprozente muß man sich also freihalten; ihr gegenüber führen die Bestimmungen selbst zum scheinbar Paradoxen. So ist eine sehr häufige Wagentype der O-Wagen mit rd. 10 t Eigen- und 20 t Ladegewicht, dem meist 15 t Bremsgewicht im beladenen Zustand (bei der späteren Ausführung 17 t) = 50% des Gesamtgewichts zuerkannt werden. Wo bei 700 m Bremsweg 50% Bremsgewicht verlangt werden, z. B. annähernd im Gefälle 25‰ bei 50 km/h (streng genommen wären es hier 52 Bremshundertstel), müßten also *alle* Wagen, bzw. Achsen gebremst werden. In diesem Beispiel stellen also 100 *Achs*-Bremsprozente nur 50 *Bremsgewichts*prozente dar[2]. Anderseits könnte man im ersten Augenblick denken, 100 Achs-Bremsprozente würden die beim Güterzug *unter*schrittenen Bremsgewichtsprozente wenigstens nicht *über*schreiten können. Und doch leisten das die Schnellzugbremsen, die z. B. rd. 125% Bremsgewicht darstellen. Würden bei einem mit SS-Bremse ausgerüsteten Schnellzug 100 Bremshundertstel nötig sein, so würden 80% gebremster Achsen dazu ausreichen. Von Gefühl und Anschauung muß man sich demnach loslösen und nur mit dem Verstand arbeiten.

---

[1] Nach freundlicher Mitteilung von Herrn Geheimrat BESSER.

[2] Allerdings kommt dieser Fall in Wirklichkeit nicht vor. Da ein Teil der Güterwagen aus wirtschaftlichen Gründen nur als Leitungswagen gebaut ist, wären 100% gebremster Achsen in der Regel nicht möglich. Man muß dann also die starken Gefälle langsamer herunterfahren, und mit abnehmendem V sinken dann auch die nötigen Bremshundertstel, u. U. erheblich unter 50.

Dafür ist nun in der Praxis das Umgehen mit den Bremsgewichten außerordentlich einfach. Sie sind nämlich an jedem einzelnen Bremsfahrzeug mit Ölfarbe angeschrieben; dabei haben noch die meisten Wagen mindestens zwei Bremsgewichte. Bei den Güterwagen beziehen sie sich auf die Bremsstellungen *beladen* und *leer*; die Ladung übrigens bezogen auf einen mittleren Betrag, der Übergang von der Stellung *beladen* zur Stellung *leer* bei dem sog. *Umstellgewicht* für geringe Ladung zu vollziehen. Bei den Personenwagen mit P-Bremse, aber schnellwirkenden Steuerventilen sind ein größeres Bremsgewicht für diese Stellung des Steuerventils und ein kleineres für die Güterzugstellung *G* angeschrieben; die Schnellzugwagen mit SS-Bremse führen sogar drei Bremsgewichte, nämlich ihr hauptsächlichstes, größtes für den Schnellzugverkehr, ein mittleres bei der P-Stellung des Steuerventils (bei gelegentlicher Einstellung in einen Personenzug) und ein kleines (*G*) für einen Lauf im Güterzug — wie bei einem Personenwagen für die Überführung zum oder die Abholung vom Ausbesserungswerk. Auch die Lokomotiven tragen die Bremsgewichtanschriften am Tender.

Die Bremsprozente eines Zuges werden im normalen Dienst vom Zugführer so festgestellt, daß er die Bremsgewichte aller Fahrzeuge mit Bremse zusammenzählt und deren Hundertfaches durch das Gesamtgewicht des Zuges teilt. Beim Gesamtgewicht ist im Reisezugdienst die geschätzte Personen- und Gepäcklast dem Eigengewicht der Wagen zuzuzählen; im Güterzugdienst ist jeweils das bekannte Gewicht der Ladung zum Wagengewicht zu addieren; die Lokomotive ist einzubeziehen; von ihr wird in der Regel vorausgesetzt, daß ihre eigenen Bremsprozente mindestens so hoch liegen, wie die des Zuges. Die Arbeit des Zugführers wird erleichtert durch die Vordrucke des Wagenzettels und des Bremszettels (§§ 47 und 46 der F. V.). Bei Veränderung der Zusammensetzung müssen sie auf jedem Wechselbahnhof neu bestimmt werden. Diese Bremshundertstel sind nun den für den Zug *erforderlichen* gegenüberzustellen, die sie also mindestens erreichen müssen; und diese werden aus den grundsätzlich oben behandelten Bremstafeln derart hergeleitet, daß die stärksten Bremsansprüche an den Zug auf der betreffenden Strecke, also entweder bei nur geringen Gefällen aus der beabsichtigten Höchstgeschwindigkeit oder bei stärkeren Gefällen eben aus diesen nachgeschlagen werden. Das Bild einer solchen Tafel (den Fahrdienstvorschriften 1944 in etwas gekürzter Form entnommen) zeigt die folgende Bremswegtafel; sie läßt erkennen, daß Gefälle und Geschwindigkeiten, und zwar die letzteren noch stärker, auf die Bremshundertstel erhöhend einwirken. Die wichtige und verantwortliche Feststellung der notwendigen Bremshundertstel für die einzelnen Züge und Strecken überläßt man nun natürlich nicht den Zugführern, sondern sie geschieht in der Eisenbahndirektion bei der

Fahrzeitermittlung. Zur Kenntnis des Zugführers und Lokomotivführers gelangt sie in der Art, daß sie im Fahrplanbuch (S. 104) im Kopf des betreffenden Zuges angegeben sind.

Um wenigstens eine Anschauung von der Größenordnung der Bremsgewichte zu geben, bringe ich zunächst einen Abdruck der von BESSER

Tabelle 3. *Bremswegtafel für 1000 m Bremsweg.*

Bremsart I: schnellwirkende Bremsen
Bremsart II: langsamwirkende Bremsen

Auszug aus den Fahrdienstvorschriften 1944, Anlage 30.

Maßgebendes Gefälle		Bremsart	Bremshundertstel bei einer zugelassenen Geschwindigkeit bis zu												
in ‰	im Verhältnis		20	30	40	50	60	70	80	90	100	110	120	130	135
			Kilometer in der Stunde												
0	1:∞	I	6	6	6	10	17	25	35	46	59	74	92	110	123
		II	6	6	6	11	18	27	39	54	74	—	—	—	—
1	1:1000	I	6	6	6	11	18	26	36	47	60	76	94	112	126
		II	6	6	6	12	19	28	40	55	76	—	—	—	—
2	1:500	I	6	6	7	12	19	27	37	49	62	78	96	114	129
		II	6	6	7	13	20	30	42	57	78	—	—	—	—
4	1:250	I	6	6	9	15	22	30	40	52	65	82	100	119	—
		II	6	6	10	15	23	33	45	61	82	—	—	—	—
6	1:167	I	6	8	12	17	24	33	43	55	69	85	102	123	—
		II	6	8	12	18	26	36	48	64	86	—	—	—	—
8	1:125	I	7	10	14	20	27	35	46	58	72	89	105	128	—
		II	8	10	14	20	29	39	52	68	90	—	—	—	—
10	1:100	I	10	12	16	22	29	36	49	61	75	93	108	132	—
		II	10	13	17	23	32	42	55	72	94	—	—	—	—
12	1:83	I	12	14	18	24	32	41	52	64	79	96	111	—	—
		II	12	15	19	26	34	45	59	75	99	—	—	—	—
14	1:71	I	14	17	21	27	34	43	54	67	82	99	114	—	—
		II	14	17	22	28	37	48	62	79	—	—	—	—	—
16	1:67	I	16	19	23	29	37	46	57	70	86	—	—	—	—
		II	16	19	24	31	40	52	66	83	—	—	—	—	—
20	1:50	I	20	23	28	34	42	51	63	77	92	—	—	—	—
		II	20	24	29	36	46	58	73	97	—	—	—	—	—
25	1:40	I	25	28	33	40	48	58	70	84	99	—	—	—	—
		II	25	30	36	44	54	67	83	—	—	—	—	—	—

in seinem Kommentar von 1934 als ungefähren Anhalt gegebene Tabelle, die sich vor der bloß in der vorschriftsmäßigen Form der F. V. in § 91 gebrachten Tabelle dadurch auszeichnet, daß sie eine gewisse Analyse, nämlich des Verhältnisses zum Klotzdruck bringt. (Die Bezeichnung für Klotzdruck (-kraft) *Kl* ist beibehalten.)

Tabelle 4.
Zusammenhang zwischen Bremsgewicht, Klotzdruck und Wagengewicht.
(*Nach* BESSER: Kommentar, 4. Aufl. 1934.)

	S-Bremsen		L-Bremsen durchgehende Bremsen				Hand-bremsen
	KKS	KKP	Stellung $L = L_{max}$	beladen $L = L_u$	Stellung $L = L_u$	leer $L = 0$	
Größter Klotzdruck Kl (bzw. Kl_0)	$1{,}50\ G_0$	$0{,}85\ G_0$	$0{,}50\ G_{max}$	$0{,}85\ G_u$	$0{,}50\ G_u$	$0{,}75\ G_0$	$0{,}7\ (G_0 + L)$
Bremsgewicht B	$1{,}25\ G_0$	$1{,}0\ G_0$	$0{,}57\ G_{max}$	$0{,}98\ G_u$	$0{,}625\ G_u$	$0{,}94\ G_0$	$1{,}0\ (G_0 + L)$
	$0{,}833\ Kl$	$1{,}175\ Kl$	$1{,}15\ Kl$	$1{,}15\ Kl$	$1{,}25\ Kl_0$	$1{,}25\ Kl_0$	$1{,}43\ Kl$ $\leq 26\ t$

L = Tatsächliche Nutzlast, L_u = Nutzlast, welche dem Umstellgewicht G_u entspricht; L_{max} = größte zulässige Nutzlast; G_0 = Eigengewicht; $G_u = G_0 + L_u$; $G_{max} = G_0 + L_{max}$; Kl = größter Klotzdruck bei mittlerem Kolbenhub (bei Güterwagen für Stellung *beladen*; Kl_0 = Klotzdruck für Stellung *leer*.

BESSER macht dabei darauf aufmerksam, in wie weiten Grenzen der größte Klotzdruck für die verschiedenen Wagen und Ladezustände im Verhältnis zum Wagengewicht schwankt, nämlich zwischen 1,5 und 0,5; die Streuung des Bremsgewichts gegen das Wagengewicht ist mit 1,25 bis 0,57 etwas kleiner. Zwei weitere Hinweise erscheinen mir noch zweckmäßig: Einmal fällt auf, daß nur bei der — damals — stärksten Bremstype, der KUNZE-KNORR-Schnellzugbremse, der größte Klotzdruck über das 0,85fache des abzubremsenden Gewichts hinaufgeht. Diesem letzteren Wert begegnen wir im Schrifttum mehrfach als der anzunehmenden oberen Grenze, bei der die Räder bei jeder Geschwindigkeit rollen (z. B. SCHRÖDER, Referat im Bremsausschuß 1938); wir sahen ja oben schon, daß, wenn man ihn überschreiten will, man zu dem Mittel des Drucknachlasses beim Erreichen der kleineren Geschwindigkeiten greifen muß. Die Übereinstimmung von Brems- und Wagengewicht bei der Personenzugbremse (KKP) mit schnellwirkendem Steuerventil und der Handbremse, wenigstens bei unbesetzten Wagen, ist gewissermaßen ein Hinweis auf die willkürliche Relativlage der Einheit des Bremsgewichts. Weiter ist eine wichtige Feststellung die, daß umgekehrt der Quotient Bremsgewicht zu größtem Klotzdruck für die Schnellzugbremse am ungünstigsten ist, nämlich mit 0,833 unter 1 liegt, während sonst überall 1 überschritten wird. Diese Feststellung liegt freilich im Rahmen unserer früheren Erkenntnisse; je höher die Geschwindigkeit, desto stärker sinkt die Klotzreibungsziffer μ_k, und wenn nicht den Schnellzug-Bremsklötzen eine relativ größere Sohlenfläche gegeben werden kann, so sinkt mit dem ungünstigen Einfluß des größeren spezifischen Klotzdrucks das μ_k auch aus diesem Grunde noch. Der Klotzdruck als Kraft wird also bei der Umsetzung in Reibung gleichsam ungünstiger verwertet.

Im übrigen verlangte der *Gesetzestext* der B. O. in seiner Gestalt von 1934 für die SS-Bremse die Anrechnung des 1,25fachen Wagengewichts als Bremsgewicht in besonders schnell fahrenden Zügen; bei der Personenzugstellung des Steuerventils in anderen Reisezügen des Wagengewichts selbst, bei Einstellung in Güterzüge des 0,8fachen Wagengewichts, immer die Bremsung aller Wagenachsen unterstellt. Die Wagen mit S-Bremse stimmten mit den beiden letzten Ansätzen überein; es sei denn, daß es sich um dreiachsige Wagen mit ungebremster Mittelachse handele, wo die Werte mit $^2/_3$ oder rd. $^2/_3$ zu multiplizieren sind. Für die Wagen mit langsamwirkender Bremse sollten die in Rechnung zu stellenden Bremsgewichte für die verschiedenen Ladezustände festgestellt und besonders genehmigt werden; Bessers Kommentar bringt in Beilage 14 diese Werte, die bei den zweiachsigen leeren Güterwagen zwischen 9 und 13 (einmal 14) t, im beladenen Zustand bei 15 bis 20 t Ladegewicht zwischen 14 und 20 t liegen; die beiden vierachsigen Typen der Verbands- und Austauschbau-Güterwagen für 35 und 40 t Ladegewicht sind mit 19/28 bzw. 23/29 t bewertet, und endlich erscheinen die Großgüterwagen der 5 verschiedenen Bauformen für 50 und 60 t Ladegewicht mit Bremsgewichten zwischen 19 und 25 t leer und zwischen 38 und 47 t beladen.

Die *Fahrdienstvorschriften* von 1944 setzen in § 91 (9) als Regel voraus, daß die Bremsgewichte aus den Anschriften zu ersehen sind, nehmen aber auch im Abweichungsfall gewisse durchschnittliche Bremsgewichte an. Sie vollziehen dabei eine gewisse Änderung der Rangordnung, indem sie die bis dahin als SS-Bremsen bezeichneten nur noch S-Bremsen, die an sich auch schnellwirkende, aber mit kleineren Bremszylindern arbeitende Personenzugbremse wieder P-Bremse nennen, und unter SS-Bremsen nur noch solche verstehen, die über 150% (Kl/G, bzw. P/G) abgebremst sind, z. B. mit 180 bis 220%, und dazu noch besonders kurze Füllzeiten haben. Hier ist über die Bremsgewichte indes noch nichts entschieden. Wagen, bei denen alle Achsen gebremst sind, rangieren für die nunmehr mit S, P, G bezeichneten Stellungen der Steuer- bzw. Umstellventile wieder wie 1934 mit Quotienten Bremsgewicht zu

Eigengewicht von 1,25/1,0/0,8. Dreiachsige Wagen mit ungebremster Mittelachse oder sechsachsige mit nur 4 gebremsten Achsen sind bei fehlender Anschrift mit Quotienten von 0,8/0,7/0,5 für die S-, P-, G-Stellung einzusetzen. Güterwagen (offenbar zweiachsige) werden bei mehrlösigen Bremsen beladen mit 15, bzw. mit 10 t eingeschätzt, und endlich jede Lokomotivkuppelachse mit 10 t und jede Tenderachse mit 6 t, die letzteren Werte offenbar auf die Güterzugbeförderung bezogen.

Überblicken wir noch einmal die Frage der Bremstafeln und Bremsgewichte, so kann kein Zweifel darüber bestehen, daß ihre Lösung uns wissenschaftlich weit weniger befriedigt, als die exaktere der Fahrzeitermittlung. Aber der kühle Verstand muß zugeben, daß eine andere Lösung nicht übrigbleibt. Nicht nur gibt es keinen anderen Weg, dem *Betriebsbeamten mit einfacher Vorbildung* die Möglichkeit zu geben, die richtige Ausstattung des Züge mit Bremsen wenn nicht zu beurteilen, so doch *festzustellen*, sondern auch der *Wissenschaftler* müßte, eben für die Praxis, einen einfachen und schnellen Weg suchen. Unmöglich könnte er ja doch vor jeder Zugfahrt eine zeitraubende Berechnung mit Kurventafeln und Tabellen durchführen und sich dann womöglich in der Eile gerade bei einer für die Betriebssicherheit so wichtigen Aufgabe verrechnen. Er muß sich damit beruhigen, daß schließlich doch die Ergebnisse der Analyse umfänglichster Versuche und der Interpolationen erfahrener Fachleute, ja ganzer Ausschüsse in den Bremstafeln und Zahlenwerten der Bremsgewichte stecken. Und daß das der Fall ist, hoffe ich in diesem Kapitel im Anschluß an die vorangegangene eigentliche wissenschaftliche Analyse des Bremswesens dargelegt zu haben. Ein führender Bremsfachmann (KIRSCHSTEIN) hat mir den Eindruck bestätigt, daß es keine Formeln gäbe, die dem begabten Anfänger als schnelles, sicheres wissenschaftliches Rezept dienen könnten; erst langes Mitarbeiten auf dem Bremsgebiet befähigt zur Abgabe zuverlässiger Urteile. Aber die *qualitative* Einsicht in die Zusammenhänge, welche diese Ausführungen zu vermitteln suchten, wird man bei einem Betriebsmann von einigem Rang erwarten dürfen.

Vierter Abschnitt.

Zur Energetik der Zugförderung.

XVI. Zur Energetik der Zugförderung, Ermittlung des Arbeitsverbrauchs.

Die Energetik der Zugförderung war bis zu einem gewissen Grade natürlich schon in den vorangehenden Ausführungen enthalten. Aber diese beschränkten sich doch im wesentlichen darauf, den möglichen oder gewünschten Geschwindigkeitsverlauf der Züge aus der Lokomotivleistung und der Bremskapazität zu ermitteln, und lösten sich daher in ein Weg-Zeitsystem auf. Wir sahen ja freilich, daß dieser Aufgabe eine sehr große Wichtigkeit innewohnt, indem sie die wissenschaftliche Grundlage der Fahrpläne bildet und die sichere Beherrschbarkeit der Geschwindigkeit mit der Bremse untersucht. Aber die *absoluten* Energiegrößen blieben dabei etwas im Hintergrund; das *fahrplantechnische* Ergebnis konnte dasselbe sein, ob ein schwerer Zug von einer leistungsfähigen Lokomotive oder ob ein leichter Zug von einer kleineren Lokomotive befördert wird. Schließlich ist es indes von Interesse, welche *absoluten* Energiemengen die *verkehrstechnischen* Forderungen bedingen, und da diese unmittelbar natürlich mechanischer Art sind, welche Mengen sozusagen an *Ur*energie, Wärme bei den Dampf- und Diesellokomotiven, elektrische Energie beim elektrischen Betriebe, letzten Endes in Gestalt von Kohle, Öl oder Kilowattstunden aus dem Netz aufzuwenden sind. Mit anderen Worten, es wären über die wirtschaftliche Seite der Bewegungsvorgänge noch einige abschließende Bemerkungen zu bringen, wenn auch bei dem Ziel des Buches auf eine ausführliche Erörterung, etwa im Sinne der *Zuko*[1] verzichtet werden soll.

Da das Ziel der Zugförderung in der Ortsveränderung von Gütern und Personen besteht, könnte man vielleicht einen Augenblick versucht sein, das wirtschaftliche Ideal darin zu erblicken, daß immer nur soviel Wagenraum zur Verfügung gestellt wird, wie beförderungstechnisch notwendig ist. Man sieht jedoch schnell, daß das mit Sicherheit gar nicht vorauszusehen ist; selbst wenn es der Ausgangsbahnhof für sich wüßte, wäre ihm nicht bekannt, wie unterwegs der Zug in Anspruch genommen wird. Es ist also schon richtig, wenn die Praxis in der Regel die Reisezugbildung nach den Erfahrungen von Betrieb und Verkehr vornimmt, oder bei Güterzügen ein gewisses, nicht zu geringes Verkehrsaufkommen unterstellt. Das bedeutet zunächst unter Voraussetzung der vorhandenen Wagentypen ein bestimmtes *Gewicht* für jeden Zug. Anders ließen sich auch bestimmte Fahrpläne nicht bilden, denn könnte schon die Zugstärke täglich wechseln, die *Lokomotiven* könnten es natürlich nicht; sie müßten sich also, mindestens rechnerisch, immer demselben Zuggewicht gegenübersehen, damit eben *eindeutige* Fahr- und Verkehrszeiten zustande kommen.

Die Energiefrage, zunächst in rein mechanischer Richtung, liegt, wie die Zugwiderstandsformeln sofort erkennen lassen, so, daß der Aufwand um so kleiner ist, je kleiner Zuggewicht und Geschwindigkeit sind. Betrachtet man die Zuggewichte also zunächst als gegeben, so könnte man scheinbar zur Forderung kleiner Geschwindigkeiten gelangen. Aber das wäre ein Trugschluß: Das, woran einer Eisenbahn wirtschaft-

[1] *Zuko* ist die (amtliche) Abkürzung für die Reichsbahn-Dienstvorschrift für die Berechnung der Kosten einer Zugfahrt.

lich liegen muß, ist eine günstige Differenz zwischen Einnahmen und Ausgaben. Wenn man der Eisenbahn durch geringe Geschwindigkeiten ihren Reiz nimmt und eine große Abwanderung zum Kraftwagen stattfindet, fallen die Einnahmen stark, und die geringeren Ausgaben durch kleinere Beförderungskosten könnten das nicht wettmachen. Ja es ist sogar fraglich, ob die *gesamten* Zugförderungskosten im Gegensatz zum einzelnen Zuge kleiner werden. Denn der Umlauf der Fahrzeuge wird natürlich bei kleinen Fahrgeschwindigkeiten langsamer; sie kehren später zum Heimatbahnhof zurück, und es könnte dahin kommen, daß man zur Verwirklichung einer bestimmten Zugzahl eines größeren, also kostspieligeren Lokomotiv- und Wagenparks bedürfte. Genügend schnellfahrende D- und Eilzüge, sowie Triebwagen werden außerdem immer eine werbende, gute *Visitenkarte* großer Eisenbahnverwaltungen auch internationaler Art sein.

Hat man das Gebiet untragbar niedriger Geschwindigkeiten vermieden, so darf man freilich nicht vergessen, daß Schnellfahren mehr Energie und also Geld kostet. Das folgt aus der mit der Geschwindigkeit quadratischen Natur des Luftwiderstandes. Die Zugkraft wächst dann immer stärker, und man darf auch nicht etwa vorübergehend wähnen, daß in der geringeren Anwendungs*zeit* der höheren Zugkraft ein Ausgleich liege. Die Zugförderungsarbeit ist Zugkraft mal Weg, und da der Weg sich ja nicht ändert, die Zugkraft aber zunimmt, so fordert die höhere Geschwindigkeit eine größere mechanische Arbeit. Die Arbeit ist eben, exakt gesprochen, das *Weg*integral, nicht das Zeitintegral der Kraft. Allerdings wächst die Arbeit insofern nicht ganz so stark wie die Zugkraft, als z. B. bei dem gleichen Schnellzug einmal mit 100 km/h, anderseits mit 120 km/h bis zur Erreichung von 100 km/h kein Unterschied besteht, und aus 120 km/h etwas früher abgebremst werden muß, also der Weg ohne Energieaufwand beim schnelleren Zuge — verhältnismäßig geringfügig — größer ist. Die gewonnene Zeit wird dabei, mindestens für Fernzüge, meist zu gering sein, um eine Verkleinerung des Fahrzeugparks zuzulassen.

Vor *einer* Überspannung der Geschwindigkeit ist allerdings zu warnen, nämlich derjenigen von *Güterzügen*, außer Lebensmittel- und Eilgüterzügen, wo z. B. bei Fischzügen nahezu Schnellzugcharakter das Gegebene ist. Man muß nämlich bedenken, daß von der Umlaufzeit eines Güterwagens die eigentliche Zugfahrt neben der Be- und Entladezeit und den mannigfachen Rangierbewegungen nur einen mäßigen Bruchteil ausmacht. Gewiß ist eine Verringerung der Umlaufzeit immer zu begrüßen, aber um sie allein schon aus der *Zugfahrt* wirklich fühlbar zu machen, müßte der Geschwindigkeitszuwachs wirklich bedeutend sein. Dann steigt aber die Luftwiderstandsarbeit stark an, um so mehr als die aus Beladungsgründen notwendige Gestalt der Güterwagen sich nicht strömungsgünstig verhält; wir sahen ja bei den Güterzugformeln das wesentlich größere Glied mit V^2 (nach STRAHL $\frac{1}{20}\left(\frac{V}{10}\right)^2$ beim Güterzug gegen $\frac{1}{40}\left(\frac{V}{10}\right)^2$ beim Schnellzug). Hier sollte man sich also, um nicht zuviel Kohle oder Strom zur Erzeugung von Luftwirbeln zu *verpulvern*, vor einer Großmannssucht in Geschwindigkeiten hüten.

Bei Reisezügen wird man in einigen Fällen auch ohne Änderung der Wagentypen das Zuggewicht herabsetzen können, wenn sich nämlich herausstellt, daß die vorausgesetzte Besetzung des Zuges überschätzt wurde. Dann kann man die Wagenzahl verringern; auch Kurswagen mit notorisch sehr geringer Benutzung lassen sich gegebenenfalls zurückziehen.

Für den *Wagenbau* bildet die Erkenntnis, daß das Gewicht in doppelter Beziehung die Zugförderungsarbeit beeinflußt, nämlich auch ohne Geschwindigkeitsänderung als Reibungs- und Schwerkraftarbeit, bei Geschwindigkeitsänderung als Beschleunigungsarbeit, den — seit einer Reihe von Jahren schon aufgenommenen — Anreiz zum *Leichtbau*. Das Charakteristikum ist dabei das Gewicht je Sitzplatz, wenn man in erster Linie an die Personenwagen denkt; der grundätzliche Zusammenhang besteht auch — zahlenmäßig freilich viel schwächer — für den Güterwagenbau. Denn die Uraufgabe der Zugförderung lautet ja eigentlich dahin, eine gewisse Zahl von Reisenden oder Gütertonnen zu befördern, und das der Energetik zu unterlegende Zuggewicht führt erst über das Platzgewicht, oder spezifische Totgewicht gleich Wagengewicht zu Last, aus einem gewissen Platzangebot zum Gesamtgewicht.

Auch über den Luftwiderstand bei gleichbleibender Geschwindigkeit ist die notwendige Energie beeinflußbar, wenn man nämlich die Fahrzeuge möglichst strömungsgünstig ausführt (*Stromlinienwagen*). Diese Möglichkeit wird allerdings erst im Bereich der großen Geschwindigkeiten fühlbar; die dahin zielenden baulichen Momente wurden in Kap. V, S. 27 schon bei den Schnellzugwagen gestreift. Man darf auch hier die Beförderungsaufgabe nicht außer acht lassen: Ein einzeln fahrender Triebwagen würde — lediglich auf den Luftwiderstand konstruiert — die *Zeppelinform* erhalten müssen. Aber dessen langauslaufende Spitze wäre unbrauchbar zur Aufnahme von Personen oder selbst Gepäck, und so wird man, wie ich schon früher einmal ausführte[1], zu der Forderung geführt, die Wagen nicht als *absolute* Minima des Luftwiderstandes zu bauen, sondern als Minima des *Luftwiderstandes je Platz*. Das kann man aber ohne die Zigarrenform mit nahezu über die ganze Länge gleichbleibenden Spanten und stromlinienförmigen, im

[1] NORDMANN: Der Luftwiderstand der Eisenbahnfahrzeuge, Organ 1935, S. 398.

Windkanal entwickelten symmetrischen Stirnenden beim Triebwagen, oder überhaupt nahezu prismatischen, im Zugverband laufenden D-Zug-Wagen. Güterwagen müssen, wie bemerkt, zur zweckmäßigen Aufnahme des Gutes immer kastenförmig sein, und entziehen sich so, auch zur Vermeidung besonderer Verkleidungskosten, der Beeinflussung ihrer notwendigen Zugkraft durch den Luftwiderstand.

Schließlich braucht man absolut nicht immer nach besonders leichten Zügen zu streben, denn eine gegebene Personen- oder Gütermenge je Tag würde sonst auf verkehrsreichen Strecken zu zahlreicheren Zügen führen, als wenn man größere Gewichte wählt. Bei Reisezügen wird man die Häufigkeit der Zugverbindungen an sich begrüßen, darf aber nicht vergessen, daß jede Zugfahrt einen gewissen Zeitaufwand für den Bahnhof und die notwendigen Zugabstände bedeutet. Damit findet die tägliche oder stündliche Zugdichte eine obere Grenze, und die Leistungsfähigkeit einer Strecke, namentlich in Gütertonnen, wird also gehoben, wenn der einzelne Zug eine große Gütermenge übernimmt. Deshalb ist es auf verkehrsstarken Strecken, auch von den Fahrzeugkosten abgesehen, nicht möglich, etwa den Reisezugverkehr ganz in Triebwagen aufzulösen.

Das eben Ausgeführte galt für die Beförderungsenergie des eigentlichen Zuges, also die Zughakenarbeit der Lokomotive. Energetik und Wirtschaftlichkeit fordern dann noch die Feststellung der aufzuwendenden Urenergie in Kohle, Öl oder Strom. Es soll hier nun nicht ein — nur umfangreich möglicher — Vergleich der verschiedenen Betriebsarten vorgenommen, sondern nur darauf hingewiesen werden, daß man das einzelne Arbeitselement am Zughaken als $Z \cdot \Delta l$ bestimmen könnte, wenn man die Geschwindigkeitslinie im Fahrschaubild noch durch die Zugkraftlinie ergänzt. Nun ist aber der Verbrauch an Urenergie je Arbeitseinheit am Zughaken kein konstanter, sondern wechselt mit Geschwindigkeit und Leistung, und von dieser letzteren wissen wir ja, daß sie nur dann die Volleistung bedeutet, wenn keinerlei Geschwindigkeitsbegrenzungen vorliegen. Man muß also z. B. nicht nur den spezifischen Dampf- und Kohlenverbrauch für die Volleistung kennen, sondern auch für die vielfach vorkommenden kleineren Leistungen, und diese sind schließlich nur für gestaffelte Werte ermittelt. Bei der Behandlung der Betriebsmeßfahrten (S. 105) wurde dieser Punkt auch bereits gestreift; nur war hier die Sachlage insofern einfacher, als der Geschwindigkeits- und Zugkraftverlauf gleich experimentell anfiel; die nach Leistung und Geschwindigkeit gestaffelten Verbrauchszahlen sind dem Kurvenmaterial zu entnehmen, das bei der thermisch-energetischen Untersuchung ohnehin aufgestellt wird.

Es dürfte als Beispiel der Energieermittlung genügen, die Dampflokomotive herauszugreifen, bei der die Streuung des spezifischen

Energieverbrauchs, wie gesagt, schon seit langer Zeit untersucht worden ist. Die Übertragung auf Diesel- und elektrische Lokomotiven ist unschwer vollziehbar. In jedem Fall lautet der Ausgangswunsch dahin, zu wissen, welche — meist wechselnde — Leistung, als Produkt von Zugkraft und Geschwindigkeit, benötigt wird, wenn ein Zug gegebenen Gewichts mit einer bestimmten Geschwindigkeit auf einer gegebenen Steigung gefahren wird; und die zugehörige Arbeit soll über den *spezifischen* Verbrauch an Kohle, Öl oder kWh aus dem Netz umgerechnet werden. Das setzt natürlich eigentlich voraus, daß der Beharrungszustand vorliegt; erst durch Multiplikation mit der Zeit wird aus der Leistung die Arbeit, die gleiche physikalische Dimension, wie sie die Verbrauchswärme des Brennstoffs oder die elektrische Energie aufweist. Für den Regelfall veränderlicher Geschwindigkeit wäre der betrachtete Betriebszustand nur ein Augenblicks- oder Durchgangswert; aber man könnte z. B. den spezifischen Kohlenverbrauch bei 80 km/h für das Gebiet von 75 bis 85 km/h zunächst für die mittlere Beharrungsleistung mit einem kleinen Fehler nach unten (immer schwächer zunehmende Geschwindigkeitslinie) einsetzen, wozu freilich noch der für die Beschleunigungszugkraft

$$Z' = \frac{G_{L+W}(1+\zeta)}{9{,}81 \cdot 12{,}96} \cdot V_m \, \frac{V_2 - V_1}{l_{2/1}} \,.$$

kommt. Darin ist G_{L+W} das gesamte Zuggewicht in t und $l_{2/1}$ km der Weg, auf dem die Geschwindigkeit von V_1 auf V_2 steigt. Die Länge der *Beschleunigungsstrecke* $l_{2/1}$ ist der Fahrschaulinie aus dem s-V-Diagramm zu entnehmen. Um gewisse Mittelwertsbildungen kommt man ja ohnehin nicht herum, da die Integration bestenfalls annähernd bekannter Funktionen, etwa k kg Kohle/PS_e h $= f(N_e, V)$ zu mühsam wäre. Auch eine vermeintlich hochgetriebene Genauigkeit würde meist eine bloße Fiktion bleiben, weil die Toleranz der Zugwiderstandsformeln, kleine Abweichungen in der Fahrweise der Lokomotive von derjenigen bei den *idealen* Versuchsfahrten, die ja den Verbrauchskurven zugrunde liegen, und Heizwertschwankungen der Kohle ein *Milligrammurteil* gar nicht möglich machen.

Die bisherigen Kurven des spezifischen Kohlenverbrauchs über der Zughaken- (oder Kolben-)leistung, nach Geschwindigkeiten gestaffelt, erfahren jetzt eine Umstellung bei der Bundesbahn dahin, daß sie — nötigenfalls unter zusätzlicher Interpolation — in ein Koordinatensystem eingezeichnet werden, dessen Abszissen die Geschwindigkeit, dessen Ordinaten die Zugkräfte je t Reibungsgewicht sind. Diese spezifischen Zugkräfte sind aber mit einer Ausnahme nicht als solche in kg/t vermerkt, sondern vielmehr in den zugehörigen Verbrauchswerten in kg Kohle je km und kg Kohle je Minute ausgedrückt. Die eine Ausnahme bildet die spezifische Zugkraft bei voller Kesselleistung als obere

Begrenzung, die bis auf den Divisor G_r mit jener Zugkraftkurve übereinstimmt, die dem s-V-Diagramm zugrunde gelegt ist. Das Feld zwischen dieser oberen Grenze und der Abszissenachse ist nun von den

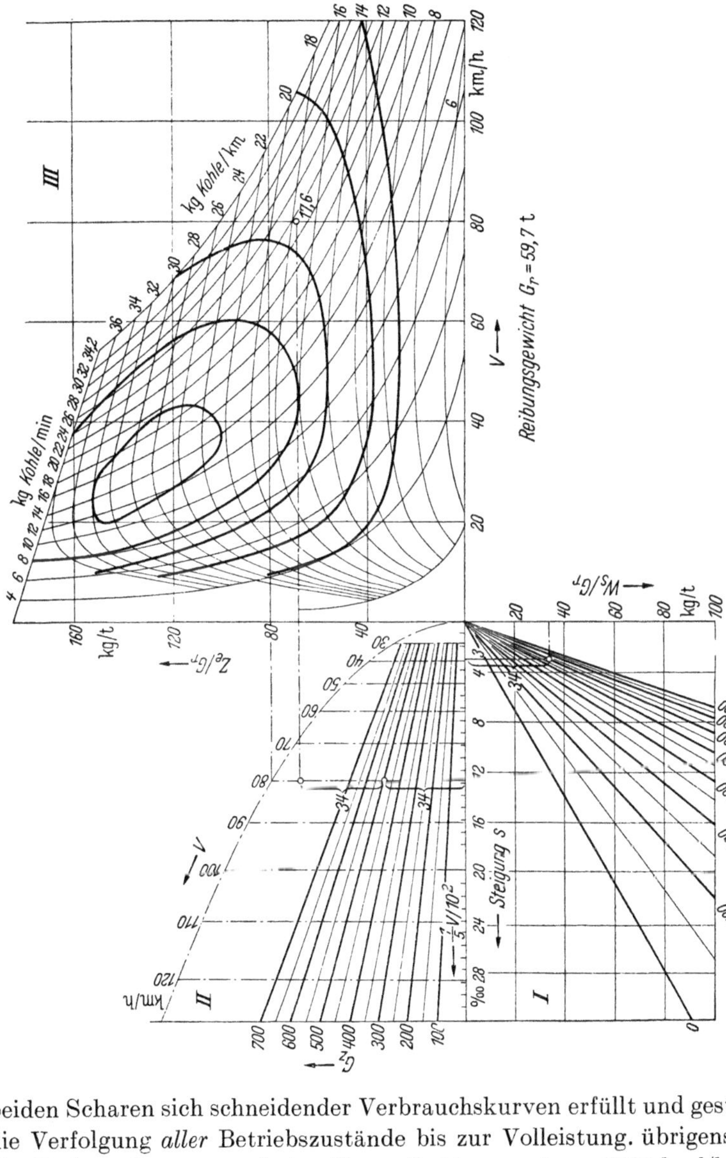

Abb. 49. Dreifelder-Diagramm nach C. TH. MÜLLER zur Ermittlung des Kohlenverbrauchs von Dampflokomotiven. (Eisenbahn-Zentralamt Göttingen 1950.)

beiden Scharen sich schneidender Verbrauchskurven erfüllt und gestattet die Verfolgung *aller* Betriebszustände bis zur Volleistung. übrigens sind die Verbrauchswerte auf eine Normalkohle von $h_u = 7000$ kcal/kg bezogen. Mit dieser eigenartigen Verbrauchstafel, Abb. 49, und zwei weiteren Feldern in der Zeichenebene hat nun C. Th. MÜLLER ein elegantes graphisches Verfahren zur Ermittlung des Kohlenverbrauchs für ein gegebenes Zugförderungsprogramm gebildet[1].

Im linken Felde unten sind in Abhängigkeit von der Steigung (Abszisse) die Steigungswiderstände je t Reibungsgewicht angegeben und zwar für die verschiedenen Zuggewichte als Parameter. Der Steigungswiderstand der Lokomotive ist einbezogen, weil ja die Z_e-Angaben von der Messung in der Waagerechten ausgehen. Die *nach dem Zuggewicht am Haken benannten Gewichtslinien* sind einfach Gerade; das Zuggewicht 0 — Leerfahrt der Lokomotive — fällt nicht etwa auf die Abszissenachse, sondern stellt die Lokomotiv-Schwerkraftkomponente je t Reibungsgewicht — $G_L \cdot s/G_r$ — dar.

Das linke obere Feld bringt den übrigen Zugwiderstand am Zughaken, wieder je t Reibungsgewicht, zum Ausdruck und zwar mit der Geschwindigkeitsabszisse in quadratischem Maßstab — $^1/_5\,(V/10)^2$ —, womit die Zuggewichtslinien wieder einfache Gerade werden. Diese angenehme Vereinfachung der Zeichnung zwingt allerdings zum Formelschema $w = a + b\,V^2$, also der STRAHLschen Widerstandsformel oder einem Ersatz der SAUTHOFF-Formel mit ihrem ja an sich kleinen linearen Glied durch einen sich möglichst gut damit deckenden zweigliedrigen Ausdruck, z. B. für D-Züge $w = 2 + V^2/4000$, bei Gegenwind.

Ein mit 80 km/h auf einer Steigung $s = 3^0/_{00}$ fahrender D-Zug von 500 t Gewicht erfordert in dem unteren linken Feld einen Z_e/Gr-Anteil von 34 kg/t. Über der Abszisse $^1/_5\,(80/10)^2 = 12{,}8$ ergibt sich für den übrigen Zugwiderstand je t Reibungsgewicht ein Wert von zufällig gleichfalls 34 kg/t G_r. Beide Werte geben addiert die *gesamte* spezifische Zugkraft, hier 68 kg/t G_r. Mit diesem letzteren Wert als Ordinate hat man nun in die rechte obere Figur, das Zugkraft-Verbrauchsschaubild hinüberzugehen und findet über der Abszisse $V = 80$ km/h den kilometrischen Verbrauchswert bei nicht beschleunigter Fahrt von 17,6 kg/km, mit dem man dann weiter rechnet. Bezeichnet bei beschleunigter Fahrt K_{V_m} den entsprechend Z'/G_r (s. S. 162) größeren Wert des Kohlenverbrauchs je km bei der mittleren Geschwindigkeit V_m und der Länge l km zwischen den Geschwindigkeitspunkten V_1 und V_2 mit $V_m = {^1/_2}\,(V_1 + V_2)$, so ist annähernd der gesamte Kohlenverbrauch, noch ohne die gleich zu behandelnden Zuschläge,

$$K = \sum_1^n K_{V_m} \cdot l\,.$$

---

[1] Ich verdankte seine Kenntnis dem Urheber, dem Göttinger Versuchsdezernenten, Herrn Reichsbahnrat Dr. MÜLLER. Inzwischen veröffentlicht in Glasers Ann. 1951, S. 2. MÜLLER-KRUGMANN: Die Ermittlung des Kohlenverbrauchs von Dampflokomotiven aus dem Z-V-Diagramm und die Weiterentwicklung zum Kennlinienfeld.

Ein solches *Dreifelder*-Blatt braucht man für jede Lokomotivgattung nur einmal zu entwerfen, um dann die Verbrauchswerte sehr einfach zu erhalten. Auch leichte Gefälle, die noch mit Dampf zu befahren wären, ließen sich durch kleine negative s-Werte (nach rechts) berücksichtigen. Den Maßstab für s wird man zweckmäßig nicht zu klein wählen (größer als in der Abb. 49), damit die Schnittpunkte bei großen Zuggewichten nicht zu spitz ausfallen und nicht selbst geringe Zeichenfehler schon stark ungenaue Werte bringen. Das Verbleiben der 68 kg/t G_r unterhalb der oberen Begrenzung zeigt, ebenso das s-V-Diagramm für diese Wertgruppe (500 t, $3^0/_{00}$, 80 km/h), die Zulässigkeit der Zugförderungsbedingungen, aber nun mit bestimmten Verbrauchswerten an, während man aus dem s-V-Diagramm nur ersieht, daß die Kesselanstrengung *unter* 57 kg/m²h liegt. Das s-V-Diagramm ist aber natürlich für die Aufstellung der möglichen Fahrzeiten unerläßlich.

Zum Kohlenverbrauch insgesamt gehört noch ein gewisser Abbrand im Leerlauf, sei es beim Auslauf oder Halten, sei es beim Hinabfahren stärkerer Gefälle. Luftpumpen- und Lichtmaschinendampf, sowie in der kälteren Jahreszeit der Heizdampf für die Reisezüge bedeuten in Kohle ausgedrückt gewisse Verbrauchszuschläge; die Hilfsmaschinenkosten sehr geringfügig, der Heizdampf sich bei größeren Lokomotiven auf etwa 5 bis 7% des Hauptmaschinendampfs beschränkend. Diese Zuschläge gehören zwar nicht der aktiven Zugdynamik an, sind aber doch betrieblich für die Zugförderung unbedingt notwendig. Sie haben gewisse Parallelen bei den anderen Betriebsarten, und zum Abbrand liefert die Diesellokomotive ein Seitenstück im Ölverbrauch des leer durchlaufenden Motors. Der prozentual sehr geringe Betriebsdampf der Speisepumpe der Dampflokomotiven gehört unmittelbar zum Hauptmaschinenprozeß und ist gleich in den Verbrauchswerten der Diagramme enthalten. Nur gewissermaßen organisatorisch gehören zur Zugförderung die Energiemengen der Lokomotivfahrten zwischen Zug und Lokomotivschuppen auf den Anfangs- und Endbahnhöfen. Endlich kommt bei Dampflokomotiven noch der Kohlenverbrauch für das Anheizen hinzu, relativ klein zu halten durch wirtschaftliche Auswaschanlagen und lange Durchläufe, bzw. viel Laufkilometer im Monat.

Wie wir sahen, hat die gewiß weit überwiegende *Grundenergie* der eigentlichen Zugförderung bei allen Betriebsarten doch noch Zuschläge nötig, deren Größe kaum einer streng wissenschaftlichen Vorausberechnung zugänglich ist, sondern daneben einer zugehörigen Statistik entnommen werden muß. Deshalb ist es auch verständlich, daß, bis auf genauere Kontroll- oder Vergleichsrechnungen, im großen die tagtägliche wirtschaftliche Verfolgung der energetischen Vorgänge über gewisse summarische Werte vor sich geht, seien es die Verbrauchszahlen insgesamt, oder spezifische Pauschalwerte, z. B. t Kohle/1000 Lokomotivkilometer oder t Kohle/10^6 tkm (einschl. Lokomotive) — oder kWh für die gleichen Grundgrößen, bezogen dabei auf die verschiedenen Lokomotivgattungen und Dienstpläne. So wichtig wirtschaftlich auch diese statistischen Werte sind, so gehört ihre Erörterung doch nicht mehr zu

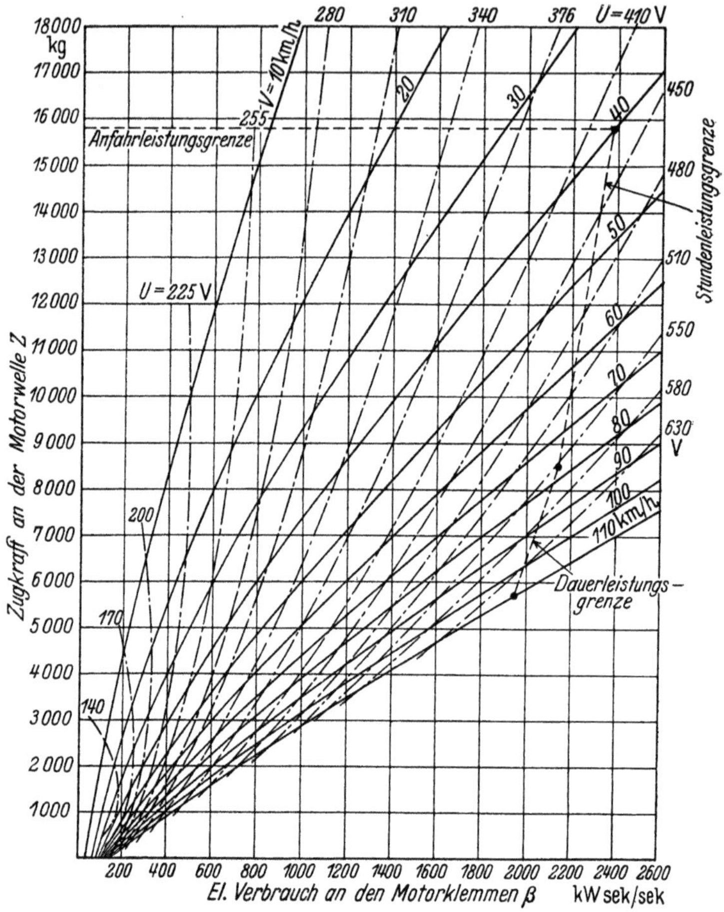

Abb. 50. Sekundlicher Energieverbrauch einer elektrischen Schnellzuglokomotive nach Zugkraft und Geschwindigkeit. (Aus Organ 1931.)

der exakten Mechanik der Zugförderung und muß dem sonstigen Schrifttum vorbehalten bleiben[1].

Es wäre unrecht, hier nicht auch der früheren Arbeiten von EHRENSBERGER zu gedenken, der, wenn vielleicht auch nicht der erste Anreger,

[1] Vgl. z. B. NORDMANN: Versuchsmäßige und statistische Beurteilung der Dampflokomotiven. Zeitung des Vereins Mitteleurop. Eisenb. Verw. 1943, S. 455.

so doch der Schöpfer des geistigen Inhalts der betriebswissenschaftlichen Streckenbewertung, der Grundlage der ihr folgenden *Zuko* ist. In seinen Kostenformeln[1] tritt natürlich auch der Kohlen- (oder allgemeiner Energie-)verbrauch für die Fahrt und die zur Durchführung der Fahrt erforderlichen Nebenleistungen hervor; dabei spielt wieder — außer einigen mehr summarischen Angaben über die Nebenleistungen — der Energieverbrauch der eigentlichen Fahrt die Hauptrolle. Und da hat EHRENSBERGER schon Lokomotivtafeln angegeben, die das gleiche Ziel anstrebten, wie das eben behandelte Geschwindigkeits-, Zugkraft-Verbrauchsdiagramm. Nur wählte EHRENSBERGER als Ordinate die *indizierte* Zugkraft und als Abszisse den sekundlichen Kohlen- oder kWh-Verbrauch; die Geschwindigkeit tritt dann als Parameter der Kurvenschar auf. Die Abb. 50, den Verbrauch einer Schnellzuglokomotive an elektrischer Energie behandelnd, ist dem EHRENSBERGER ergänzenden Aufsatz von WETZLER entnommen[2]. In sehr scharfsinniger Weise untersucht EHRENSBERGER die Genauigkeitsbedingungen der rechnerischen Zugdynamik, so die oben erwähnte kleine Unterbewertung der Leistung beim Mitteln der Geschwindigkeiten. Aber die indizierten Verbrauchswerte, ungenauer als die für den Zughaken, oder angelehnt an die toleranzenreiche Lokomotivwiderstandsformel, zwingen, zumal mit dem Bestreben nach größter — z. T. nur vermeintlich größter — Genauigkeit, zu einem größeren Rechnungsaufwand, als das MÜLLERsche Verfahren, das nur die einfachen Beschleunigungszuschläge zu *berechnen* fordert und für den allerdings erheblich selteneren Fall der Beharrung überhaupt mit der Addition zweier abgreifbarer Strecken und dem Herüberprojizieren in das Verbrauchsdiagramm auskommt.

---

[1] EHRENSBERGER: Die Kosten einer Zugfahrt in Abhängigkeit von der Fahrweise und der Anstrengung der Triebfahrzeuge. Organ 1931, S. 431.

[2] WETZLER: Leistungs- und Verbrauchstafeln für Triebfahrzeuge. Organ 1931, S. 460.

Sachverzeichnis.

721/33/51

Berichtigung.

S. 96, Zeile 21 v. oben: Hinter Rhythmus **lies** parallel
S. 169, muß es bei „Sandstreuer“ heißen: 118/20 statt 136

Nordmann, Zugförderung.

GPSR Compliance

The European Union's (EU) General Product Safety Regulation (GPSR) is a set of rules that requires consumer products to be safe and our obligations to ensure this.

If you have any concerns about our products, you can contact us on ProductSafety@springernature.com

In case Publisher is established outside the EU, the EU authorized representative is:

Springer Nature Customer Service Center GmbH
Europaplatz 3
69115 Heidelberg, Germany

Batch number: 10682323

Printed by Printforce, the Netherlands